高等学校教材

化学与社会

主编　胡　涛　孟长功

中国教育出版传媒集团

高等教育出版社·北京

内容提要

    大连理工大学"化学与社会"课程开设至今,曾先后获得了多个奖项。2013 年入选第三批精品视频公开课(课程名称为"改造世界的化学"),2017 年入选国家精品在线开放课程,在 2018 年举办的"最美慕课——首届中国大学慕课精彩 100 评选展播活动"中获得"最美慕课"荣誉称号,2020 年入选首批国家级一流本科课程。本书即为该课程主讲教材。

    本书内容丰富,从化学学科的发展历史出发,探讨化学家们解决问题的方式,审视元素与能源问题。同时,书中还深入剖析了大气化学、水溶液化学、电池与新材料、有机化学和生物化学等领域,介绍了化学在环境、能源、健康等方面的贡献与应用。此外,本书还配套丰富的数字化教学资源,如彩色插图、动画、视频和扩展阅读等,这样的安排将会使阅读和学习过程更加生动、有趣。

    本书是一本兼具学术性和实用性的化学通识类课程教材,适合高中生、大学生及社会学习者使用。

图书在版编目(CIP)数据

    化学与社会 / 胡涛,孟长功主编 . -- 北京 : 高等教育出版社,2024. 9. -- ISBN 978-7-04-062596-7

    Ⅰ . O6-05

    中国国家版本馆 CIP 数据核字第 2024JR1669 号

Huaxue yu Shehui

策划编辑	郭新华	责任编辑	沈晚晴	封面设计	赵 阳	版式设计	杨 树
责任绘图	邓 超	责任校对	张 薇	责任印制	耿 轩		

出版发行	高等教育出版社	咨询电话	400-810-0598
社　　址	北京市西城区德外大街 4 号	网　　址	http://www.hep.edu.cn
邮政编码	100120		http://www.hep.com.cn
印　　刷	山东韵杰文化科技有限公司	网上订购	http://www.hepmall.com.cn
开　　本	787mm×1092mm　1/16		http://www.hepmall.com
印　　张	13.25		http://www.hepmall.cn
字　　数	290 千字	版　　次	2024 年 9 月第 1 版
插　　页	1	印　　次	2024 年 9 月第 1 次印刷
购书热线	010-58581118	定　　价	29.90 元

化学是一门充满创造力的学科，在总结利用其他学科基本理论和思想方法的基础上形成了化学自身的理论与方法，在原子和分子水平上研究物质的合成和相互转化，解决人类社会发展进程中不断出现的各种问题。例如，制备出先进复合材料，用作航天器和深海潜水器的外壳；研制出新型催化剂，使得化学反应的条件更加温和、可控。可以说化学学科的本质就是创新。

我们希望借助这本教材，让更多的高中生、大学生及社会学习者更加了解化学学科。通过学习化学学科的发展历史，追古思今，了解化学家们分析问题和解决问题的方式方法；以现有理论为基础，重新认识元素，总结人类发现和利用元素的历史和现在；以化学热力学为纽带，客观看待能源问题的现状和未来；学习大气化学、水溶液化学，分析其中存在的化学问题，思考解决环境问题的途径；了解电池和新材料，看看这些固相新材料和反应给我们的生活带来了哪些便利；最后走入有机和生物化学领域，学习药物化学，分析食物的化学组成，探讨健康生活的理念。

我们还希望通过这本教材，让更多的人能够用化学观点客观地剖析我们赖以生存的物质世界，能够建立起化学学科的知识网络结构，掌握让化学应用于社会生活的技能，成为具备化学常识和科学思维的公民。也能够让大家了解到为了打造我们所处的这个现代化、智能化、便利化的蓝色星球，化学学科的贡献不容小觑。

这本《化学与社会》教材，是在大连理工大学国家级一流本科课程"化学与社会"多年建设经验上编写而成，历经6年方成稿。胡涛教授编写了第1、2、3、4、8、9章，孟长功教授负责统稿，参与编写的教师还包括焦扬（负责第5章）、张依福（负责第6章）和陶胜洋（负责第7章）。文中彩色插图、动画、视频、扩展阅读等数字化资源由王佳佳、崔淼、高也制作。

鉴于本书内容涉及面广泛，因此难免有不当甚至错误之处，恳请专家和读者们不吝批评指正。

编 者

2024年3月于大连

目　录

第 1 章　　　　　　　　　　　　　　化学简史

读史可以通今,科学研究也同样如此。回顾化学学科的建立和发展的历程,能够帮助我们重新梳理学科思想,建立学科思维,站在前人的肩膀上用发展的眼光去看待事物和问题。

作为最古老的学科之一,化学学科发展到今天经历了复杂而漫长的过程。随着时间的推移,技术的进步,化学家们所掌握的物质种类、物质的制备方法以及化学的研究范围都在逐步扩大。同时,关于物质组成和结构、化学变化过程中的理论和学说也在不断扩展和逐步完善。在正确评述化学学科的研究进展和化学家们所取得的成就时,必然脱离不了当时的时代背景,包括社会形态、生产力的发展水平以及与当时相应的其他学科的发展水平,等等。恩格斯曾经指出,"科学的发生和发展一开始就是由生产决定的"。因此,化学学科的发展,既是人类对世界的不断深入认识,也是社会的需要,它是化学学科发展的强有力的推动元素。

回顾化学学科发展史,可以发现化学学科的发展在东西方既相似,也有所不同。在西方,化学学科的发展大致可以分为三个阶段:实用技术阶段(公元 1661 年以前)、近代化学阶段(公元 1661 年至 19 世纪后半叶)和现代化学阶段(公元 19 世纪末至今)。而中国,在 19 世纪中叶之前,虽然化学技术水平比较高超,但化学学科知识体系的研究则发展缓慢,因此化学学科一直处于实用技术阶段。直到 19 世纪后半叶,随西方近代化学知识的传入,我国化学学科才得到了迅速发展,直接进入现代化学阶段。

由于我国古代的科技类著作英译较少,因此很多西方化学史教材对于我国化学学科发展史部分涉猎不多,但我国古人的智慧结晶和技术创新,在现代人看来依然让人惊诧和动容。因此,本章也将对我国化学学科的发展史进行较为详尽的叙述,从而让化学史的内容更加丰富和翔实。同时,我们也希望通过本章有限的篇幅,让读者在一定程度上了解化学史,增加大家对化学概念和知识的理解,提升钻研化学的兴趣,敢于挑战未知,勇于创新。

1.1　中国古代化学的萌芽

化学学科在早期是作为一门实用技术出现的,火的利用是其中最有代表性的工作。原始人类由野蛮进入文明就是从用火开始的。此后,利用燃烧生火这一最为常见的化学反应,人们开始使用黏土烧制陶器、瓷器;通过矿石冶炼青铜器、铁器;将粮食酿造成为美酒,等等。这些物质的变化和反应都依赖加热过程。所以说,火的利用是古代化学的开端。

从火的利用一直到 17 世纪中叶,人类前后经历了原始社会、奴隶社会和封建社会三个社会发展阶段。在这一漫长的发展时期里,人们经过长期的生产生活等实践活动,经过不断的积累和思考,获得了很多有关物质性质和变化的知识,这就导致了一些化学观点和假说雏形的提出,以及化学研究萌芽的出现。

1.1.1 先秦时期化学方法的最早运用

1. 陶器的发明和发展

在古代,随着原始农业和畜牧业的发展,人类为了发展生产和改善生活需要更多的工具,陶器的发明正是适应了社会经济发展的需求应运而生。

陶器是以黏土为原料,将其与水混合,塑造成各种器型,通过在火上进行焙烧而成。原料黏土中的石英(主要成分为 SiO_2)、云母(主要是钾、铝、镁等金属的硅铝酸盐)、长石(长石族矿物的总称,主要是钙、钠和钾的硅铝酸盐)等矿物会发生固相反应,从而形成的一种硬度更高的新材料。

仰韶文化红陶人面像(甘肃省博物馆藏)

在距今 6500 年前的仰韶文化,就出土了灰红色的原始陶器,这种颜色的产生是由于黏土在烧灼后,其中的铁杂质形成了三氧化二铁(Fe_2O_3),因此这种陶器又被称作红陶,是仰韶文化的代表性作品。

龙山文化蛋壳黑陶高柄杯(山东博物馆藏)

距今 4000—4500 年的龙山文化代表的陶器则是黑陶,这种陶器的原料也是黏土,人们通过在其中添加石英砂(SiO_2),从而提升了烧结温度,也增大了陶器的硬度。黑陶呈现黑灰色的重要原因在于,原料中的铁在反应后生成了四氧化三铁(Fe_3O_4),这可能是因为焙烧反应是在较高的温度下、还原性气氛中进行所导致的。

白陶是在黑陶之后出现的,主要在距今 3300 年的殷商时期,它的主要原料是硅酸铝,也称白色黏土,由于原料中 Fe 杂质的含量低,因此烧灼后陶器呈现白色,质地也很坚硬。

商代白陶象尊(河南新乡博物馆藏)

在商代又出现了釉陶,它是在陶器表面挂一层黏土浆,由于黏土浆的成分主要是石灰石、方解石、草木灰等,因此陶器表面在 1000 ℃ 左右就会形成玻璃态物质,使得陶器不仅表面有光泽,而且易清洗、不透水,大大扩大了陶器作为工具的使用范围。而釉陶的出现,也为汉代铅釉和唐代唐三彩的出现奠定了基础。

商中期釉陶黄绿釉压印度纹陶尊

 头脑风暴

如果通过现代分析测试手段对某种陶器进行分析,获得陶器的元素组成及含量,那么可否使用化工原料如各类单质、化合物合成出同样的陶器呢?

2. 玻璃的制造

利用火不仅可以制得色彩丰富的陶器,同时也意外地获得了漂亮的装饰品,汉乐府诗《陌上桑》中有这样的诗句:

日出东南隅,照我秦氏楼。秦氏有好女,自名为罗敷。

罗敷善蚕桑,采桑城南隅。青丝为笼系,桂枝为笼钩。

头上倭堕髻,耳中明月珠。缃绮为下裙,紫绮为上襦。

其中"明月珠"指的就是玻璃珠,我们今天所说的玻璃,在我国古代也称为琉璃、药玉、硝子等。早在西周的墓葬中,就有琉璃珠作为装饰品出现。而琉璃的出现则与青铜器的冶炼密切相关。

我国古代青铜器的冶炼到了商代已经非常成熟,其中铜的原料主要是孔雀石或蓝铜矿,它们的主要成分都是碱式碳酸铜$[Cu_2(OH)_2CO_3]$,此外在制备过程中还需要用到锡矿石和木炭,在 $1000 \sim 1100$ ℃下发生氧化还原反应。由于天然的孔雀石和锡矿石中都含有硅酸盐,这正是玻璃的主要成分,因此,在青铜器的冶炼过程中,高温下熔融的玻璃珠就作为副产品出现了。玻璃珠的主要成分是硅酸钙,虽然硅酸钙本身没有颜色,但是由于混入了铜等其他离子,就呈现为蓝色或者绿色,这也是琉璃的颜色。

如今,玻璃在我们的现代生活中已经得到了广泛的应用,尤其是在西方近代化学兴起的阶段,具有耐高温、高透明度的玻璃仪器为化学学科的研究提供了重要的支撑。那为什么在古代中国,人们已经掌握了制作玻璃和琉璃的技术,却没有广泛地使用玻璃作为容器呢? 通过对一些文物的成分进行分析,我们发现,在古代中国,玻璃中的阳离子主要是铅和钡的离子,所以又称作铅钡玻璃。如西汉南越王墓出土的文物"平板玻璃铜牌饰",其中玻璃的阳离子主要成分就是铅和钡。掺入铅钡之后,玻璃的透明度降低,好像美玉一样,这正符合古人对于具有高洁人品的君子的形容——君子如玉。但是从物质的化学性质的角度讲,铅钡玻璃的烧结温度低,产物轻脆易碎,不耐高温,也不适应骤冷骤热,所以更适合作装饰品而不适合作容器。而西方玻璃制品中的阳离子主要是钙离子和钠离子,所以称作钙钠玻璃。如古埃及的玻璃制品主要为钙钠玻璃,这种玻璃透明度好,烧结温度高,可以被吹制成各种形状,适用于作为化学反应的容器。因此钙钠玻璃的广泛使用,对推动西方近代化学的研究起到了非常积极的作用。

西汉平板玻璃铜牌饰(广州南越王宫博物馆藏)

3. 铜与青铜的冶炼

铜作为一种化学性质比较稳定的金属,在自然界中可以单质的形式存在。古代埃及等地在公元前 4000 年左右就进入红铜时代,有些学者认为我国在龙山文化时期(距今 4000—4500 年)进入了红铜时代。但由于红铜是铜的单质,质地较软,比石器还差,因此既不适合制造工具,也不适合制造兵器。所以人类很快就用青铜器取代了红铜。

青铜器最早是将铜矿石、锡矿石和木炭在一起冶炼出来的,到了殷商和西周初期,我国青铜器的铸造进入鼎盛时期,并经过长期的经验积累,总结出了一套铸造各种青铜器的规范,这就是战国时期齐国的《周礼·考工记》中所记载的"六齐规则":

"金有六齐。六分其金,而锡居一,谓之钟鼎之齐;五分其金,而锡居一,谓之斧斤之齐;四分其金,而锡居一,谓之戈戟之齐;三分其金,而锡居一,谓之大刃之齐;五分其金,而锡居二,谓之削杀矢之齐;金锡半,谓之鉴燧之齐。"

从六齐规则可以看出,红铜与锡的比例不同,青铜器的性能和用途也有所差异。可以说通过调变青铜器中金属成分的比例,古代的匠人已经能够制造出不同用途的器物。

后母戊鼎（中国国家博物馆藏）

四羊方尊（中国国家博物馆藏）

例如，目前世界上出土的最大青铜器是馆藏于中国国家博物馆"古代中国"基本陈列展厅的后母戊鼎，又称司母戊大方鼎。1939年，该鼎出土于河南省安阳市武官村，是商代后期的代表作，重达875 kg。经检测后母戊鼎的成分中，铜占84.11%，锡占11.64%，铅占2.79%。其中铜的比例非常接近"钟鼎之齐"的铸造标准，铜的占比83.3%。

商代青铜工艺的代表作"四羊方尊"目前也馆藏于中国国家博物馆。它是中国现存商代青铜方尊中最大的一件，造型精美，集线雕、浮雕、圆雕于一体，是古人通过调变金属成分比例铸造出的复杂的青铜器器型，显示出非常高超的铸造工艺，被称为"臻于极致的青铜典范"。

4. 铁与钢的冶炼

无论是在古代的东方还是西方，人类对铁的冶炼都晚于铜。人类最早接触和利用的铁是来自太空的陨铁。之所以这样推断，是因为在陨铁中不含碳和其他杂质，而含有一定量的镍和钴，这可以从镍和钴在陨铁中含量分布的特点进行判断。

在我国冶铁技术可以追溯至距今2500多年的春秋时代中后期。《左传·昭公二十九年》有一段记载：

"冬，晋赵鞅、荀寅帅师城汝滨，遂赋晋国一鼓铁，以铸刑鼎，著范宣子所为刑书焉。"

说的是在公元前513年的冬天，赵鞅和荀寅率领晋国军队在今天的河南中北部汝水之滨修建城防工事，同时，向晋国民众征收"一鼓铁"铸造铁鼎，并在鼎上铸上范宣子所制定的"铸刑鼎刑书"。这是关于铁器使用的早期记载。

白口铁（现代工业产品）

灰口铁（现代工业产品）

我国古代冶炼的生铁先后有四个品种，即白口铁、灰口铁、麻口铁和韧性铸铁，性质和用途各有不同。白口铁中的碳以碳化铁的形式存在，质硬而脆，断口呈亮白色，故称"白口铁"，优点是耐磨，适用于铸造农具；灰口铁含硅元素较多，在铸造过程中使碳石墨化，降低了碳含量，同时降低了材料的脆性，此外由于含有石墨，所以材料的润滑性较好，适合做轴承材料；麻口铁的性能则介于白口铁和灰口铁之间；韧性铸铁是通过将白口铁加热后，通过缓慢降温过程让碳析出，从而形成类似于低碳钢的材料，这种过程又被称作"退火"。这是我国冶金史上的重要创造，对社会发展起到了重要推动作用。

我国也是世界上最早生产钢的国家之一，在春秋末期就掌握了制钢的技术。古人制钢最早是以块炼铁为原料。块炼铁是用木炭把铁矿石还原为固态铁，产物是铁、矿渣和没反应完的木炭，呈现块状，然后趁热锻打，以去除杂质。在块炼铁的基础上，再用炭火加热，让碳元素从表面渗透进块炼铁中，经反复锻打、淬火处理等工艺，就形成了百炼钢。经过"千锤百炼"工艺锻打后，钢的成分变得均匀，组织致密，杂质减少，大大提升了钢的质量。

1.1.2　秦汉到魏晋南北朝金丹术的兴起

在化学学科发展的实用技术阶段，古代早期化学的萌芽也体现在思想方面，例如，东方的炼丹术和中医药、西方的炼金术等。早在公元前 2—3 世纪，也就是秦朝时期，在东方就兴起了炼丹术，和西方的炼金术类似，它们都是近代化学的前身。恩格斯曾经评价"炼金术是化学的原始形式"，可以这样说，中国古代的炼丹家为后世化学学科的发展积累了丰富的经验，可以看作现代化学家的鼻祖。

在我国的秦汉时期，炼丹术开始盛行。它起源于神话故事中长生不老的观念，炼丹的目的一方面是炼制长生不老的仙药，另一方面就是把一些廉价的金属通过仙药的点化，转变为贵重的黄金或者白银，也就是"点石成金"。而这二者在炼丹家看来是有联系的，仙药既能够让人长生，又可变化金银。因此，炼丹家们有目的地将各类物质进行搭配烧炼，使用了燃烧、煅烧、蒸馏、升华、熔融、结晶等工艺，炼制出了各种各样的化学品，同时也了解了很多物质的性质与合成规律，实际上，这也是科学实验的雏形。

从现代科学的角度看，炼丹术的理念仅仅是一种理论上的臆想，可为什么炼丹家们笃信吃了仙药能够长生不老，同时点石成金这件事也是可行的呢？明代李时珍在《本草纲目》一书中，引用了《土宿本草》中的金石自然进化论观点，指出：

"铁受太阳之气。始生之初，卤石产焉。一百五十年而成磁石，二百年孕而成铁，又二百年不经采炼而成铜，铜复化为白金，白金化为黄金，是铁与金银同一根源也"。

炼丹家们在这一观点的指导下认为，既然铁与金银同根同源，那么就可以通过人为模拟宇宙演化，采用炼制的方法缩短金属的转化过程，在炼丹炉中将矿物转化为黄金。

东汉著名炼丹家魏翱，字伯阳，编著了世界现存讨论炼丹术的最早文献《周易参同契》（见图 1-1）。书中不仅提出了炼丹术的一些理论，还介绍了炼丹家们发现的一些化学现象，例如：

"河上姹女，灵而最神，得火则飞，不见埃尘，鬼隐龙匿，莫知所存，将欲制之，黄芽为根"。

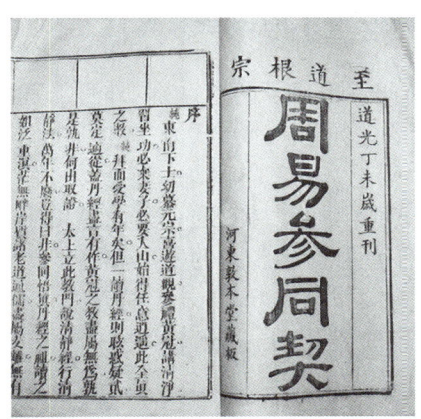

图 1-1 《周易参同契》清代重印版

很显然，魏伯阳在书中使用了很多隐语。后人分析上述描述，认为"姹女"指的是单质汞，书中用"灵而最神，得火则飞，不见埃尘"来描述汞的性质，它在室温下呈现液态，容易挥发，十分形象和贴切。

东汉末年还有一位十分著名的炼丹家狐丘,道号狐刚子。他提出的"吹灰法"冶炼贵金属、"炼石胆取精华法",即干馏法提取硫酸,以及"密闭抽汞法"制水银等,对金丹术的研究产生了深远影响,他的工作是汉代末期我国炼丹术研究达到的顶峰,以炼石胆取精华法为例:

"以土垒作两个方头炉,相去二尺,各表里精泥其间,旁开一孔,亦泥表里,使精熏,使干。一炉中著铜盘,使定,即泥密之;一炉中以炭烧石胆始作烟,以物扇之,其精华尽入铜盘。"

这一方法准确地描述了以五水硫酸铜为原料制取硫酸的过程,化学反应方程式如下:

$$CuSO_4 \cdot 5H_2O \longrightarrow CuO + SO_3 + 5H_2O$$

在上述反应中,狐刚子采用干馏的方法,将固态石胆加热到 650 ℃,搜集挥发的气态物质,即三氧化硫和水,在另一铜盘中冷却,得到的就是硫酸溶液。这一方法比公元 8 世纪阿拉伯炼金家提出加热矾蒸馏出"矾精"(硫酸)早五六百年。

到了魏晋时期,中国的炼丹术经过了二百多年的发展,已经逐步成熟。道号为抱朴子的东晋著名炼丹家葛洪,编写了《抱朴子内篇》,书中对炼丹术的思想和成果进行了概括、总结和发展,提出:

"夫金丹之为物,烧之愈久变化愈妙,黄金入火百炼不消,埋之毕天不朽,服此二物炼人身体,故能令人不老不死"。

书中也描述了很多化学反应,如"丹砂烧之成水银,积变,又还成丹砂""以曾青涂铁,铁赤色如铜"等。前一个化学反应是硫化汞(HgS)受热分解生成汞单质和硫单质,二者再在常温下混合会发生化合反应;后者化学反应的本质则是单质铁还原硫酸铜的反应,曾青指的就是硫酸铜,湿法炼铜就起源于这个化学反应。

1.1.3　隋唐至明清金丹术的由盛及衰

从隋代以后,中国的炼丹术形成了两个派别:外丹派和内丹派,顾名思义,前者注重外来药力改善身体,后者注重传统气功,认为"气能存生"。与化学有关的炼丹术主要指的是外丹派。

到了唐代,炼丹术发展到了鼎盛时期,这一方面是由于几百年的炼丹家们丰富的经验积累,另一方面,李唐王朝社会生产力的发展和经济的繁荣也为炼丹术的兴盛提供了重要支撑。

在唐朝,人造金银已经非常流行,并远输海外。《铅汞甲庚至宝集成》一书中指出:

"凡金有二十件,雄黄金,雌黄金,曾青金,硫黄金,水中金,生铁金,熟铁金,生铜金,输石金,砂子金,绿砂子金,母砂子金,白锡金,黑铅金,朱砂金,上十五件。惟秖有还丹金,水中金,瓜子金,青麸金,草砂金等五件是真金,余外并皆是假也。"

在炼丹方面,到了唐代使用的主要原料依然是五金八石,例如隋唐时期最为流行的五石散,它的成分就是以未经提纯的天然矿物为主,包括石钟乳、紫石英、白石英、石硫黄和赤石脂。其中石钟乳主要成分是碳酸钙($CaCO_3$),紫石英就是牙膏里面的添加剂氟化钙(CaF_2),白石英和沙子的主要成分一样,是二氧化硅(SiO_2),石硫黄的主要成分为单质硫(S),赤石脂主要成分与土壤相似,是硅铝酸盐,它的颜色主要由杂质铁产生。

对于古人来说,经常服食以天然矿物为主的丹药,对身体产生了很多不良的后果。在唐代,服丹身亡的皇帝有 6 个之多,很多文人墨客也深受其害。唐代大诗人白居易有一首《思旧》,诗中这样写道:

> 退之服硫黄,一病讫不痊;
> 微之炼秋石,未老身溘然;
> 杜子得丹诀,终日断腥膻;
> 崔君夸药力,经冬不衣绵;
> 或疾或暴夭,悉不过中年。
> 唯予不服食,老命反迟延。
> 况在少壮时,亦为嗜欲牵。
> 但躭荤与血,不识汞与铅。

因此,唐代之后我国的炼丹术逐渐走向衰落,炼丹术也逐渐被本草学所取代。明代李时珍所撰写的《本草纲目》全书达 190 多万字,除记载了许多植物的药用价值外,还对许多无机物作了分类,记载了它们的性质和作用。[①] 明代宋应星所著《天工开物》详尽地记录了当时的手工业和化学生产过程,如金属冶炼、制瓷、造纸、染色、酿造、火药等。

由于明清时期,科举推行"八股",着重四书五经,重儒轻工的思想使得古代中国化学学科的发展陷入停滞,且远远落后于西方。所以中国在封建经济的模式中,无法形成系统的近代科学知识体系,直到清末西方近代科学技术传入,化学学科才在我国逐渐形成,并在新中国成立之后迅速发展起来。

1.2　西方古代化学发展溯源

英国的化学史家柏廷顿(J. R. Partington)曾在 1965 年获得了科学史界的最高荣誉萨顿奖,他所写的《化学简史》(A Brief History of Chemistry)一书,被公认为西方化学通史的权威著作。柏廷顿认为,西方化学思想最早出现在古希腊。

1.2.1　古希腊化学的起源

在公元前 600 年到公元前 500 年,古希腊的哲学家们提出了最早的非常朴素的元素观点,如柏拉图最早使用了"元素"一词;亚里士多德提出了"四元素说"等。而化学则是在公元前 300 年左右,最早出现在埃及的亚历山大里亚城。

在亚历山大里亚城,古埃及的冶金、染色及玻璃制造技术,与古希腊的哲学思想相

---

① 参考阅读:赵守训,杭秉茜,赵菁华.《本草纲目》中无机化学药物的贡献及其进展. 亚太传统医药,2006,(9):49-51.

遇并融合,将柏拉图学说发展为新柏拉图主义。与古代东方的炼金术相似,在现存的手稿中,古希腊人也采用很多隐语来掩盖原文的意义,例如,把硫黄和石灰乳共同加热后形成的多硫化钙溶液称为"圣水"或"蛇胆汁",还把占星学研究和化学研究联系在一起,例如把金元素和太阳联系在一起,把金属银指定给月亮等。

亚历山大里亚城的希腊文著作是目前所知西方最早的化学书籍。里面有很多实用的化学知识和很多化学仪器装置图,如图 1-2 所示。里面的操作包括熔融、焙烧、溶解、过滤、结晶、升华、蒸馏等;加热的方法包括使用明火、沙浴、水浴等。这些实验操作和方法在现代依然应用十分普遍。

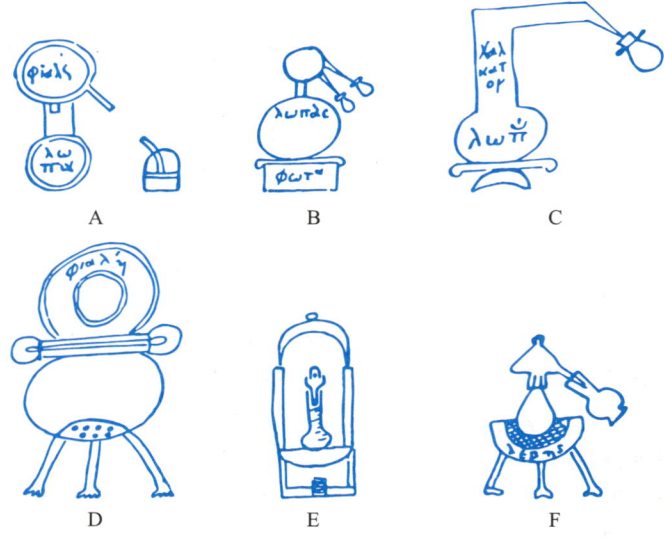

图 1-2　古埃及希腊文手稿中的化学仪器装置图
A、B、C、F—蒸馏装置;D—升华装置;E—沙浴装置

通过这些仪器和方法,古希腊人能够使用各种化学药品改变物质的颜色。例如,通过砷将铜变为白铜合金,并认为是制得了银;用硫黄等将铅和汞改变颜色等。此后阿拉伯人将这种具有改变物质颜色功效的化学品称为"灵丹",再后来欧洲的炼金家们则把这些物质称为"哲人石"(Philosopher's Stone)。

1.2.2　中世纪阿拉伯的炼金术

公元 640 年阿拉伯人征服了埃及,此后希腊和其他地区古代学术的成果逐渐被阿拉伯世界所接受并传播,在这一时期,很多希腊文著作被翻译成了阿拉伯文。

贾比尔·伊本·海扬(Jābir Ibn Hayyān)、阿尔-拉齐(al-Rāzī)等人先后对阿拉伯的炼金术进行了总结和发展,包括对矿物的分类,对金属性质和化学实验操作的描述等。例如,阿尔-拉齐在炼金术著作《秘密中的秘密》(Secret of Secrets)一书中,将矿物分为六类,包括物体(各种金属)、精素(硫黄、砷、水银和硇砂)、石类(白铁矿等)、矾类、硼砂类和盐类。贾比尔·伊本·海扬和阿尔-拉齐还提出一种新的化学学说,即金属由水银和硫黄组成,在土中以二者为原料生成金属。

1.2.3　中世纪欧洲的炼金术

在公元 1100 年左右，西班牙人将阿拉伯文翻译成拉丁文，将炼金理论传入欧洲。此后的 500 多年，化学的萌芽在西方逐渐开花结果，最终形成了一门独立的学科。

罗杰·培根（Roger Bacon）是这一时期比较有影响力的炼金术士。他曾经进入牛津大学学习，后来人们也把他称作神秘博士或者奇异博士（Doctor Mirabilis）。培根对实验科学非常感兴趣，认为只有通过实验才能解开自然之谜。他提出炼金术可以分为两种，思辨的和操作的。前者论述从元素生成物体，以及各种金属、矿物、盐等；后者教导如何人工制造比天然更好的东西（包括黄金），以及使用蒸馏、升华等方法制造药物。

此外，培根还是第一位提出火药组成的欧洲人，他认为火药由七份硝石、五份木炭、五份硫黄组成。

在从炼金术到化学的过渡阶段，还有一位重要的人物做出了较大的贡献，他就是出生于 1579 年的约翰·巴普提斯特·范·赫尔蒙特（Johann Baptista van Helmont）。

范·海尔孟在他的著作中自称火术哲学家（Philosophus per ignem），他对前人的化学著作和医学著作仔细的研究后，进行了大量的化学实验，并在实验中广泛地使用了天平。范·海尔孟清楚地表述了物质不灭定律，提出金属溶解于酸以后并没有消失，可以用适当的方法使其复原。例如，银溶解在硝酸中是藏在透明的溶液里，就像盐包含在水溶液中一样。此外他还认识到，某一种金属在盐溶液中把另一种金属沉淀出来并不是前人所设想的是蜕变作用。例如溶解的铜可以被铁沉淀出来，铁取代了铜的位置，同样，铜也可以把银沉淀出来。

范·海尔孟还对气体、元素、酵素等提出了自己的观点，编写了《医学入门》一书。他在化学史上地位比较重要，当时在学术上很受尊敬，100 年之后的英国化学家玻意耳也经常援引他的著作及观点。

剑桥大学化学教授帕特森·缪尔（Pattison Muir）在他的《炼金术的故事和化学的起源》一书中评价："化学的目的似乎一个时期一个时期变化很大。一段时期化学可称为生命的理论，另一时期称为冶金学的一个分支；有时研究燃烧，有时成为医学的帮手；某一段时期企图只给元素（element）一词下定义，另一段时期就探求所有现象不变的基础。仿佛化学有时是手艺，有时是哲学，有时是秘术，有时是科学。"

在漫长的实用技术阶段，化学家经过大量的探索和实践，积累了很多具有实用性、经验性和零散性的知识，为此后化学学科的确立奠定了坚实的基础。

1.3　近代化学阶段

17 世纪中叶，相当于我国的清朝初年，西方资本主义迅速发展，自然科学的新知识层出不穷。与此同时，力学、数学、天文学和物理学等均取得了显著的进步。特别是当时的一些哲学家摆脱了经验哲学的束缚，论述了正确的科学研究方法。例如，弗朗西斯·培根（Francis Bacon）就曾指出："一切知识来源于感觉，感觉是可靠的。科学在整理感性材料时,用的是归纳、分析、比较、观察和实验的方法。""掌握知识的目的是认识自然,征服自然。"这些新的哲学思想无疑大大地推动了化学理论的发展。到了17 世纪中叶,人们去除了炼金术中的神秘学思想,把自然哲学思想独立出来,形成了一门新的学科,就是化学。

近代化学阶段可以分为前后两个时期。前期从 1661 年罗伯特·玻意耳(Robert Boyle)提出化学元素说,到 1803 年约翰·道尔顿(John Dalton)提出原子论之前,是近代化学的孕育时期。后期从原子学说的建立,到原子可分性的发展,属于近代化学的发展时期。

1.3.1 化学学科的确立

公元 1661 年,玻意耳发表了《怀疑派化学家》(*The Sceptical Chymist*: *or Chymico-physical Doubts & Paradoxes*, *Touching the Spagyrist's Principles commonly call'd Hypostatical*, *as they are wont to be Propos'd and Defended by the Generality of Alchymists*)一书。在论述中他提出了近代化学的元素论,同时也明确指出了化学家和炼金术士的不同。

恩格斯给予玻意耳很高的评价,认为他把化学确定为一门科学。因此,1661 年被认为是化学科学确立的一年,也是近代化学阶段开始的一年。

玻意耳是最早的英国皇家学会会员,他是一位出色的实验家,主张实验决定一切,玻意耳不仅设计了减压蒸馏的装置(如图 1-3),提出了玻意耳-马里奥特定律,而且对元素给出了明确的定义。他认为:"元素是某种原始的、简单的、一点儿也没有掺杂的物体。元素不能用任何其他物体造成,也不能彼此相互造成。元素是直接合成所谓完全混合物的成分,也是完全混合物最终分解成的要素。"

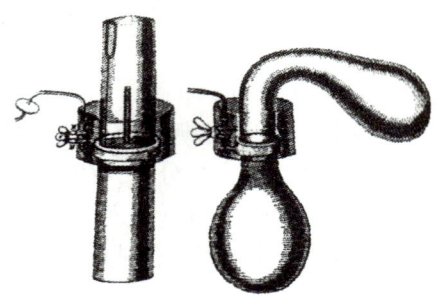

图 1-3 玻意耳的减压蒸馏装置

此外,玻意耳还描述了很多元素的检验方法,如铜盐使火焰产生绿色,钙盐和硫酸生成白色沉淀,银盐可被氯化物沉淀出来等。他还发现并提出了酸的一些通性,如具有酸味,可以与石蕊等植物染料发生作用,变色后颜色可以被碱还原,与碱作用生成中性的盐等。可以说,玻意耳是定性分析方法的开创者。

玻意耳在《怀疑派化学家》中所表述的观点,对当时的化学思想产生了很大影响,在化学学科发展史上具有十分重要的地位。他被认为近代化学的奠基者之一,主要原因有三个:(1) 玻意耳认识到化学是一门独立的学科,并不需要从属于医学或者炼金术去进行研究;(2)他将严密的实验方法引入化学;(3)他给元素下了一个明确的定义,并且通过实验进行了证明。

1.3.2　氧化燃烧理论的提出和证明

在化学学科确立后的近一百年时间里,化学学科的发展似乎一直处于观点频出、充满争论的状态,人们努力地寻找和发现新物质。也是在这一时期,燃烧在化学研究和生产生活中的普遍应用促使人们开始探讨燃烧反应的本质。

燃素学说的奠基人有两位,其中一位是英国人约翰·乔基姆·比彻(Johann Joachim Becher),他在 1669 年出版了一本书,书名叫《地下的自然哲学》,书中提到:

"物体的组成部分是空气、水及三种土质,一种是可燃的油状土,第二种是汞状的,第三种是可熔的或玻璃状的。"

燃烧时烧掉的就是"油状土",比彻提出的这一理论就是燃素学说的前身。

1703 年,德国化学家乔治·厄恩斯特·斯塔尔(Georg Ernst Stahl)在他的《化学基础》一书中,改进了比彻的观点,将油状土改名为燃素,明确提出了燃素学说。斯塔尔认为,燃素是"火质和火素而非火本身",物质燃烧时失去燃素,燃素包含在所有可燃物体中,也包含在金属里面,燃烧过的产物可复原为原来的物质,只需要重新获得燃素。

作为理论的实际应用,1697 年斯塔尔证明了硫是硫酸和燃素的化合物。他认为:硫黄燃烧产生火焰,燃素逸走,生成硫酸,硫黄等于硫酸加燃素,如果能把燃素重新加入硫酸中,那么就会重新得到硫黄。如何进行处理呢?为了防止酸受热挥发,首先需要用钾碱固定,所得的盐同富含燃素的木炭共热,生成暗褐色的物质,这与钾碱和硫磺共熔得到的产物完全一样,因此硫酸加燃素就等于硫黄。

学过了氧化燃烧理论,现在我们知道,斯塔尔虽然设计了一个条理井然、逻辑自洽的理论,但却忽略了化学的定量研究,他的理论虽然能够解释很多实验事实,但却是一个彻底错误的学说。

在当时,燃素论可以解释和预测许多反应的结果,因此 18 世纪的绝大多数化学家都承认燃素论。但是,18 世纪后期,化学定量分析研究的结果,通过气体实验所获得的新的事实都与燃素论产生了尖锐的矛盾。

在 1770 年左右,瑞典人卡尔·威廉·舍勒(Carl Wilhelm Scheele)通过设计实验独立发现了氧气(如图 1-4),他称之为火空气。

图 1-4　舍勒制备火空气(氧气)装置图

舍勒选择了硝酸作为原料,主要是因为硝酸可以与金属作用,去除金属中的燃素。此外,为了让硝酸在加热时保持相对稳定,他先将硝酸与钾碱作用,制得硝石(硝酸钾),再将硝石与矾油(硫酸)高温加热,重新制得硝酸,然后将盛有石灰乳的猪膀胱束缚在出口处,吸收反应放出的红烟,其主要成分是 NO_2 和 O_2。石灰乳吸收了 NO_2 之后,猪膀胱中就逐渐充满了无色气体,这种气体可以使点着的小蜡烛发出耀眼的光芒,氧气就这样被发现了。

此后,舍勒还使用其他方法制得了氧气,例如加热水银灼烧后的残渣(主要成分为 HgO),把黑锰(主要成分是 MnO_2)与硫酸或者砷酸加热,把硝石单独加强热等。

但是,舍勒虽然通过各种方法制得了氧气,却依然受到燃素学说的影响和制约,将其认为是"火空气"。

1774年8月,英国人约瑟夫·普利斯特利(Joseph Priestley)也通过对气体的实验研究,发现了氧气。他采用的方法是利用凸透镜加热氧化汞,并提出两种观点,一是氧气不溶于水,二是氧气助燃,可以使蜡烛发出耀眼的光。

此后,法国人安托万-洛朗·拉瓦锡(Antoine-Laurent Lavoisier)在前人工作的基础上,使用氧气完成了许多实验。他通过使用天平,发现硫和磷在空气中的加热是增重的,更重要的是,他还发现化学反应或者某些物理变化,例如蒸馏,在密闭容器中进行时质量没有变化。这就意味着燃烧过程并不包含燃素或者其他任何物质的损失,燃烧的实质是物质和空气中的氧气发生的化合反应。1783年,拉瓦锡通过这些实验明确提出了"反燃素学说"。在这一过程中,化学的定量分析方法起到了至关重要的作用。从此,氧化燃烧理论代替了燃素论,结束了燃素论长达百年之久的统治。恩格斯对此有很高的评价,称赞"燃烧的氧化学说把过去建筑在燃素学说基础上倒立着的全部化学正立过来了"。因此,拉瓦锡被公认为"近代化学之父"和化学学科的奠基人之一。

1.3.3 原子论的提出

18世纪的化学家经过大量的定量化学研究,已经发现化合物具有确定的组成。法国化学家约瑟夫·路易斯·普罗斯特(Joseph Louis Proust)证明了许多金属可以生成不止一种氧化物和硫化物,每一种都具有确定的组成,并于1797年提出了定比例定律。此后化学家们又陆续提出了倍比定律、当量定律、质量守恒定律等,但当时人们却没有发现这些定律之间的关系,或者说,这些学说的提出已经为原子论提供了重要的理论基础,却没能迈出最重要的一步。

为了解释前期研究的很多实验事实,英国化学家道尔顿于1803年提出新的"原子论"。这一理论与古代的原子观不同,认为元素由不能再分割的原子所组成,同种元素的原子都是等同的,质量也相同,不同元素的原子质量则不同。原子不能创造也不能消灭,每种元素与其他元素化合时都以原子为代表的最小单位一份一份地进行。

道尔顿的原子论合理地解释了当时已知的一些化学定律,此外他还进行了原子量(相对原子质量)的测定工作,并得到第一张原子量表。道尔顿的工作为此后化学学科的发展奠定了重要的基础。化学由此进入了以原子论为主线的新时期。

此后的研究者们认为,道尔顿原子论的提出源于他对气体物理性质的研究。道尔顿本人在1810年英国皇家研究院的一次演讲中也指出,原子论的提出是为了解释气体分压定律,气体彼此扩散,一种气体对另外一种气体不产生挤压,这是因为粒子的大小不一样,或者说是由于它们的质量不一样。

道尔顿的原子论第一次把哲学意义上的原子概念,变成了具有一定质量的,可以由实验来测定的物质实体,还给予了原子的外形——球形。道尔顿和拉瓦锡一样,为化学学科定量研究的开展做出了伟大的贡献,为此后元素周期表的发现奠定了重要的基础。

1.3.4　电解技术与电化学学说

1800年,英国人汉弗莱·戴维(Humphry Davy)出版了《化学和哲学研究:主要关于氧化亚氮或脱燃素亚硝空气及对它的呼吸》(*Researches Chemical and Philosophical*: *Chiefly Concerning Nitrous Oxide or Dephlogisticated Nitrous Air and Its Respiration*),提出了氧化亚氮(N_2O)的制备方法,以及它对人体的生理作用,这一成果让他的研究工作广为人知。

戴维更有代表性的工作则是他对伏打电堆的研究。1806年,戴维在英国皇家学会做了题为"论电的化学作用"的报告,提出了电化学学说,并在此后采用电解技术在元素的发现领域做出了一系列非常有代表性的工作。

戴维所采用的电解技术是利用电流通过熔融态物质,在阳极和阴极上引起氧化还原反应,并指出:"如果化学结合作用具备人们曾大胆设想的那种特性,不管物体的元素天然电力有多强,总不能没有上限,但人造仪器的力量似乎能够无限地增大……希望新的分解方法能够使我们发现物质真正的元素。"

1807年,戴维电解钾碱(碳酸钾)发现了金属钾单质,此后他还陆续发现了金属钠、镁、钙、锶、钡。他所采用的电解技术至今依然是制备活泼金属的主要方法,例如电解铝技术就是工业领域制铝的重要方法。通过电解方法制得的活泼金属,又可以为还原法制备其他金属提供活泼金属原料,所以戴维的发现是元素制备领域的一次重要突破。

英国物理学家、化学家迈克尔·法拉第(Michael Faraday)延续了戴维的工作。1813年,法拉第开始担任戴维的助手。1825年,在戴维的推荐下,法拉第成为英国皇家研究院实验室主任。法拉第发现的电磁感应现象等成果非常著名,除此之外,在化学研究领域,他还证明了在电解过程中,物质的分解量与电流强度和时间的乘积,也就是通过的电量成正比。这就是电解池反应中的法拉第定律。

与戴维在同一时代的瑞典化学家琼斯·雅科比·贝采利乌斯(Jöns Jacob Berzelius)在1803年发表了一篇论文,描述了电解实验并提出了"化合物被电流分解,其组成部分聚集在两极"等重要结论。1814—1815年,贝采利乌斯出版了《化学比例理论》等书籍,详细阐述了电化学学说,他指出:

"以我们现有的知识水平,燃烧及燃烧引起的着火看来最好的解释是每一次化合作用都产生异性电的中和现象,这种中和现象产生火,如同莱顿瓶和电池放电,以及闪电产生火一样,只不过后面这些现象不伴随化合作用而已。"

此外,贝采利乌斯还对化合物的同分异构现象、同晶异型现象等进行了研究,并在法国科学家盖-吕萨克的实验基础上,提出了体积理论,并以此推导出在水、氢氯酸、氨等物质中,气体化合的比例分别是 2∶1,1∶1 和 1∶3,提出了三者的化学式分别是 H^2O,HCl 和 NH^3(此处为当时的记录方式)。他的这一工作开启了化学符号系统的新纪元。

1.3.5 化学名称、化学符号和化学式

通过中学化学课程的学习,我们都知道,H_2O 代表水,铁的化学式是 Fe。这些化学学科的专门术语和符号简单好记,通用性强,有助于世界各地的研究者们进行学术和思想的交流与沟通。然而在 19 世纪之前,从古希腊到道尔顿所处的时代,化学符号都非常复杂难记,如图 1-5 所示。

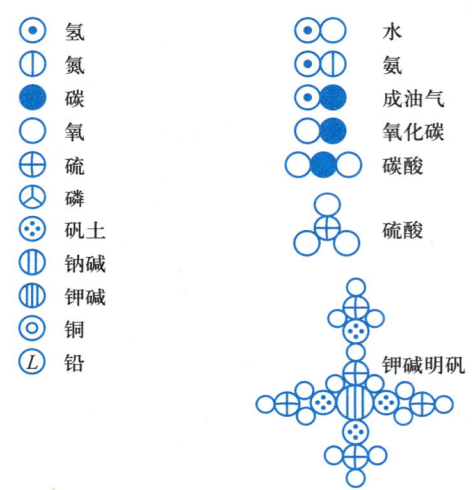

图 1-5　道尔顿使用的化学符号

直到 1813 年,这个问题才得到了解决,贝采利乌斯在体积定律的基础上,引入了化学符号新系统。他提出若一个元素有几个氧化度,当元素重量一定时,如果和氧的比例是 1∶2,那么化合物可能是 RO_2;若比例是 2∶3,化合物可能是 R^2O^3 或者是 RO^2 和 RO^3。根据上述推断,1826 年,贝采利乌斯发现了氮的系列氧化物,它们的化学式分别为 N^2O,NO,N^2O^3 和 N^2O^5。这个结论虽然在表示方法上与现在有所不同,但对化合物的理解从本质上与我们现在对氮的化合物的认识是一致的。

更为奇妙的是,他还巧妙地应用了相似性,根据上述规则得出铬酸酐的化学式是 CrO^3,氧化铬的化学式是 Cr^2O^3。如果不考虑上下角标的因素,贝采利乌斯列出的相对原子质量表,其中的化学式和现在我们所用的几乎一模一样,如图 1-6 所示。

1	2	3	4	5	6	7	8
Element	1814		1818		1826		
O		16		16		16·03	
S	SO^2, SO^3	32·16	SO^2, SO^3	32·19	SO^2, SO^3	32·24	SO_2, SO_3
P	P^2O^3, P^2O^5	26·80	PO^3, PO^5	62·77	P^2O^3, P^2O^5	31·43	P_2O_3, P_2O_5
Cl		(35·16)		(35·41)	Cl^2O^5	35·47	
C	CO, CO^2	11·986	CO, CO^2	12·05	CO, CO^2	12·25	CO, CO_2
N		(14·36)		(14·05)	N^2O, NO	14·19	N_2O, NO
H	H^2O	1·062	H^2O	0·9948	H^2O	1	H^2O
As	AsO^3, AsO^5	134·38	AsO^3, AsO^5	150·52	As^2O^3, As^5O^5	75·33	As_2O_3, As_2O_5
Cr	CrO^3, CrO^5	113·29	CrO^3, CrO^5	112·58	Cr^2O^3, CrO^3	56·38	Cr_2O_3, CrO_3
Si	SiO^3	48·696	SiO^3	47·43	SiO^3	44·44	SiO_3
Hg	HgO, HgO^2	405·06	HgO, HgO^2	405·06	Hg^2O, H^3O	202·86	Hg_2O, HgO
Ag	AgO^2	430·107	AgO^2	432·51	AgO	216·6	Ag_2O
Cu	CuO, CuO^2	129·03	CuO, CuO^2	126·62	Cu^2O, CuO	63·42	Cu_2O, CuO
Bi	BiO^2	283·84	BiO^2	283·81	Bi^2O^3	213·22	Bi_2O_3
Pb	PbO^2, PbO^3	415·58	PbO^2, PbO^3	414·24	PbO, PbO^2	207·46	PbO, Pb_2O_3
Sn	SnO^2, SnO^3	235·29	SnO^2, SnO^3	235·3	SnO, SnO^2	117·84	SnO, SnO_2
Fe	FeO^2, FeO^3	110·98	FeO^2, FeO^3	108·55	FeO, Fe^2O^3	54·36	FeO, Fe_2O_3
Zn	ZnO^2	129·03	ZnO^2	129·03	ZnO	64·62	ZnO
Mn	MnO^2, MnO^3	113·85	MnO^2, MnO^3	113·85	$MnO, Mr.^2O^3$	55·43	MnO, Mn_2O_3
Al	AlO^3	54·88	AlO^3	54·77	Al^2O^3	27·43	Al_2O_3
Mg	MgO^2	50·47	MgO^2	50·68	MgO	25·38	MgO
Ca	CaO^2	81·63	CaO^2	81·93	CaO	41·03	CaO
Na	NaO^2	92·69	NaO^2	93·09	NaO	46·62	Na_2O
K	KO^2	156·48	KO^2	156·77	KO	78·51	K_2O

图 1-6 贝采利乌斯的相对原子质量表

1.3.6 分子学说的提出

在道尔顿提出原子学说之后,1808 年法国化学家约瑟夫·路易斯·盖-吕萨克(Joseph Louis Gay-Lussac)提出了体积定律,其核心内容是:相同体积的气体含有的粒子数相等。可在欧洲有着广泛影响力的化学家道尔顿却明确表示反对这个理论,因为如果按照这个理论推断,就会出现"半个原子"的问题。例如,由一体积氯气和一体积氢气反应生成两体积的氯化氢,那么每个氯化氢粒子都只能由氯的半个原子和氢的半个原子所组成,这与原子是不可再分的最小粒子的观点直接对立,这一问题成了盖-吕萨克与道尔顿争论的焦点。

这一矛盾在 1811 年被意大利物理学家阿梅狄奥·阿伏伽德罗(Amedeo Avogadro)解决了,他指出:如果假定气体的最小粒子,不必是简单原子,而是由一定数目的这些原子因吸引力结合成的单分子,那么道尔顿提出的问题就不存在了,上面的例子就可以通过一个简单的方程式来表示:

$$H_2 + Cl_2 \longrightarrow 2HCl$$

同样,氮气和氧气的化合也是如此:

$$N_2 + O_2 \longrightarrow 2NO$$

阿伏伽德罗指出:同温同压下,同体积气体所含分子数目相等。"必须承认气体物质的原子,当进行化合时是能够分割的"。这样,原子学说和气体的体积定律就得到了统一。

但是,阿伏伽德罗的分子假说直到半个世纪以后才被公认。在 1860 年召开的首次国际化学会议上,斯坦尼斯劳·坎尼扎罗(Stanislao Cannizzaro)的著作《化学哲学教程概要》,得到了与会科学家的普遍认可。坎尼扎罗提出:"只要接受 50 年前阿伏伽德罗提出的分子假说，测定原子量、确定化学式的困难就可以迎刃而解，半个世纪来化学领域中的混乱都可以一扫而清。”他提出的原子分子论的主要内容是：不同元素代表不同原子，原子按照一定方式或者结构结合形成分子，分子的结构直接决定其性能，分子可以进一步组成物质。

分子学说在化学学科的发展进程中发挥了重要作用，随着科技的进步，理论也得到了不断深化和扩展。至今为止，元素、原子、分子和原子量仍然是现代化学学科中最基本的几个概念。

1.3.7 元素周期表

在大量的定量数据基础上，化学学科在 19 世纪中叶发展到了新的高度，人们发现了很多元素，并且找到了元素相对原子质量间的内在联系。

1789 年，拉瓦锡出版了第一个元素表（见图 1-7），列出了当时已知的 33 种元素，但实际上只包含了 23 种元素，因为其中还包含了光等错误的元素。

	Noms nouveaux.	*Noms anciens correſpondans.*
Subſtances ſimples qui appartiennent aux trois règnes & qu'on peut regarder comme les élémens des corps.	Lumière	Lumière.
	Calorique	Chaleur. Principe de la chaleur. Fluide igné. Feu. Matière du feu & de la chaleur.
	Oxygène	Air déphlogiſtiqué. Air empiréal. Air vital. Baſe de l'air vital.
	Azote	Gaz phlogiſtiqué. Mofete. Baſe de la mofete.
	Hydrogène	Gaz inflammable. Baſe du gaz inflammable.
Subſtances ſimples non métalliques oxidables & acidifiables.	Soufre	Soufre.
	Phoſphore	Phoſphore.
	Carbone	Charbon pur.
	Radical muriatique.	Inconnu.
	Radical fluorique	Inconnu.
	Radical boracique	Inconnu.
Subſtances ſimples métalliques oxidables & acidifiables.	Antimoine	Antimoine.
	Argent	Argent.
	Arſenic	Arſenic.
	Biſmuth	Biſmuth.
	Cobolt	Cobolt.
	Cuivre	Cuivre.
	Etain	Etain.
	Fer	Fer.
	Manganèſe	Manganèſe.
	Mercure	Mercure.
	Molybdène	Molybdène.
	Nickel	Nickel.
	Or	Or.
	Platine	Platine.
	Plomb	Plomb.
	Tungſtène	Tungſtène.
	Zinc	Zinc.
Subſtances ſimples ſalifiables terreuſes.	Chaux	Terre calcaire, chaux.
	Magnéſie	Magnéſie, baſe du ſel d'Epſom.
	Baryte	Barote, terre peſante.
	Alumine	Argile, terre de l'alun, baſe de l'alun.
	Silice	Terre ſiliceuſe, terre vitrifiable.

图 1-7 拉瓦锡提出的第一个元素表

1817 年和 1829 年，德国人约翰·沃尔夫冈·德贝莱纳（Johann Wolfgang Döbereiner）注意到在某些三元素组中，如钙、锶、钡，中间元素的相对原子质量近似等于第一个和第三个元素相对原子质量的平均值，后来人们把具有类似关系的一组元素称为德贝莱纳的三元素组（三素组）。

1866 年英国化学家约翰·纽兰兹（John Newlands）在伦敦化学会的会议上宣读了一篇论文，提出了体现元素周期性的"八音律"。纽兰兹发现，如果把元素按相对原子质量排成一个表，那么"从一指定的元素起，第八个元素是第一个元素的某种重复，就像音乐中八度音程的第八个音符一样"，如图 1-8 所示。由于他的贡献，1887 年纽兰兹获得了英国皇家学会的戴维奖。

No.		No.		No.		No.		No.		No.		No.		No.	
H	1	F	8	Cl	15	Co & Ni	22	Br & Ni	22	Pd	36	I	42	Pt & Ir	50
Li	2	Na	9	K	16	Cu	23	Rb	30	Ag	37	Cs	44	Os	51
G	3	Mg	10	Ca	17	Zn	24	Sr	31	Cd	38	Ba & V	45	Hg	52
Bo	4	Al	11	Cr	19	Y	25	Ce & La	33	U	40	Ta	46	Tl	53
C	5	Si	12	Ti	18	In	26	Zr	32	Sn	39	W	47	Pb	54
N	6	P	23	Mn	20	As	27	Di & Mo	34	Sb	41	Nb	48	Bi	55
O	7	S	14	Fe	21	Se	28	Ro & Ru	35	Te	43	Au	49	Th	56

图 1-8　纽兰兹的原子序数表（1866 年）

纽兰兹是最先按照相对原子质量来排列元素的，只有把他的工作深入进行下去，才能得到现代元素周期表。有两个人几乎同时完成了这项工作，其中俄国化学家德米特里·伊万诺维奇·门捷列夫（Dmitri Ivanovich Mendeleev）的元素周期表发表于 1869 年 4 月（图 1-9），德国化学家尤利乌斯·洛塔尔·迈耶尔（Julius Lothar Meyer）的论文日期稍晚一些，正式发表于 1869 年 12 月，这两个元素周期表虽然与现代元素周期表有所不同，却非常接近。

				K = 39	Rb = 85	Cs = 133	—	—
				Ca = 40	Sr = 87	Ba = 137	—	—
				—	?Yt = 88	?Di = 138	?Er = 178	—
				Ti = 48?	Zr = 90	Ce = 140	?La = 180	Th = 231
				V = 51	Nb = 94	—	Ta = 182	—
				Cr = 52	Mo = 96	—	W = 184	U = 240
				Mn = 55	—	—	—	—
				Fe = 56	Ru = 104	—	Os = 195	—
Typische Elemente				Co = 59	Rh = 104	—	Ir = 197	—
				Ni = 59	Pd = 106	—	Pt = 198	—
H = 1	Li = 7	Na = 23		Cu = 63	Ag = 108	—	Au = 199	—
	Be = 9,4	Mg = 24		Zn = 65	Cd = 112	—	Hg = 200	—
	B = 11	Al = 27,3		—	In = 113	—	Tl = 204	—
	C = 12	Si = 28		—	Sn = 118	—	Pb = 207	—
	N = 14	P = 31	As = 75	—	Sb = 122	—	Bi = 208	—
	O = 16	S = 32	So = 78	Te = 125?	—	—	—	—
	F = 19	Cl = 35,5	Br = 80	J = 127	—	—	—	—

图 1-9　门捷列夫 1869 年发表的元素周期表

到 1869 年，已有 63 种元素为科学家们所认识，测定原子量的工作也有了很大的进展，原子价的概念已得到明确，对各种元素的物理及化学性质的研究成果也越来丰富。在此基础上，门捷列夫和迈耶尔深入研究了元素的物理和化学性质随原子量递变的关系，分别独立地发现了元素性质按原子量从小到大的顺序周而复始递变的周期关系，并把它表达成元素周期表的形式。

后来在 1875 年和 1879 年，门捷列夫预言的尚未发现的元素镓和钪被发现并证实，使得门捷列夫成为铭刻在化学史上的重要人物。

至此，化学作为一门独立的学科，其基本理论已初步被建立，并且得到了一定的发展，为现代化学奠定了坚实的基础。

1.3.8　化学分支学科的建立

19 世纪是无机化学学科知识逐步完成系统化的时期，尤其是元素周期律的发现揭示了元素之间的关联性，对无机化学学科的形成和发展，起到了决定性的作用。

而元素的发现及原子量的准确测定与经典化学分析的建立和完善密切相关，它们是发现元素周期律的实验基础。18 世纪末到 19 世纪中叶，随着采矿、冶金工业的发展，定性化学分析的系统化、重量分析法、滴定分析法等逐步完善。其中最享盛誉的分析化学家贝采利乌斯的名著《化学教程》记载的当时所用的实验仪器设备和分离测定方法，已初见今日化学分析的端倪。尤其是滴定分析法（如银量法、碘量法、高锰酸钾法等）在今天仍有广泛的实用价值。

1861 年，德国有机化学家弗雷德里希·奥古斯特·凯库勒（Friedrich August Kekulé）提出碳的四价概念。与此同时，苯的六元环结构已经确定，有机化合物分子中价键的饱和性也已经比较清楚了。不久，碳原子的四面体结构及价键的方向性也被揭示出来。价键的饱和性和方向性的发现，奠定了有机立体化学的基础。这样，有机合成就可以做到按图索骥而用不着单凭经验摸索，有机合成从实验室研究发展到工业生产，充分展示了化学对生产的能动作用，有机化学得以蓬勃发展起来。

在 19 世纪前期，化学研究与物理学、数学的发展存在一定的脱节，阻碍了其前进的步伐。而自 19 世纪中叶开始，运用物理学的定律研究化学系统，阐明化学反应进行的方向、程度和速率等基本问题，取得了可喜的成效，这使人们看到了物理和化学结合的重要意义，逐步形成了物理化学分支学科。1887 年，威廉·奥斯特瓦尔德（Wilhelm Ostwald）和雅可比·亨利克·范托夫（Jacobus Hendricus van't Hoff）合作创办了《物理化学杂志》，标志着这个分支学科的形成。1901 年，范托夫因其化学动力学和渗透压定律的研究获得诺贝尔化学奖；1909 年，奥斯特瓦尔德因其在催化剂的作用、化学平衡、化学反应速率方面的研究，被授予诺贝尔化学奖。

总之，近代化学阶段是一个大发展的阶段，化学实现了从经验到理论的重大飞跃，化学真正被确立为一门独立的学科，并且出现了许多分支，如无机化学、分析化学、有机化学、物理化学。但是，要认识化学键、元素周期律及价键饱和性和方向性等本质问题，使化学学科得到进一步发展，则依赖于原子结构奥秘的揭开。

1.4 现代化学阶段

19 世纪末 20 世纪初,化学学科发展进入现代化学阶段,在这一阶段中,化学学科借助电子、放射线,以及电磁学等研究领域的成果,揭示了原子和原子核的秘密,正是通过研究原子核外电子分布的规律,人们才对元素性质和化学反应规律有了更加深刻的认识。

在道尔顿提出了原子学说之后,人们一直好奇原子的真实状态。1897 年,约瑟夫·约翰·汤姆孙(Joseph John Thomson)发现了电子,并提出了原子的枣糕模型。汤姆孙设想带负电荷的电子和正电荷,应该像西瓜子(葡萄籽)一样分布在球形的原子中。在同一时期,1896 年,法国化学家安东尼·亨利·贝克勒尔(Antoine Henri Becquerel)通过铀盐的实验发现了放射性现象。1898 年,居里夫妇也在对放射性现象的研究中发现了镭和其他放射性元素,并提出假设:放射性的原子是不稳定的,蜕变时放出能量。

原子结构发现史简图

从 1899 年到 1900 年,与放射性相关的 α 射线、β 射线和 γ 射线被陆续确认,为此后原子结构的深入认识奠定了坚实的基础。

英国物理学家欧内斯特·卢瑟福(Ernest Rutherford)是汤姆孙的学生,1911 年,他在进行 α 粒子散射实验时发现了奇怪的现象,如果按照汤姆孙的西瓜式模型,当用 α 粒子去轰击金箔的时候,粒子应该全部穿过金箔,但是在实验中他却发现,有少数的 α 粒子竟然发生了大角度的偏转。为了解释这一现象,卢瑟福提出了原子的核式结构。由于在核化学方面的巨大贡献,卢瑟福获得了 1908 年诺贝尔化学奖。

卢瑟福提出的原子核式结构模型虽然与实验相符,但模型中核外电子的运动状态却无法用经典物理学理论解释。1913 年,丹麦物理学家尼尔斯·玻尔(Niels Bohr)将普朗克的量子论应用到卢瑟福的核式模型上,提出了原子的电子分层排布模型,创立了玻尔理论,为此后原子的量子力学模型的建立打开了一扇大门。

玻尔认为,电子在能量一定的轨道上绕核运动,其能量可以通过一个量子数 n 来表示。1915 年,德国人阿诺德·索末菲(Arnold Sommerfeld)在玻尔理论基础上提出电子运动的轨道是椭圆的,并引入了第二个量子数 l;用第三个量子数 m 来确定弱磁场中一系列分立位置;用第四个量子数 m_s 规定了电子的自旋,对应两个方向,取值分别为 ±1/2。索末菲通过引入轨道的空间量子化等概念,成功地解释了氢原子光谱等实验事实。此外,他还是一位成功的教师,曾获得诺贝尔奖的沃纳·卡尔·海森伯(Werner Karl Heisenberg)、沃尔夫冈·厄恩斯特·泡利(Wolfgang Ernst Pauli)等人都是他的学生。

1925 年,泡利提出了不相容原理,指出:在任何一个原子中,具有相同四个量子数 (n, l, m, m_s) 的电子不超过一个。同年,弗里德里希·洪德(Friedrich Hund)提出了洪德定则,即:电子在轨道中排布时,在任何自旋相反的电子发生配对之前,应尽可能多地单独占据轨道。这些持续深入的研究成果,很好地揭示了元素周期表各族元素的内在联系,解释了周期表的结构。

1926 年,奥地利物理学家埃尔温·薛定谔(Erwin Schrödinger)在电子波动性研究的基础上,提出了电子的波动方程,这个方程是波函数 ψ 关于空间直角坐标 x,y,z 的二阶偏微分方程。根据求解得到的 ψ^2 可以确定空间每一点电荷的密度。这是非常重要的结论,根据这一结果,由空间电荷分布的情况就可以判断化学键形成的方向,为杂化理论的建立、化合物空间构型的解释等提供了理论依据。

化学研究到 20 世纪就进入了量子时代,关于化学键的各种学说的提出,对于具有光学性质的各种物质性质的解释,都离不开人们对原子结构的深入认识。从 1803 年道尔顿提出原子学说,到 100 年后原子的量子力学模型的建立,人们借助实验技术的进步,终于实现了化学学科理论上的革新。

在化学概念、理论及体系的巨大变革中,化学的研究方法、实验技术以及应用等方面也都发生了深刻的变化,传统的四大化学已容纳不下新发展的事物,从而又衍生出许多新的分支。由于元素周期律的科学实质得以阐明,不仅自然界中存在的"未知元素"被逐一发现,而且人们还在实验室中人工合成了自然界尚不存在的元素,为无机化学的复兴开辟了道路。X 射线衍射法等一系列新的实验手段和方法使人们能观察到许多物质内部晶体或分子的结构,采用扫描隧道显微镜可以直接观察原子在物质表面的排列状态,化学键理论使人们从电子运动的角度对分子间原子的化合或分解的理解逐渐深入。19 世纪下半叶才创立的物理化学,因为从物理学中汲取的营养最多,在 20 世纪已迅速发展成一个庞大的体系,它包括了化学热力学、化学动力学、量子化学、结构化学、电化学、光化学等诸多分支。随着电子技术、计算机技术、微波技术等的发展,化学研究如虎添翼,空间分辨率现已达 10^{-10} m,这是原子半径的数量级;时间分辨率已达飞秒级(1 fs $= 10^{-15}$ s),这和原子世界里电子运动的速度差不多。

有机化学也得到了长足的发展。在实验中不仅分离和提取了一系列天然有机产物,而且还合成了一些自然界未曾发现的化合物。以染料和制药工业为代表的有机合成工业逐步兴起,煤焦油和石油等天然资源的开发和综合利用也相继向前推进。到了 20 世纪 30 年代,随着有机化学和有机合成工业的发展,世界进入了人工合成高分子材料的新时代,三大人工合成工业(橡胶、塑料和纤维)成为人类物质生活中不可缺少的部分,它们为宇航、能源、交通、国防提供了新材料。系统地研究高分子的结构、功能、合成、生产等,就形成了高分子化学这一分支学科。另外,有机化学对与生命相关的天然有机物的研究从最简单的单糖、氨基酸、核苷酸等开始,逐渐深入肽类、蛋白质、纤维素、甾族激素、胰岛素等生物大分子,不仅帮助人们认识了这些构成生物体的基础物质的组成、结构及机理,还极大地促进了生物学的发展。

在 20 世纪,化学各分支中变化最为显著的是分析化学。大约从 20 世纪 30 年代起,工业生产和许多新兴科学技术对化学分析提出了一些新的要求,已经发展和完善的传统化学分析法很难满足要求。这时,一些建立在物理学最新成就和新的物理实验技术基础上的仪器分析方法得到了较快的发展(如电化学分析法、色谱法、质谱法、光学分析技术等),特别是 20 世纪 50 年代后物理学和电子学的发展,20 世纪 70 年代起计算机的应用,促使分析化学走向信息时代——计算机时代,从而使仪器分析作为一个分支出现,并在科技创新与进步及社会经济发展中发挥日益重要的作用。

20 世纪 40 年代,原子核的裂变和链式反应的发现,开辟了人类利用原子能的时代。原子序数从 93 到 118 的超铀元素陆续被人工合成,于是形成了核化学,它包括同位素化学、辐射化学、超铀化学等。

就在化学科学各门分支学科迅速发展的同时,由于化学与生物学、地质学、材料学、天文学等学科之间的相互渗透和相互促进,逐渐产生出一大批交叉学科和边缘学科,如生物化学、地球化学、海洋化学、环境化学、材料化学、药物化学等。化学与其他学科的联系也越来越密切,许多学科,如生物学、地质学、农业学、冶金学、能源学、材料学、环境学等的发展都需要化学知识,化工产品遍及一切生产部门和生活领域。化学在整个自然科学中的地位愈加重要,正如美国化学家 G.C.Pimentel 在《化学中的机会——今天和明天》一书中指出的那样:"化学是一门中心科学,它与社会发展各方面的需要都有密切的关系。"

诺贝尔化学
奖获奖者及
其主要贡献

2001 年,中国科学院院士唐有祺在《化学学科的发展历程》一文中指出:"化学学科从近代化学算起已有两个世纪的历史。它与物理学和生物学都是自然科学中的主要基础学科。""化学学科的核心任务仍然是在原子、分子水平上研究物质的组成、结构和性能以及相互之间的转化。""化学家还将揭示生物学中的很多奥秘,并创造出具有神奇性能的新物质。"

思考题与习题

1. Fe_2O_3 和 Fe_3O_4 都是铁的氧化物,请查阅资料,推断在黑陶的制备过程中可能发生了哪些化学反应导致 Fe_3O_4 的生成?

2. 请查阅资料,解释为什么在玻璃(硅酸钙)中掺杂铅离子之后会导致其熔点降低?而掺杂钠离子之后,其熔点则不会产生同样的影响。

3. 在我国,秦朝就已经有了非常成熟的制备水银的方法,在东汉时发展为"密闭抽汞法",所采用的原料是丹砂(HgS),请推断这一过程的化学反应方程式,并解释产物和反应物进行分离的原理。

4. 近代化学阶段开始于哪一年? 标志性的事件和人物分别是什么?

5. 在近代化学阶段,最引起你关注的科学家是哪一位? 原因是什么? 请予以简单说明。

　　元素是组成万物的基本物质,农业生产中使用的氮磷钾肥含有各种元素,人们日常佩戴的装饰品铂金、黄金、钻石等也包含不同的元素。在新材料领域,太阳能电池板所用的单晶硅材料、新款球拍所用的碳纤维材料等,都源自化学家们对元素的发现和利用。化学学科发展到今天,元素化学研究的成果已经和我们的生活紧密相关,化学家们通过重新组合元素的原子,开发出具有新功能和特性的化合物,极大地丰富了我们的生活。

　　元素似乎是我们身边触手可及的东西,但想获得和使用某种特定的元素,却不那么容易。元素从何而来? 化学家们是如何获得并使用元素的? 本章就让我们一起回顾人类认识和利用元素的漫长过程。

2.1　古代元素起源学说

2.1.1　古代西方元素起源学说

　　物质是由什么构成的? 无论是东方还是西方,人们都不约而同地提出了元素的概念,而元素到底是什么? 它又从哪里来? 人们对世界认识的程度不同,给出的是不同的答案。在西方,元素的观念最早清楚地表述在古希腊哲学家的学说里,到了公元前4—5 世纪,大约是中国的春秋战国时期,古希腊开始有了四元素说的萌芽。

　　古希腊哲学家恩培多克勒(Empedokles)认为,水、火、气、土是事物的“四根”,它们依靠吸引与排斥,彼此相互结合和分离。

　　古希腊思想家和哲学家柏拉图(Plato)最早提出了“元素”一词,他提出,事物都是由无形式的原始物质取得“形式”后产生,每个元素的细微颗粒各有其特殊的形状:水为二十面体,火为四面体,气为八面体,土为立方体,这些元素可以分解成三角形,并通过重新组合来实现相互转变。

亚里士多德

　　柏拉图的学生,古希腊著名的思想家亚里士多德(Aristotle)对四元素学说做了进一步的阐释。亚里士多德认为,物质的基本性质是冷、热、湿、干,它们成对组合,可以形成水、火、气、土四种元素(图2-1)。

　　例如,气是热和湿的混合物,而热和干形成火,根据这一理论,一棵破土而出的植物,是由石头(也就是土)、水以及太阳光中的火三者结合而成的物质。树木被砍伐并晒干后,便失去水元素,这样就能燃烧了,而在燃烧后变成了石头和火。

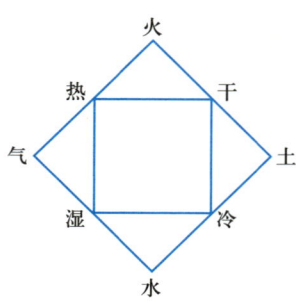

图 2-1　亚里士多德四元素说图示

此后,随着古希腊的书籍传入欧洲,亚里士多德的四元素学说在很大程度上影响了中世纪欧洲的炼金术思想。

2.1.2 古代东方元素起源学说

在公元前 5 世纪到公元前 4 世纪,中国古代的先哲们也开始探寻万物的组成和起源,他们提出的元素起源学说又可称为阴阳五行学说。"阴"字最早出现在殷商时期青铜器上的铭文(即金文或钟鼎文)中,本义为山的北面,水的南面,阳光照不到的地方;"阳"字最早见于甲骨文,本义为山南水北,朝向日光的地方,或是高处阳光照得到的地方。将阴阳二字连用,则最早出现在《诗经·大雅·公刘》:"既景乃岗,相其阴阳",这里的阴阳依然是本义的解释,指向阳和背阳。

西周末年,太史伯阳父在解释地震产生的原因时,提出"天地之气,不失其序","阳伏而不能出,阴迫而不能烝(上升)",于是产生了地震。他认为天地之气运行有一定秩序,阴阳二气失调便产生地震,并把周朝即将灭亡的原因归之此。

到了春秋末期,道教学派的创始人,古代著名的思想家李耳(老子)明确提出了"阴阳"的哲学观点。"道生一,一生二,二生三,三生万物。万物负阴而抱阳,冲气以为和",他认为宇宙间任何物质中都存在阴阳两性,对立存在又和谐统一。

有关"五行"的文字记载,最早出现于西周的《尚书·洪范》一篇中:"五行,一曰水,二曰火,三曰木,四曰金,五曰土"。

古人认为世界是物质的,并用阴阳五行学说来阐释物质间的形态转换。他们认为,自然界中阴和阳相互作用产生五行,也就是金、木、水、火、土五种最基本的物质,它们是构成这个世界不可缺少的元素,这五种物质相互滋生、相互制约、彼此相互作用,产生了宇宙万物的无穷变化(图 2-2)。

李耳(泉州清源山老子石像)

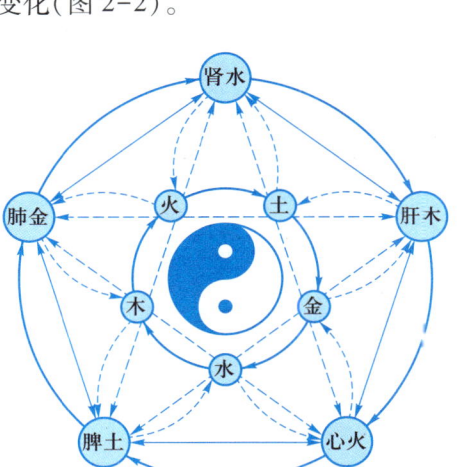

图 2-2 中国古代阴阳五行元素论图示

2.2 现代元素起源学说

与古人相比,在现代我们可以借助更多技术手段来探索世界,思考元素的起源。20 世纪后半叶,科学家提出了元素起源假说,这是科学史上的重要理论成果之一。目前在自然科学研究领域,元素起源学说有很多种,包括天体地学领域的核统计平衡理论、多中子块理论等,其中最有影响力的就是大爆炸理论(The Big Bang Theory)。

1929 年,天文学家埃德温·鲍威尔·哈勃(Edwin Powell Hubble)发现了星系的退行现象,提出星系的红移量与星系间的距离成正比,也就是哈勃定律。这一定律揭示了宇宙是在不断膨胀的,从宇宙中任何一点来看,所有星系都以它为中心向四面散开,越远的星系间彼此散开的速度越大。据此哈勃推导出星系都在互相远离的宇宙膨胀学说,开启了大爆炸宇宙学说研究的序幕。

1957 年,伯比奇夫妇、福勒和霍伊尔以宇宙中的元素丰度为基础,如图 2-3 所示,推出了元素在恒星中合成的元素起源假说,简称 B2FH 理论(由四位科学家姓名的英文字头组成)。

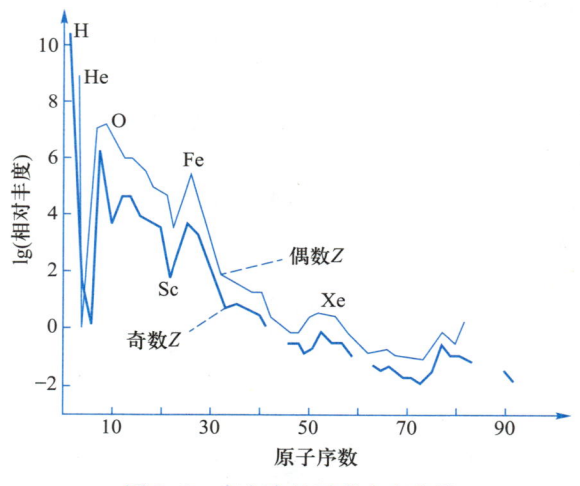

图 2-3 宇宙中的元素丰度曲线

该理论认为,所有的化学元素及其同位素并非通过单一过程一次形成,而是由氢通过发生在恒星不同演化阶段相应的八个形成过程逐步生成的, 然后由恒星抛到宇宙空间,形成了我们所观测到的元素丰度分布。

2.2.1 核聚变反应生成铁前元素

大约 137 亿年前,宇宙由体积无限小,密度无限大,温度无限高,时空曲率无限大的奇点出发,发生了大爆炸。

在宇宙大爆炸初期,物质只能以电子、光子和中微子等基本粒子形态存在。此后伴随着宇宙的不断膨胀,导致其温度和密度很快下降,当宇宙大爆炸发生 3 分钟后,温度下降到 10^9 K,此时质子和中子依靠强力(短程作用力,至少是电磁力的 100 倍)形成了相对稳定的原子核,包括氢和氦。此后经过漫长的恒星演化过程,陆续出现了其他元素的原子,构成了我们现在的物质世界。迄今为止,氢元素和氦元素仍是宇宙中丰度最大的元素,它们合在一起占宇宙总质量的 99%,总原子数的 99.9%。

在恒星形成的初始阶段,星云依靠万有引力形成,在它的内部温度极高、密度极大,因此能够引发核聚变反应,即原子核之间发生聚变,生成新的元素。

最先发生的是氢核聚变,又称为氢燃烧,这也是 B2FH 理论提出的八个过程中的第一个过程。在这一过程中,氢的同位素原子核氕和氘,发生核聚变反应生成氦核,这一过程放出巨大的能量。

$$_1^1H + {}_1^1H \longrightarrow {}_1^2H + \beta^+ + 0.07 \text{ pJ}$$

$$_1^1H + {}_1^2H \longrightarrow {}_2^3He + \gamma + 0.88 \text{ pJ}$$

$$_2^3He + {}_2^3He \longrightarrow {}_2^4He + 2{}_1^1H + 2.05 \text{ pJ}$$

头脑风暴

如果 1 g 氘核(1 mol)与 2 g 氘核(1 mol)聚变生成氦[见方程式(2)],所放出的热量应该是多少千焦? 类似的,太阳每秒大约消耗 6 亿吨氢,转化出 5.96 亿吨氦,核聚变反应中放出的能量大约有多少?

氢燃烧之后,恒星内部的核聚变反应会继续进行。此时,氦核通过一系列聚变反应生成碳核和氧核等,这一过程称为氦燃烧。经过氦燃烧,恒星的体积进一步膨胀,变为红巨星。

$$_2^4He + {}_2^4He \longrightarrow {}_4^8Be$$

$$_2^4He + {}_4^8Be \longrightarrow {}_6^{12}C + \gamma$$

此后,碳核通过一系列聚变反应,生成氮、氧等原子核的过程被称作碳燃烧。碳燃烧之后,如果是质量较小的恒星,恒星的中心由于引力作用,会坍塌成一个核,而恒星外部则进一步变大,达到第二次红巨星阶段,此时大量的物质会逐渐散失到恒星四周的空间中,并渐渐裸露出内部的核心,此时核心主要由高温高密度的碳和氧组成。

对于具有较大质量的恒星而言,例如质量达到太阳 8 倍以上的恒星,核聚变则可以一直发生,直到铁元素,此时反应始终是放热的,因此所有比铁轻的核素都能够在这一过程中被生成。核聚变反应的最后,反应不再发生,大约 97% 的恒星最终都会变为白矮星。

知识详解

核素(nuclide)是表达核性质的独立概念,是具有一定数目质子和一定数目中子的一种原子。其中既包括具有相同质子数和不同中子数的同位素,也包括质子数和中子数都相同,但核性质(包括半衰期、衰变方式、能量)不同的"同核异能态"现象。

2.2.2 铁后元素的生成

超新星爆炸

当核聚变反应发生到铁元素,反应不再放热,因此就不能够继续维持恒星的膨胀,此时,具有较大质量的恒星就会发生坍塌,发生超新星爆炸。在超新星爆炸过程中,温度非常高,因此可以发生需要消耗能量的重核聚变反应,生成比铁更重的元素,比如金、银、铜、铂等。

上述通过超新星爆炸生成重核的过程称为快过程。重元素的生成也可以通过慢过程来完成,所谓慢过程指的是较轻的核经过漫长的时间,俘获其他粒子从而生成重元素的过程。例如,锌-68 俘获中子形成锌-69,然后发生 β 衰变转化为镓-69 的过程。

$$^{68}_{30}\text{Zn} + ^{1}_{0}\text{n} \longrightarrow ^{69}_{30}\text{Zn} + \gamma$$

$$^{69}_{30}\text{Zn} \longrightarrow ^{69}_{31}\text{Ga} + \beta$$

2.3 元素的发现

人类对于元素的发现和使用,离不开各类工具和技术手段的发展和进步。从在自然界中获取天然元素单质,到从各类矿石中分析、提炼新元素,乃至在现代社会利用光谱学手段,分析宇宙中存在的元素等,都离不开各类技术手段,如用火加热、用天平称量、用光谱分析,等等,所以元素的发现过程,与人类社会的发展和进步密切相关。

2.3.1 古代元素的发现

古代,人们最先认识和使用的常用元素有 10 种以上,其中金属包括金、银、铜、铁、锡、铅、汞、锌等,非金属元素主要是碳和硫。

金被认为是人类最早发现并使用的化学元素之一。由于金的化学性质非常稳定,所以在自然界中能够以单质的形式存在。通过"沙里淘金",人们直接可以获得金的单质;琥珀金则是一种由金、银单质形成的天然合金,也可以在自然界中直接获得。例如西方最早的钱币——吕底亚琥珀金币,就是以提摩留斯山(Mount Tmolus)和西庇鲁斯山(Mount Sipylus)生产的金银合金制作的。

战国包金嵌玉兽首银带钩(中国国家博物馆藏)

在古代,无论是东方还是西方,金都作为贵金属用于保值和流通。此外金还有一个非常重要的性质,就是它具有极好的延展性。1 g 金被拉长制得的细金丝可达 4000 m,经过多次锤打制得的金箔厚度只有 0.1 μm 左右。技艺精湛的工匠充分地利用了金的这种特性,制作出了很多精美绝伦的装饰品,如在河南省辉县固围村出土的战国时期的包金嵌玉兽首银带钩,就把金属铸造工艺和琢玉工艺结合起来,是中国古代带钩中的精品。

银在自然界中既有单质也有化合物,当以单质形式存在时,多半和金、汞、铜等金属形成合金。当以化合物的形式存在时,由于银容易与硫结合,因此在自然界中通常会以辉银矿的形式稳定存在,它是提炼银的重要矿物原料。

辉银矿

将银从化合物或合金中提取出来,主要采用的是吹灰法(也称灰吹法)。明代陆容的《菽园杂记》、宋应星的《天工开物》都记载了这一方法。吹灰法首先将选矿后的矿石与木炭进行烧结,得到"窖团"或"礁石团";再利用铅的熔点比较低(铅的熔点327 ℃,沸点1749 ℃,银的熔点961.7 ℃,沸点2162 ℃),通过控制温度,将熔融的铅与窖团反应生成"铅驼",也就是银铅合金;最后将银铅合金(粗制银)放进熔炉中,通过鼓风通气,将熔出的铅汽化,即可得到提纯后的单质银。

铜在自然界中虽然也有单质存在,但古人对铜的利用,主要是从铜矿石中提炼铜单质。在自然界中,铜矿的种类非常多,例如黄铜矿就是铜铁硫化物矿物、辉铜矿的主要成分是硫化铜、孔雀石的主要成分是碱式碳酸铜,等等。

在古代,人们将金属单质从矿石中提取出来,采用的都是还原法,所用的还原剂主要为木炭。例如,以孔雀石为原料,冶炼得到单质铜的化学反应方程式为

$$Cu_2(OH)_2CO_3 \xrightarrow{\text{高温}} 2CuO + CO_2 \uparrow + H_2O$$

$$2CuO + C \xrightarrow{\text{高温}} 2Cu + CO_2$$

用木炭还原法制得的铜又称红铜。红铜质软,难以浇铸出造型复杂的大件容器,因此古人将红铜与锡、铅等金属熔融在一起,炼制出的合金就是青铜。

青铜器的颜色随着合金中各种金属所占比列不同而改变,例如随着锡占比的升高,光泽就会从青铜色转为赤黄色、橙黄色、淡黄色。当锡的占比提高至30%~40%时,青铜就会变为灰白色。《考工记》规定"钟鼎之齐"锡的占比约为14%,这是为了让合金呈现美丽的橙黄色,同时也是为了能够保证音质的美妙。《考工记》规定"鉴燧之齐"锡的占比要高达50%,这是因为铜镜需要呈现白色光泽。

在古代中国已经有了非常系统的制作青铜器的配比和工艺,精巧的工匠们能够制造出各种不同形式的精美的青铜器,我们所熟知的国宝重器后母戊鼎,就是商周时期青铜器的代表作。

与金、银、铜不同,在自然界中,铁和锡由于化学性质更活泼,所以都只能以化合物的形式存在,因此想获得铁和锡单质,就需要进行还原反应。

春秋时期,中原地区的人们掌握了冶铁术,他们采用的方法也是木炭还原法。这一时期,铁器在很多应用领域都取代了青铜器,这是因为青铜器物的硬度与铁器相比,远不能及。例如,在陕西西安秦始皇陵出土的文物中,就有很多铁制兵器。

在古代,最好的铁器来自陨铁。陨铁其实是一种合金,里面还含有镍、铬等金属。金属铬在现代研究中,人们发现其金属键比较强,是硬度最高的过渡金属,正因为铬的加入大大增加了铁的硬度,因此使用陨铁做出来的武器,可以削铁如泥,被视作神兵利器。

炼锡比炼铁炼铜都容易,这是因为锡的熔点很低,只有231.89 ℃。所以只要把锡矿石与木炭放在一起灼烧,木炭就能将锡从矿石中还原出来。

方铅矿晶簇

自然界中也没有铅单质存在，铅的主要矿石是方铅矿（PbS）。在制备铅单质时，古人先把方铅矿加热，变成氧化物，然后再用木炭还原为金属铅。古人对铅和锡的分别并不是十分明确，常常混淆，这是因为在元素周期表中，锡和铅同属于碳族元素，很多性质都比较接近。由于古人对于元素的认识依然停留在定性阶段，因此难以区分锡和铅。

金属汞在自然界中存在的很多矿物都为人们所熟知，例如朱砂的主要成分就是硫化汞，中药中的辰砂主要成分也是硫化汞。硫化汞有两种常见的晶型，α 型和 β 型，对应不同的颜色，α 型为红色，β 型为黑色。这两种晶型常温下都可以稳定存在，改变温度则可以使这两种晶型发生转化，如将 α 型硫化汞加热超过 410 ℃ 就可以转化为 β 型。

巴林鸡血石

辰砂也叫丹砂，是一味重要中药。《神农本草经》中记载："丹砂，微寒，主身痛五脏百病，养精神，安魂魄，益气明目，杀精魅邪恶鬼，久服通神明不老。"我国浙江昌化和内蒙古巴林，都盛产鸡血石，白底上面有黑色和红色的纹理，具有很高的收藏价值。鸡血石的黑色和红色的纹理就是由不同晶型的硫化汞形成的。鸡血石在保存的时候有一个注意事项，就是不能经常光照，也不能受热，否则鸡血石就会变色，这主要与硫化汞的性质有关。硫化汞受热很容易分解，生成单质汞和单质硫，当有氧气存在的时候，还会生成氧化汞，导致鸡血石变色。

在古代，人们还发现和利用了另外两种非金属元素，一种是碳，一种是硫。

古人们还原金属的时候，采用的还原剂就是碳，这主要是因为碳具有还原性，另外一个因素就是碳在空气中非常稳定，而且廉价易得。人类对碳的利用历史较长，古人经常用碳来取暖，并在长期的生产和使用过程中摸索出了窑烧法、干馏法等制作木炭的方法。

自然硫晶簇

硫元素在东方的炼丹术和西方的炼金术中，都曾发挥过重要的作用。在自然界中，硫既有单质也有化合物，例如在火山喷发后硫气孔周围，黄色的就是单质硫。而对于化合物形式的硫来说，容易与一些过渡金属形成硫化物矿，如黄铁矿（FeS_2）、闪锌矿（ZnS）、方铅矿（PbS）等。

2.3.2　近代元素的发现

到了 17 世纪，近代实验科学兴起，借助新技术，化学家们可以使用更加丰富的研究手段，从而发现了更多的元素。其中有几种技术和方法，起到了非常关键的作用。

首先就是分析测量仪器——天平。在现代化学实验中经常使用天平，天平作为一种定量分析仪器，在化学研究中具有十分重要的地位。早在 18 世纪的欧洲，天平就已经被应用在化学实验中，拉瓦锡、道尔顿、卡文迪许等都在实验中使用天平进行称量。在拉瓦锡的实验室里，有着当时最精密的天平，借助天平的精确测量，拉瓦锡发现了氧化燃烧的本质。同时也是由于天平的出现，帮助人们发现新元素、精确测量原子量，推动化学研究由定性分析进入定量分析阶段。

拉瓦锡实验室一角

在 1789 年拉瓦锡版本的元素表中，已经出现了很多我们现在所熟知的元素，如氢、氧、硫、铁、锰、汞、锌等，但受当时实验技术和研究手段的限制，在这一版本的元素表中没有活泼金属,同时,对一些元素的认识也存在一定的局限性,如硅元素当时被看作"硅土",这主要是因为硅的单质尚未被提纯出来。

此后,另外一种实验手段在推动元素的发现上有了新进展,这种实验手段就是电解技术。

在 19 世纪初,英国化学家汉弗莱·戴维首先将电解技术应用于元素的发现和制备,这项技术为元素的发现打开了一扇新的大门。戴维通过电解熔融的氢氧化钾制备出了金属钾单质,此后他还通过这一方法陆续发现了金属钠、镁、钙、锶、钡。这些活泼金属因为容易与空气中的氧化合,生成非常稳定的离子型化合物,因此在自然界中都以化合态的形式存在,不能被碳还原,所以没有电解技术,活泼金属就无法制备出单质。直到今天,电解技术依然在工业生产上有着广泛的应用,氯气和单质氟的制备、活泼金属铝的生产等,采用的都是这项技术。电解技术的使用,对近代元素的发现起到了巨大的作用,直到 1829 年戴维去世时,人类发现的元素数目已经升至 53 种。到了1844 年,钌被发现后,被发现的元素数目上升到 57 种,可是此后十多年,却再也没有新的元素被发现。人类对元素的发现遇到了一个瓶颈。

打破这一瓶颈要归功于两位德国科学家,罗伯特·威兼·本生(Robert Wilhelm Bunsen)与古斯塔夫·罗伯特·基尔霍夫(Gustav Robert Kirzhhoff)。本生是德国海德堡大学的无机化学教授,他与基尔霍夫合作,把一架直筒望远镜和三棱镜连在一起,制作出了世界上第一台光谱仪。这台光谱仪能够通过辨别火焰的焰色进行化学分析,通过这一方法,他们发现了化学元素铯 Cs。

第一台光谱仪

铯是一种稀少而又活泼的碱金属元素,在自然界中只存在化合物。本生在对杜尔汉(Durkheim)矿泉水进行分析的时候,有了重大发现。当他用火焰激发一滴浓缩的矿泉水后,出现了锂、钠、钾、钙、锶这些常见元素的谱线,再使用化学分离法分离掉高含量的钙、锶、锂后,溶液中只剩下钠及微量的钾,再取一滴分离后的溶液送进灯焰里,本生发现在分析仪里产生的光谱中,出现了两条陌生的浅蓝色的谱线。由于已知的元素都不会在这个光谱区里显现出两条蓝线,因此其中必然有一个新的元素存在,且属于碱金属。1860 年 5 月,本生正式向柏林科学院提交了这个新发现。后来这种新元素被取名为铯"Caesium",在拉丁文中"Caesius"这个词的意思就是蔚蓝的天空。1861年,基尔霍夫和本生又用同样的方法发现了活泼金属元素铷。

光谱技术不仅帮助化学家们发现了存在于地球上的新元素,还帮助人们分析了宇宙中存在的挥发性元素。例如采用光谱法,科学家们发现太阳光中有元素钠的特征谱线,因此推断太阳上有钠存在。在超新星爆炸中,日本的科学家们发现了大量锂元素被制造出来,从而提出超新星爆炸可能是宇宙中锂元素的主要来源。因此光谱分析法是现代进行宇宙元素分析的重要方法。

2.3.3　现代人工合成元素

到了现代化学阶段,随着对原子结构认识的不断深入以及对放射性的了解,科学家们开始了人工合成元素的工作。人工合成元素的方法,一般是通过将元素和粒子以高速撞击,增大自然存在的元素原子核质子的个数,达到增大原子序数的目的,从而制造出新的元素。

1929 年，加利福尼亚大学伯克利分校的欧内斯特·劳伦斯（Ernest Lawrence）发明了回旋粒子加速器，通过这一装置能够使带电粒子获得很大的加速度，从而大大提升粒子的动能，此后他们又使用镭-铍中子弹作为中子源，在 1934—1937 年间，制造出了 200 多种人工放射性同位素。

1937 年，意大利科学家埃米利奥·吉诺·塞格雷（Emilio Gino Segré）和卡洛·佩里埃（Carlo Perrier）在分析美国加州劳伦斯实验室送来的粒子加速器样本时，发现了 43 号元素。它是在粒子加速器中用中子和氘核轰击天然钼原子而得到的，是第一个用人工方法造出的元素，因此得名"锝"（Technetium），源于希腊文中表示"人造"的单词。

1940 年，塞格雷等人还利用回旋粒子加速器中使用 α 粒子轰击铋元素，制造出了砹（At）。砹是地壳中含量最稀少的元素，这是因为它的几种同位素半衰期都很短，其中最长的也只有 8.1 h。

此后的几十年时间里，人工合成元素的工作进一步开展，我们现在已经发现了 118 种元素，填满了元素周期表的七个周期，其中存在于自然界的元素有 90 种，另外的 28 种元素都是通过人工方法合成的。

例如 118 号元素 Og，原子量为 293，半衰期只有 12 ms，是一种惰性气体。2006 年美国劳伦斯利弗莫尔国家实验室与俄罗斯科学家合作，利用俄方的回旋加速器设备，成功合成出了 118 号超重元素。2016 年，国际纯粹与应用化学联合会（IUPAC）宣布，将 118 号元素正式命名为 Og。2017 年 5 月，我国正式将 118 号元素中文名称确定为𬭩。

元素周期表
（2022 版）

2.4　元素的提取和应用实例

随着人们对元素单质及其化合物结构和性质认识的不断深入，由它们所构筑的各类材料在人类社会的生产和生活中发挥了越来越大的作用，下面我们就以几个元素为例，向大家加以介绍。

2.4.1　个头小能量大的"白色石油"——锂

石油是一种棕黑色黏稠的液态混合物，是人类社会非常重要的化石能源之一。但自然界中还有一种被称为"白色石油"的矿石，利用这种矿石，能够提炼出一种金属，它在现今社会的能源领域中占有非常重要的地位，这种金属就是锂。

18 世纪 90 年代，巴西化学家席尔瓦在瑞典 Utö 岛上首次发现了锂元素的矿物——透锂长石（$LiAlSi_4O_{10}$），并发现将这种矿石放入火中时，会产生深红色的火焰。

1817 年，瑞典化学家贝采利乌斯的学生阿韦德松（Arfwedson）在分析透锂长石时，发现了一种新元素。它属于碱金属元素，比钠元素更轻，所形成的部分化合物类似于钠和钾的化合物，但其碳酸盐和氢氧化物在水中的溶解度较小，碱性较低。贝采利乌斯将这种碱性化合物命名为"lithion/lithina",取自希腊语石头(lithos)。

1821年,英国化学家威廉·托马斯·布兰德(William Thomas Brande)通过电解氧化锂(Li_2O)获得了金属锂单质,并通过对氯化锂的深入研究,推断出氧化锂中含有55%的金属元素,估算出锂的相对原子质量约为9.8。

1855年,德国化学家本生和英国化学家奥古斯塔斯·马提生(Augustus Matthiessen)通过电解氯化锂,得到了制备较大量金属锂的方法。1921年,德国金属公司对该方法进行了改进,使用氯化锂和氯化钾的混合物作为电解原料,揭开了金属锂商业生产的序幕。

金属锂的单质是银白色的,质软,且是密度最小的金属,只有 0.534 g·cm^{-3}。由于锂具有比较活泼的化学性质,而且密度比水(1.0 g·cm^{-3})和煤油(0.8 g·cm^{-3})都要小,因此为了保存金属锂单质,需要把锂密封在固体石蜡中。

锂是元素周期表中第二周期的第一个金属元素,因此锂离子的半径很小,只有59 pm,因此锂离子很容易吸引分子或离子,让它们发生变形,产生极化作用,导致它与其他碱金属元素的性质有较多的不同点。例如,很多锂盐溶解性不好,电解 Li_2O 需要消耗大量的电能等。因此,在锂的生产和使用中,电解原料需要选用 LiCl 和 KCl 的混合物,这主要就是为了降低熔点,减少能源的消耗,降低成本。

随着社会的发展和进步,人们逐渐挖掘了锂在不同领域中的应用。锂是稀有金属,但早在20世纪50年代就已经崭露头角,在氢弹、中子弹、质子弹的研发中,它是必不可少的原料。在原子能、航天、医药、有机合成等领域,也可以随处看到它的身影,从某种程度上来讲,锂资源的应用已经成为了一个国家强大与否的重要标准。

例如,与钙钠基润滑脂相比,锂基润滑脂具有更高的烊点,更好的防腐性能,抗水性能更加优越,使用寿命可以延长一倍以上,因此锂基润滑脂主要被用作航空发动机以及类似产品的高温润滑脂。

随着电子产业的迅速发展,锂在电池中的应用成为锂的主要消费领域。金属锂之所以被应用在电池领域,是因为锂离子和锂原子构成电对(Li^+/Li)的电极电势是所有元素电对中最低的(−3.04 V),因此锂电池的电压远高于之前的镍镉电池和镍氢电池,在能源领域具有巨大的应用潜力和价值。

锂在电池中的使用主要分为两种形式:锂电池和锂离子电池。它们的区别在于前者使用金属锂,不能充电,是只能一次使用的一次电池;锂离子电池则不含有金属锂,是可以多次使用的可充放电电池。

2019年的诺贝尔化学奖颁给了约翰·古迪纳夫(John Goodenough)、斯坦利·惠廷厄姆(Stanley Whittingham)和吉野彰(Akira Yoshino),以表彰他们在锂离子电池研究领域做出的贡献。

锂离子电池现在已经与人类生活各个领域密切相关,如手机、笔记本电脑、新能源汽车等,大大减少了化石能源对环境的影响,减少了温室气体的排放,让清洁能源技术影响和改变了人类社会,是当之无愧的"白色石油"。

2.4.2　是毒物还是好物——铝

铝对于人类来说并不陌生,在我国,20世纪60—70年代,铝制的饭盒和厨具几乎会出现在每一个家庭中,铝单质及其合金还被广泛应用在罐装饮料的外壳、飞机和航天器外壳材料中。铝的化合物,例如氢氧化铝则可以用作治疗胃肠疾病,特别是胃溃疡和胃酸过多等。此外,铝的化合物还可以用作食品添加剂,例如炸油条时使用的膨松剂为十二水合硫酸铝钾(又名明矾);作面制品的泡打粉,其主要成分也是碳酸氢钠和明矾。

曾经有过这样的传言——吃含铝的食物易得老年痴呆,我们在生活中要避免食用和使用铝制品。这种说法从何而来? 有没有科学依据? 我们需要首先了解一下铝这种元素。

早在古代,人们就已经使用含铝矿物——黏土(含铝硅酸盐)来制作陶器和瓷器,到了 1787 年,拉瓦锡注意到这是一种尚未被发现的金属氧化物。此后从 1825 年到 1886 年,科学家们陆续采用活泼金属还原法、电解法制备出了金属铝。将氧化铝溶解在熔融的冰晶石中并进行电解,仍然是现今社会铝冶金行业的主要途径。

铝是地球表面存在最为丰富的金属元素,广泛分布于岩石、土壤当中,例如用于生产铝的铝土矿中含氧化铝(Al_2O_3)40% ~ 60%,因此生产金属铝成本低,铝制品价格也比较低廉,2022 年铝单质的价格大约为 2 万元/吨。

铝之所以被广泛应用于人类社会生活的各个领域,还要归功于自身的优异性质。首先铝的密度只有 $2.7\ g \cdot cm^{-3}$,虽然比锂、钠、钙、镁等金属高,但由于其金属表面易形成氧化膜,所以比较稳定。此外虽然铝硬度不高,但容易与其他金属形成铝基合金,如锂、铜、镁、锰等,这类合金强度高、质量轻,且延展性好,适用于作为飞行器的外壳材料。铝还具有高导电率、高导热率和高反射率的特点,在生活中用作炊具,能更好地导热节能。

然而当铝广泛使用在日常生活中时,尤其是作为烹饪器具、饭盒等盛具时,就涉及人体过度摄入的问题。铝不是人体必需的微量元素,当少量摄入时,对人体影响不大。但如果过量摄入,铝离子在消化道被吸收以后,会引起尿钙排泄增加,从而引起血钙浓度下降,导致骨质疏松;另外,医学研究也表明,铝的过量摄入,会影响蛋白质和神经介质的合成,抑制大脑中生物酶的活性,会损伤大脑神经系统,特别是对儿童和青少年产生不良的影响,引起智力发育障碍。

因此,我们对于铝的利用要采用科学客观的态度。例如,如果需要利用铝的高导热性用作炊具,那么需要在其外表面包裹涂层,避免铝与食物直接接触;要减少或者避免直接使用铝制品作为炊具。当使用氢氧化铝等铝的化合物作为药物时,要严格遵医嘱服用,避免长期不当滥用药物,损害身体健康。

2.4.3 21 世纪的金属——钛

钛是一种金属元素,与铁、铝这些金属元素不同,钛似乎与我们的生活关联不大。但事实并非如此,2014 年和 2021 年,分别有两部具有科幻意义的电影都以《钛》为名(2014 年,俄罗斯电影 *Vychislitel*;2021 年,法国电影 *Titane*)。钛这种金属似乎与生命、科技具有相当紧密的联系,原因是什么呢? 我们有必要深入了解钛这种元素。

钛在自然界中是以化合物的形式存在的,因此人们对于钛的最初认识源于对其化合物的发现和分析。钛最早发现于 1791 年，英国人格雷戈尔在英国马纳坎附近的一条小溪旁发现了一种会被磁铁吸引的黑砂，经过分析，发现里面含有氧化铁和一种无法鉴别的金属氧化物。1795 年，德国化学家克拉普罗特在分析匈牙利产的金红石时也发现了这种氧化物。他引用希腊神话中泰坦神族"Titan"的名字给这种新元素起名叫"Titanium"，中文定名为钛。

格雷戈尔和克拉普罗特当时所发现的钛都是粉末状的二氧化钛，而不是金属钛。这是因为钛的氧化物极其稳定，而且金属钛的单质能与氧、氮、氢、碳等直接激烈地化合，所以单质钛在自然界中不存在，且很难制取。

因此虽然在地球上钛的资源非常丰富，接近铁和铝，但价格却是铝的 4 倍，其主要原因就是钛的性质活泼，冶炼困难。

直到 1910 年，美国化学家亨特第一次用钠还原 $TiCl_4$ 的方法，才制得纯度为 99.9% 的金属钛。1940 年，卢森堡科学家克劳尔月镁还原 $TiCl_4$ 制得了纯钛。从此，镁还原法（又称为克劳尔法）和钠还原法（又称为亨特法）成为生产海绵钛的工业方法。

那么为什么造价更加昂贵的钛比铁和铝具有更广泛的应用前景呢？这源于钛特殊的性质和应用价值。

金属钛单质的密度为 $4.5 \text{ g} \cdot \text{cm}^{-3}$，略高于铝，但熔点可达 1668 ℃，沸点为 3287 ℃。这就使得钛合金具有轻质、耐高温的特点，可以被广泛应用于飞机、宇宙飞船的结构元件。钛合金的使用不仅能大幅度减轻飞行器的结构重量，同时也能节省燃料费用。

钛还具有非常好的延展性和可塑性。钛的塑性主要依赖于纯度，钛越纯，塑性越大，高纯钛的延伸率可达 50%~60%。此外，常温下钛与铝相似，能够与氧气化合生成一层极薄的致密氧化膜，这层氧化膜常温下不与硝酸、稀硫酸、稀盐酸，甚至不与王水发生反应，因此钛具有良好的抗腐蚀性能，不受大气和海水的影响，钛合金是最适合舰船使用的船体材料。

2020 年 11 月 10 日上午 8 时 12 分，中国载人潜水器"奋斗者"号，在西太平洋马里亚纳海沟成功下潜突破 10000 m，达到 10909 m，再创中国载人深潜的新纪录。其中，被誉为"潜水器的心脏"的载人球舱，正是由钛合金材料制成。

此外，钛又被称作"亲生物金属"，它是唯一对人类植物神经没有任何影响的金属，对人体组织具有良好的生物相容性，且无毒副作用，可以作为人造骨。比如镍钛合金（记忆合金）烤瓷由于强度高、价格低、生物相容性好，是目前国内使用最为普遍的一种烤瓷牙；在医学领域，在骨头损伤部位用钛片和钛螺丝钉固定好，过几个月骨头就会长在钛片上和螺丝钉的螺纹里，这种"钛骨"就如真的骨头一样，从而有效治疗骨折。

钛的化合物中二氧化钛（TiO_2）的应用最为广泛。二氧化钛俗称钛白，是最好的白色颜料，也是着色力最强的一种，具有优良的遮盖力和着色牢度。钛白占据了全部白色颜料使用量的 80%，世界上 90% 的钛资源都用来制造钛白粉。

二氧化钛还具有非常好的光催化性能，能有效阻隔紫外线，所以被广泛用在化妆品、木器保护等领域，还可以用作防治光敏性皮炎的药物。在有机高分子领域，将二氧化钛加入塑料、化纤或橡胶中，能够有效提高产品的耐热性、耐光性和抗老化性，改善其物理化学性能，延长使用寿命。

此外,在能源领域中,二氧化钛在太阳能电池中的应用研究,已经成为光催化研究的两大方向(太阳能转化催化和环境光催化)之一,纳米二氧化钛由于具有合适的禁带宽度、良好的光电化学稳定性、制作工艺简单等特点,目前广泛应用于染料敏化、量子点和钙钛矿等太阳电池研究领域,具有广阔的研究前景。

思考题与习题

1. 根据元素在宇宙中的丰度曲线我们可以得知,铁(Fe)元素的丰度非常高,而与之同为第四周期元素的钪(Sc)丰度则较低,请查阅资料,分析一下可能的原因。

2. 磷、钙、铜、铅四种元素是我们非常熟悉,也是自然界中比较常见的元素,根据大爆炸理论,请解释这四种元素都可以通过哪些过程生成,这些过程分别属于放能过程还是耗能过程?

3. 碱金属元素是元素周期表中金属活泼性最高的一族元素,请查阅资料,指出锂、钠、钾、铷、铯、钫这六种元素都是通过哪些方法被发现的。

4. 地壳中铁的矿物有很多种,如磁铁矿、赤铁矿、褐铁矿、黄铁矿(FeS_2)等,请思考为什么黄铁矿中的铁没有被氧化为+3 氧化数呢? 试分析可能的原因。

5. 铝制品在我们的日常生活中随处可见,也有商家使用铝制饭盒作为炊具来加热食物,请从铝元素的性质出发,分析这种做法是否科学、对健康是否有益。

人类社会的存续与发展,离不开能源的供给,能源被誉为人类社会发展的三大支柱之一。无论是古代社会利用碳质燃料取火,还是第一次工业革命时期利用煤炭推动工业进步,或是现代社会利用高能燃料远航太空,每一次能源领域的突破都会带来生产力的迅速发展和社会的巨大进步。世界能源专家、剑桥能源研究协会创始人、普利策纪实文学奖获得者丹尼尔·耶金(Daniel Yergin)在他的《能源重塑世界》一书中写道:"能源的利用使得我们今天的一切成为可能","未来能源的发展对于中国和全世界都至关重要"。

化学学科在能源的开发和利用领域发挥了重要的作用。在传统化石燃料应用领域,煤炭的洁净化技术、石油的催化裂化都离不开化学研究的成果。在核能的控制利用领域,循环冷却系统的研发、核心器件燃料棒和控制棒的设计都源自材料研究领域的重要贡献。在生物质能、氢能、潮汐能的开发和利用领域,也都有化学家们的辛勤工作。所以,我们有必要对能源、化学和社会三者的关系进行梳理和总结,讨论如何合理利用现有能源,开发新能源,从而实现能源与经济、环境的绿色协调和可持续发展。

3.1　能量的转化和利用

3.1.1　能量的表现及转化形式

能源是指能够提供某种形式能量的资源。能量究其本质,指的是对一切宏观、微观物质运动的描述,也简称能。不同的运动形式对应的能量形式也不同,具体如表 3-1 所示。

表 3-1　不同的运动形式对应的能量形式

运动形式	能量形式
宏观物体的机械运动	动能/势能
带电粒子的定向运动	电能
分子运动	热能
原子运动	化学能
光子运动	光能

宏观物体的机械运动,例如火车的前进、水由高处流向低处等,对应的是机械能,包括动能和势能;带电粒子的定向运动对应的则是电能;在微观领域,分子运动的加剧

会使整个体系温度升高,所以对应的是热能;原子间彼此结合和分离对应着化学键的生成和断裂,这种运动形式对应的则是化学能;光子的运动对应的则是光能。所以无论是电能、机械能,还是热能、光能都是能量的具体表现形式。

能量的不同表现形式之间可以实现相互转化。例如电能很容易转化为光能,日光灯、手电筒都是电能转化为光能的实例;电能也可以转化为热能,电热水器、电暖器等就是将电能转化为热能的例子;电能还能够转化为机械能,如电动自行车、电风扇等。由此可以看出,在现代社会,电是必不可缺的重要能量形式,它能够把各种能量转化为服务于人类社会生活的多种形式。所以只有获得充足的电力供应,才能够有效支撑人类社会的顺利运转。

获得电能的途径有很多。例如风能可以通过风力发电转化为电能;太阳能作为光能的一种形式,可以通过太阳能光电厂转化为电能;电池则是将化学能直接转化为电能的重要途径,这部分内容将在第六章加以介绍。

目前,人类的城市用电大部分都来自火力发电厂。在火力发电厂中,蕴含在煤中的化学能通过燃烧转化为热能,热能再转化为机械能,最后转化成电能。下面就以火力发电厂为例,对能量的转化加以介绍。

3.1.2　火力发电厂对能量的利用

很多化石能源如煤、石油、天然气、甲醇等,都是通过燃烧放出能量的。在传统的火力发电厂中,使用的燃料就是煤。

图 3-1 为火力发电厂的外景。其中冒汽的类似于烟筒的装置是火力发电厂的标志性建筑,冒出的气体是水蒸气,装置的名称是冷却塔,主要功能是将循环水降温,这一装置在核电厂里也有配备。为进一步了解火力发电的能量转化过程,首先需要了解火力发电厂的发电原理。

图 3-1　火力发电厂外景

在火力发电厂中,煤首先通过传送带被运送到燃烧器中,通过燃烧反应,将化学能转化为热能,此时循环水被加热变成蒸汽,蒸汽携带大量热能进入涡轮机,带动涡轮机转动,将热能转化为机械能。然后涡轮机带动发电机,将机械能转化为电能。经过涡轮机后的蒸汽,由于携带的多余热量无法散失,所以需要通过冷却塔进一步降温后,才能够重新回到燃烧器中循环使用。火力发电原理示意图见图3-2。

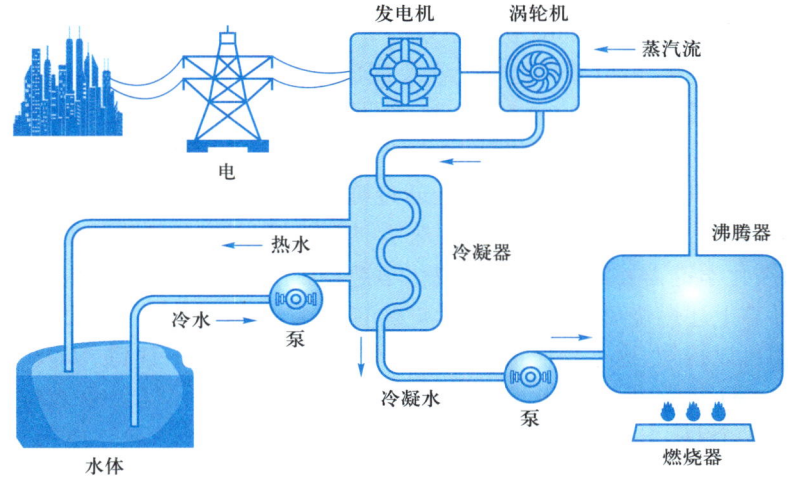

图3-2   火力发电原理示意图

在上述将化学能转化为电能的过程中,化学能通过不同形式的转化,最终获得电能。但不能忽视的是,在这一过程中存在着能量的不完全利用,以及对环境的污染。

在传统的火力发电厂发电、传输及使用过程中,能量利用的效率会受到很多因素的影响,包括沸腾器的效率、涡轮机的效率、发电机的效率、输电线的效率、家用电器的效率,等等。将这些效率综合考虑,按照正常运转的情况计算,我们对能量的利用效率只有30%左右,如果输电线路和电厂设备老化,利用效率还会更低。

总的说来,燃烧煤所产生的能量,大约只有30%能够被充分利用,存在着能量的巨大浪费。因此解决能源问题可以通过两个主要途径,一是寻找更加高能的燃料;二是选择更加高效的能量利用方式。

3.1.3   通过确定化学反应放热寻找高能燃料

在现代社会,我们为什么使用煤、石油、天然气等物质作为燃料,而不采用秸秆、木材等其他材料呢? 想要回答这个问题,需要了解这些燃料的组成和燃烧放热情况。

燃烧是一种化学反应,可以通过化学手段测量其反应热,氧弹就是化学家们用来测量反应热的一种装置,如图3-3所示。氧弹又称为弹式热量计,将一定量的燃料和过量氧气引入氧弹中,密封,浸入水桶,电流通过熔丝点火来引发反应,反应放出的能量被水吸收,然后通过温度计的温度变化来测量和计算。大多数燃烧反应的放热情况都可以通过实验测量,例如,甲烷燃烧反应:

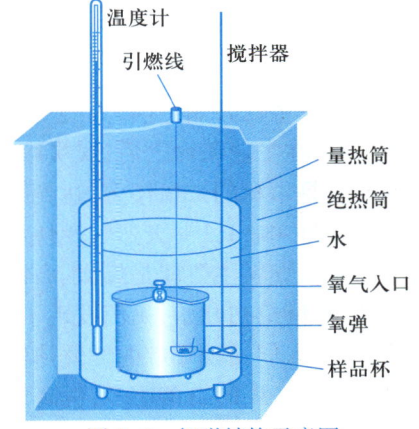

图3-3   氧弹结构示意图

$$CH_4(g) + 2O_2(g) \longrightarrow CO_2(g) + 2H_2O(g) \qquad\qquad (3-1)$$

从化学定量的角度分析,1 mol(16 g)甲烷与 2 mol 氧气反应,完全燃烧可以生成 1 mol 二氧化碳和 2 mol 水,可以测得这个化学反应放出的热量是 802.3 kJ。因此可以推断 1 g 甲烷燃烧放出的热量大约为 50 kJ,这说明甲烷是一种燃烧热值比较高的燃料。

如果不具备使用量热计测量反应热的条件,也可以通过理论计算的方法预测燃烧反应的吸放热。其中比较常用的方法是通过键能数据估算出化学反应的吸放热。采用这种方法的原因是从化学反应的本质来看,燃烧过程是旧的化学键断裂和新的化学键生成,断裂化学键需要消耗能量,生成化学键会放出能量。仍以甲烷燃烧反应为例:

定量计算上述燃烧反应过程中化学键的变化,依然需要依托方程式(3-1)。从反应方程我们可以得知,这一反应需要断裂甲烷分子中 4 个 C—H 键,以及 2 个氧气分子中 2 个 O=O 双键;生成的化学键包括二氧化碳分子中 2 个 C=O 双键,以及 2 个水分子中共 4 个 O—H 键。

从理化手册中可以查得各种不同化学键的键能,如表 3-2 所示。通过这些数据,可以计算出整个燃烧反应的能量变化。在热化学中规定,在化学反应中,吸热为正,放热为负,因此断裂化学键需要吸收能量,键能贡献为正,生成化学键会放出能量,数值为负。因此,就可以从理论上估算出这个化学反应的能量变化为−814 kJ,也就是放出 814 kJ 的能量。比较实验测定和理论计算的结果,我们发现二者数值比较接近,因此就可以通过理论计算的方法,估算物质燃烧的放热情况,从而对新燃料的性能进行评估。

表 3-2　甲烷燃烧反应化学键的能量贡献

分子	总键数	化学键变化	键能/kJ	总能量/kJ
CH_4	4	断裂	+416	1664
$2O_2$	2	断裂	+498	996
CO_2	2	生成	−803	−1606
$2H_2O$	4	生成	−467	−1868

3.2　传统能源

在工业革命开始之前,人类主要采用木材作为燃料,1 g 木材燃烧放出的能量大约为 14 kJ。在工业革命之后,煤炭取代了木材的地位,这是因为同样质量的煤炭燃烧放出的热量是木材的二倍还多,达到 30 kJ。而同样作为化石能源,1 g 石油燃烧放出的能量大约是 48 kJ,1 g 天然气燃烧放出的能量约为 56 kJ。因此,在现代社会,我们所使用的碳质燃料主要就是煤炭、石油和天然气。

从 20 世纪初开始,人们发现了一系列硼的氢化物,并称之为硼烷。通过对硼烷的性质分析,人们发现硼烷的燃烧热值更高。以乙硼烷为例,1 g 乙硼烷燃烧放出的能量可达 78 kJ,是煤的二倍还多,也高于任何已知的碳质燃料。为此,硼烷在 20 世纪四五十年代,作为高能燃料被广泛应用在军事领域中。但是乙硼烷却始终没有应用在民用领域中,这是为什么呢?

我们在选择燃料的时候,燃料的燃烧热值是非常重要的数据,但燃料的存在状态、化学稳定性、安全性也是必须考虑的因素。例如燃料是否能在常温下稳定存在,它对人体是否安全无毒,燃烧生成的产物对环境有没有污染,等等,都会影响燃料的实际应用。乙硼烷和其他硼氢化合物一样,作为燃料,虽然燃烧热值很高,但它本身是一种剧毒气体,因此很难做到安全使用。同时,乙硼烷燃烧后生成的产物是三氧化二硼固体,对气缸的设计有更高的要求。而碳质燃料燃烧的产物是气态二氧化碳,而且原料多为固体和液体。因此我们可以理解,为什么工业革命以来,化石燃料如煤、石油、天然气都在社会生活中,占据了十分重要的地位。

3.2.1 煤与洁净煤技术

从第一次工业革命开始,煤就取代木炭成为人类使用的主要能源,它把世界带入了蒸汽时代,并且随着技术的发展和时代的需求,逐渐形成了比较完善的煤炭工业体系。

1. 煤的组成和燃烧热值

煤有"黑色金子"之称,是由古生的植物随着地壳变动被埋入地下,经过数亿年的地热高温、高压和细菌作用逐渐演化形成的可燃性固体矿物。因此煤是由有机物和无机物组成的复杂混合物,且以有机物为主。在煤的组成中,C、H、O 及少量的 N、S 和 P 是主要元素,目前公认的煤平均组成为:碳元素占 85.0%,氢元素占 5.0%,氧元素占 7.6%,氮元素占 0.7%,硫元素占 1.7%,将其折算成原子比可用 $C_{135}H_{96}O_9NS$ 表示,可见在煤中,碳、氢两种元素含量都较高,适合作为燃料使用。

但是,从组成上我们也可以看出,煤作为固体燃料存在着天然的缺陷。煤中除 C、H、O 之外,还含有 N、P、S,此外还包含多达数十种元素,且很难分离。例如少量的 Ca、Mg、Fe、Al 等常以硫酸盐和碳酸盐的形式存在,Na、K、Al 等元素常以硅酸盐和氧化物的形式存在,此外煤中还含有 B、Co、Mo 等稀有元素。这些无机物构成了煤燃烧后的残余灰分,煤的灰分越多,其可燃成分就越少,燃烧热值就越低,产生的环境污染物越多。

煤的等级是由它的煤化程度所决定的,从化学角度来看,主要根据煤中的固定碳质量分数(含碳量)、燃烧热值和挥发组分质量分数来划分,见表 3-3。根据灰分和煤化程度的不同,煤大致可分为泥煤、褐煤、烟煤和无烟煤,其中泥煤、褐煤都属于劣质煤。

表 3-3　煤 的 等 级

煤级	固定碳质量分数/%	燃烧热值/($kJ \cdot kg^{-1}$)	挥发组分质量分数/%
泥煤	<60	$\sim 1.3 \times 10^4$	—
褐煤	60~75	$(2.5 \sim 3.0) \times 10^4$	>40
烟煤	75~90	$(3.0 \sim 3.7) \times 10^4$	10~40
无烟煤	>90	$(3.2 \sim 3.6) \times 10^4$	<10

从表 3-3 中可以看出,不同等级的煤,其燃烧热值不同。煤的燃烧热值不仅与其含碳量有关,还受到含氢量和含氧量的影响。这是因为相同质量氢的燃烧约为碳的四倍,所以,随着煤中含氢量的增加,一般煤的燃烧热值提高。无烟煤的含碳量虽比烟煤的含碳量高,但前者含氢量低,而后者含氢量高,因此烟煤的燃烧热值甚至比无烟煤的还要高些。当然,燃烧热值的不同也造成了不同等级的煤价格上的差异,例如,无烟煤的市场售价是普通混合煤价格的两倍以上。

2. 洁净煤技术

由于煤的主要成分除了碳、氢、氧之外,还含有硫和氮,所以煤炭燃烧除了生成 CO_2 加剧温室效应,还会生成氮氧化物和硫氧化物(NO_x 和 SO_x)。NO_x 和 SO_x 是造成大气污染的主要气体,是酸雨的主要来源。因此煤作为固体燃料的主要缺陷,就是对大气环境造成的负面影响。

另外煤炭大部分深埋于地下,需要人工挖掘,因此开采也是煤炭利用领域的一大问题。此外煤炭开采后也会产生一些遗留问题,例如采煤后地下会形成空洞,导致腐蚀土壤堆积和地陷等。

由于在我国一次能源消费结构中,煤炭占比最高,因此我国对煤炭的依赖十分严重,煤炭在相当长的时间内依旧会是我国消耗量最大的能源。这就要求我们要尽量解决煤炭使用过程中产生的各种问题。很多化学领域的研究机构都正在进行这方面的研究。例如,中国科学院山西煤炭化学研究所在解决煤的洁净燃烧问题上,已经有了比较成熟的技术,称为洁净煤技术。洁净煤技术最早于 1986 年提出,现已成为解决能源与环境问题的主导技术之一。它是指在煤炭开发和利用过程中,旨在减少污染和提高效率的煤炭加工、燃烧、转化等一系列新技术的总称,其中煤的气化和液化技术是煤炭清洁高效利用的重要基础和关键技术,可以从根本上解决煤炭作为固体燃料所引发的各种问题。

煤的气化是指煤在氧气不足的情况下进行部分氧化,使煤中的有机物转化为含 H_2、CO 等可燃性气体的过程。这一过程主要包括两个步骤:

第一步,煤的干馏。将煤在隔绝空气的条件下,经高温热处理,使煤转化为固态的焦炭、液态的煤焦油和气态的焦炉气,此过程又称为煤的焦化。其主要反应为

$$煤 \xrightarrow{800 \sim 1000 \text{ K}} 焦炭(s) + 煤焦油(l) + 焦炉气(g)$$

第二步,将固体焦炭转化为可燃性气体。此气化过程是交替地使空气和水蒸气通过炽热的焦炭,最终产物是水煤气。主要反应为

$$H_2O(g) + C(s) \xrightarrow{水煤气} H_2(g) + CO(g)$$

产物水煤气的发热量较小,仅为天然气(主要成分为 CH_4)的 15% 左右。因此,欲实现煤的气化最好是将煤气转化为 CH_4。甲烷化的煤气类似于天然气,又叫合成天然气。方法是在镍基催化剂的作用下,使水煤气中的 CO 和 H_2 进行甲烷化反应,就可以得到合成天然气:

$$CO(g) + 3H_2(g) \xrightarrow[650\ K]{Ni} CH_4(g) + H_2O(g)$$

还有一种煤的气化方法，是将纯氧气和水蒸气在加压条件下通过灼热的煤，可使煤中的苯酚等气体挥发，生成一种气态混合物燃料，包括约 40% H_2，15% CO，15% CH_4 和 30% CO_2，称为合成气。合成气的热值与水煤气的热值相比有明显提高。此方法不仅可直接用煤而不用焦炭，且可以连续生产。

煤的液化是将煤转化成清洁的液体燃料（如汽油、柴油和航空煤油等）或化工原料的一种先进的洁净煤技术。煤的液化方式有两种，即直接液化法和间接液化法。直接液化法是使煤粉在高温、高压下催化加氢而实现液化。例如，将煤粉与重质油（煤焦油）、催化剂混合成浆状物，在温度为 673～773 K，压力为 10～30 MPa 的条件下直接加氢生成重质液体燃料；间接液化法是将煤先气化成 CO 和 H_2 等合成气，然后在催化剂的作用下，高压合成液体燃料。

目前各国除对现有的煤的气化和液化技术不断改进外，正积极研发和探索煤的地下气化和液化技术。煤的地下气化和液化，既可减轻矿工的繁重劳动，避免井下危险，又能够将煤层所含的能量以清洁的方式输出地面，而残渣和废液则留在地下，从而大大减轻采煤和制气对环境造成的污染，实现煤的清洁利用。

3.2.2　黑色黄金——石油

在《汉书》中有这样的记载："高奴有洧水可燃"。沈括在《梦溪笔谈》对洧水做了如下的解释和描述："予知其烟可用，试扫其烟为墨，黑光如漆，松墨不及也"。古籍中提及的"洧水"，其实就是石油，只不过由于当时的科学技术水平较低，对石油的认识程度有限，所以只发现了石油"可燃"和不完全燃烧生成的碳可以做墨使用这样简单的应用。放眼现代社会，石油经过加工提炼，可以得到燃料、润滑油、沥青、化工产品原料等，所以石油已经成为当今人类生活必不可缺的重要资源。

1. 石油的组成

石油又被称为"工业的血液"，它的组成与煤炭有所不同，是由远古大批冲至海底或湖泊中的动植物遗体，在地下经过漫长的复杂变化而形成的棕黑色黏稠液态混合物。

石油的组成元素主要是 C 和 H，平均含碳量为 83%～87%（质量分数），氢含量占 11%～14%，此外，还有少量的 O、N 和 S 等微量非金属元素。因此与煤相比，石油的含氢量较高而含氧量较低，杂质含量也较少。石油中的碳氢元素形成的是多种化合物的混合物，主要包括烷烃、环烷烃、芳香烃、烯烃等，此外石油中还含有少量有机硫化物、有机氧化物、有机氮化物、水分和矿物质等。因此石油作为液态混合物，可以采用化学方法进行提炼和分离，获得纯度较高的各类化学品。

2. 石油的炼制

未经处理的石油又称原油。由于原油中所含的化合物种类繁多，有的可以作为汽车、飞机、轮船的燃料,如辛烷等烷烃;有的则是宝贵的化工原料,如乙烯、丙烯等,可用于制造纤维、合成橡胶、树脂等有机高分子产品。因此,原油在使用前要经过炼制加工处理,将其各个组分进行分离。原油的炼制过程包括分馏、裂化、重整、加氢精制等,如图 3-4 所示。

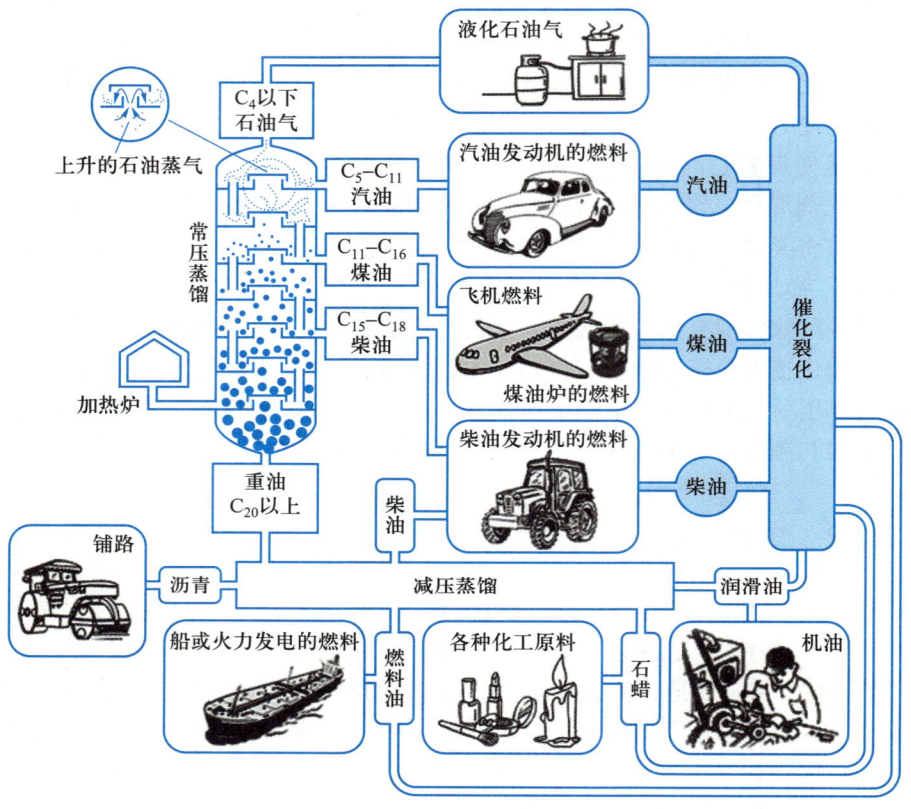

图 3-4 石油的炼制流程示意图

石油的炼制首先采用分馏(常压蒸馏)的方法,根据石油不同组分沸点的差异,将其分离为石油气、汽油、煤油、柴油和重油。其中前四种可以直接使用,而相对分子质量比较大的重质馏分,则需要通过化学手段进行减压蒸馏和催化裂化,从而进一步分离和改变它的组成,形成可以直接使用的燃料或者化学品,如汽油、柴油、沥青、石蜡等。

(1)分馏 在分馏前,原油都要进行预处理,脱除原油中的水、盐和固体杂质。因为原油含有的水分会浪费燃料,所含的盐类能腐蚀设备,所以石油需经过预处理、加热后才能进入分馏塔。

石油中烃类物质的沸点随碳原子数增加而升高。因此,将石油在分馏塔内加热时,低沸点的烃先汽化,经过冷凝先分离出来,随着温度的升高,沸点较高的烃再汽化,经过冷凝也分离出来,通过上述方法可以把石油分成不同沸点范围的蒸馏产物,这个过程就称为分馏。通过分馏可以得到各种不同用途的石油产品,如表 3-4 所示。

表 3-4　石油分馏的主要成品及其用途

类别	温度范围/℃	分馏产品名称	烃分子中所含碳原子数	主要用途
气体		石油气	$C_1 \sim C_4$	化工原料,气体燃料
轻油	30~180	溶剂油	$C_5 \sim C_6$ $C_6 \sim C_{10}$	溶剂 汽车,飞机用液体燃料
	180~280	煤油	$C_{10} \sim C_{16}$	液体燃料,溶剂
	280~350	柴油	$C_{17} \sim C_{20}$	重型卡车,拖拉机,轮船用燃料, 各种柴油机用燃料
重油	350~500	润滑油 石蜡 沥青	$C_{18} \sim C_{30}$ $C_{20} \sim C_{30}$ $C_{30} \sim C_{40}$	机械、纺织等工业用的各种润滑油, 化妆品、医药业用的凡士林 蜡烛,肥皂 建筑业,铺路
	>500	渣油	$>C_{40}$	做电极,金属铸造燃料

　　其中轻油类别中,在 40~180 ℃沸点范围内可以收集 $C_6 \sim C_{10}$ 馏分,这就是我们使用的汽油。汽油以 $C_7 \sim C_8$ 成分为主,其中最具代表性的组分是辛烷(C_8H_{18}),1 g 辛烷完全燃烧后,燃烧热值约为 48 kJ,石油的燃烧热值就是以此为标准的,我们称之为汽油的标号,它是汽油最重要的质量指标。

　　为什么使用辛烷值作为汽油的标号呢?这是由于汽油在气缸里燃烧时有爆震性,会降低汽油的使用效率,损害气缸。而在石油工业发展的早期,研究者发现异辛烷(2,2,4-三甲基戊烷)的抗震性能最好,正庚烷的抗震性最差。所以为了衡量不同汽油的品质,就人为地将异辛烷的抗震性定为 100,正庚烷的抗震性定为 0。例如如果汽油的辛烷值为 85,也就是 85 号汽油,就表明它的抗震性能与 85%异辛烷、15%正庚烷的混合物相当。

　　但 85 号汽油并不代表汽油中一定含有 85%的异辛烷。这是因为如果向汽油中添加抗爆震添加剂,也会提高汽油的抗爆震性。例如,四乙基铅就曾经是最有效的添加剂,只要在汽油中加入 0.2‰~0.6‰的四乙基铅,就可以大大提高汽油的辛烷值。

　　尽管四乙基铅是一种有效的抗爆震剂,但由于它燃烧后要排放出对人体有毒的铅化合物,会造成大气污染,所以发达国家自 20 世纪 70 年代末先后禁止使用含铅汽油。我国自 2000 年 7 月 1 日起禁止使用含铅汽油,而改用无铅汽油,目前汽油中无铅抗爆震添加剂多采用甲基叔丁基醚。

　　(2) 裂化　石油中含碳原子少的烃类——石油气和轻油是极有价值的化工原料和燃料,但石油中含有的低碳成分并不多,远不能满足人们生产和生活的需求,因此化学工作者们研究开发了石油的裂化技术,使石油中含有较多碳原子的长链分子发生碳碳键的断裂,从而裂解为含碳原子数较少的短链分子。

　　石油的裂化包括热裂化和催化裂化等方法。热裂化通常在 700~900 ℃的高温下进行,其主要目的是获得化工原料,如乙烯、丙烯、丁烯、丁二烯和少量的甲烷、丙烷等。而催化裂化则是采用催化剂进行裂化,它是石油炼制中以重质油为原料生产汽油的主要过程之一。催化裂化的反应温度较低(400~500 ℃),产品质量也较好。

(3)催化重整 催化重整是石油炼制过程中的另一个重要过程。在一定的温度和压力下,汽油中的直链烃在催化剂作用下进行结构的重新调整,转化为带支链的烷烃异构体,这可以有效地提高汽油的辛烷值,同时还能得到一部分重要的化工原料——芳香烃。

(4)加氢精制 石油的分馏和裂化所得的汽油、煤油、柴油中都混有少量含氮或含硫的杂环有机物,在燃烧过程中会生成 NO_x 及 SO_x 等,造成大气污染。加氢精制就是在催化剂的作用下,使氢气与这些杂环有机物反应生成 NH_3 或 H_2S 而分离,使油品中只含碳氢化合物,从而提高油品质量。

原油经过分馏、裂化、催化重整、加氢精制等步骤,能够获得各种燃料和化工产品,如图 3-5 所示,这些产品有的可直接使用,有的还需进行深加工。在石油工业中,把分馏叫作一次加工,这是物理变化过程,而裂化、催化重整和加氢精制等则叫作二次加工,它们都属化学变化过程。这些过程都涉及催化剂,催化剂的研制是石油化工不可缺少的组成部分。石油催化裂化过程中所使用的催化剂多为无机非金属材料,我们将在第七章加以介绍。

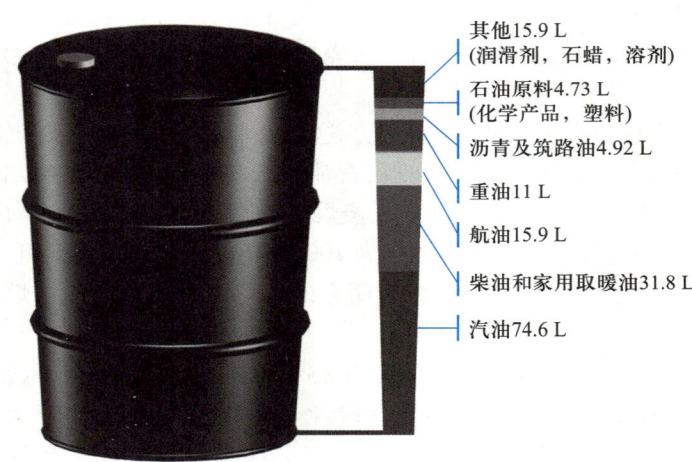

其他15.9 L
(润滑剂，石蜡，溶剂)
石油原料4.73 L
(化学产品，塑料)
沥青及筑路油4.92 L
重油11 L
航油15.9 L
柴油和家用取暖油31.8 L
汽油74.6 L

图 3-5 一桶石油能够生产的化工产品

3.2.3 天然气与可燃冰

1. 天然气

天然气是一种多组分的气态混合化石燃料,大多蕴藏于地层的较深部位,包括油田气、气田气、煤层气和页岩气等。它的主要成分是烷烃类有机物,其中甲烷占绝大多数,此外还含有少量的乙烷、丙烷和丁烷。当天然气中甲烷的体积分数 φ_B 高于 0.5

时,称为干天然气(也称干气);当甲烷的体积分数 φ_B 低于 0.5 时,称为湿天然气(也称湿气)。

很显然,与石油和煤炭相比,天然气是一种更为清洁和高效的能源。因为在天然气的组分中,只含有碳和氢,所以燃烧产物就只有碳氧化物和水。此外,与煤炭和石油相比,天然气的燃烧热值更高,可达 56 kJ·g^{-1}。所以天然气是一种几乎无须加工、易于管道输送且热值高的优质燃料。据国际权威机构预测,天然气将是 21 世纪消费量增长最快的能源,在石油和煤炭消费领域里有 70% 以上都可以用天然气取代。有关专家分析认为,天然气将是 21 世纪的能源主角,加快天然气工业的发展将成为不可扭转的趋势。据《BP 世界能源统计年鉴 2022》报道,2021 年,中国已经超过日本,成为世界上最大的液化天然气进口国,占 2021 年全球液化天然气需求增长的近 60%。

我国的"西气东输""川气东送"工程就是要将我国西部储量丰富的天然气通过管道运送到东部地区,为东部许多大城市提供源源不断的优质能源。其中西气东输的一线和二线工程,累计投资超过 2900 亿元,它不仅是我国 2000 年之后投资最大的能源工程,由于其管线长度达到 15000 多千米,已经成为国内也是全世界距离最长的管道工程。

如果天然气需要跨越大洋,长距离海上运输,则需要解决气体存储的问题。科学家们采用将天然气在低温下液化的方法,使之变为液化天然气后,就能够实现长距离的海上运输。进入 21 世纪以后,液化天然气的运输船能够跑遍全球,这使得天然气成为一种世界商品。

即使是解决了运输的问题,但是由于天然气储量有限,距离天然气成为未来化石燃料的引领者,依然还有很大距离。很久以前人们就知道,天然气在页岩中也大量存在,但页岩就好像一层帽子,将天然气圈闭在岩层里面,使之很难开采。1998 年,美国米切尔能源公司经过多年尝试,终于研发出一种名为"轻砂压裂"的压裂工艺,这项工艺是利用高压,将大量掺杂砂粒和少量化学药剂的水注入地下砂岩层,从而击碎页岩,顺利开采出页岩矿中的天然气。在此之前,页岩气一直不具备商业开采价值,但此后页岩气便开始大量生产,2007—2008 年美国国内天然气产量激增,人们才意识到一项技术突破所产生的影响开始显现。

迄今为止,大规模的页岩气开采仍集中在北美,但我国的页岩气开发显示出极大潜力。2022 年我国页岩气产量达 240 亿立方米,较 2018 年增长 122%。国家能源局发布的《页岩气发展规划(2016—2020 年)》指出,我国力争到 2030 年实现页岩气产量 800 亿—1000 亿立方米。

虽然目前页岩气在开发过程中还存在很多问题,比较突出的例如水资源的耗费和污染等,但是这也为化学家们提供了研究的课题和方向,正如以前人们认为页岩气开发是不可逾越的鸿沟一样,科学研究和创新总会推翻当时的共识,为人类和社会发展打开新的窗口。

2. 可燃冰

当提到能源时,浮现在人们脑海中的常常是燃烧的火焰,而绝不会是冰块。可当今世界上却有许多海洋科学家正在为埋在海底的可燃烧的"冰"而忙碌,这"冰"就是所谓的"可燃冰"。

可燃冰实际上是一种天然气水合物的新型矿物,它是在低温、高压条件下,由天然气分子与水分子组成的一种类冰结晶化合物的固体物质。可燃冰透明无色,外形似冰,能够燃烧。其分子结构就像一个一个的"笼子",这些"笼子"是由水分子通过氢键构成的刚性结构,"笼子"里面"关"着一个天然气分子,这个分子主要是甲烷,此外,还可以是二氧化碳、氮气、硫化氢等小分子。

陆地永久冻土带和深水大陆架具有形成天然气水合物的有利条件,所以绝大部分可燃冰都分布在海洋里。由于海底的有机物沉淀都有几千、几万年甚至更久远的历史,鱼虾、藻类体内都含有碳,经过生物转化,可形成充足的甲烷气源,所以可燃冰中的甲烷大多数由此产生。另外,由于海底的地层是多孔介质,在温度、压力和气源三项条件都具备的情况下,便会在介质的空隙中生成甲烷水合物晶体。

有科学家预测:地球海底可燃冰的蕴藏量相当于目前世界能源消耗量的 200 倍。有的科学家推算:由于可燃冰有很强的吸附天然气能力,一个体积单位的可燃冰可以分解为 164 个体积单位的天然气及 0.8 个体积单位的水。也就是说 1 m^3 可燃冰释放出来的能量,相当于 164 m^3 的天然气。此外,由于可燃冰杂质少,燃烧后几乎不会产生有害污染物质,尤其是生成的 SO_2 要比燃烧原油或煤低两个数量级,所以是一种新型的清洁能源。目前,国际公认全球的可燃冰总储量是地球上所有煤、石油和天然气总和的 2~3 倍。因此科学家们一致认为:可燃冰不仅是人类未来新的后续能源,也是人类逐步摆脱日益加剧的生存环境危机的企盼。

作为一种未来的重要能源,海底"可燃冰"资源的开发已成为世界各国关注的热点。美国、加拿大、德国、英国、日本等发达国家从能源战略角度考虑,纷纷制订了长远发展规划,深入开展了海底天然气水合物的物理性质、勘探技术、开发工艺、经济评价、环境影响等多个领域的研究工作,也取得了显著的成果。但是,世界上至今还没有一个完美的开采方案。因为可燃冰一旦脱离海底,造成大量释放,可能对全球环境与海底工程设施有严重影响。天然气水合物中的甲烷,其温室效应为 CO_2 的 20 倍,世界上海底天然气水合物中的甲烷总量约为地球大气中甲烷容量的 3000 倍,一旦让海底可燃冰中的甲烷气体大量逃逸到大气中,会造成大气温度的升高,从而引发冰川融化和海平面上升,将产生无法想象的灾难性后果,对我们赖以生存的环境造成巨大的威胁。如果条件变化使甲烷释出,使海底软化,会出现大规模的海底滑坡,毁坏海底工程设施,甚至产生严重的地质灾害。天然气水合物还会引发气涡旋,其最典型地域就是百慕大三角,那里天然气水合物常急剧分解形成甲烷云,当轮船、飞机陷入这种环境时就会失事。

我国对海洋天然气水合物的调查与研究起步较晚,1997 年在完成"西太平洋气体水合物找矿前景与方法"课题时,认为西太平洋边缘海域,包括我国南海和东海海域,具有蕴藏这种矿藏的地质条件。相继有广州海洋地质调查中心在南海、青岛海洋地质研究所在东海,发现天然气水合物矿藏。这些发现对我国的经济和能源发展有重要意义。目前,我国已经将开发海洋新型能源——天然气水合物(可燃冰)列入自然资源部重点战略工作计划。

2017 年 5 月 10 日起,在我国南海神狐海域,中国地质调查局在水深 1266 m 海底以下的天然气水合物矿藏中开采出天然气。经过试气点火,连续产气 8 天,最高产量

3.5 万立方米/天,累计产气超 12 万立方米,天然气产量稳定,甲烷含量最高达 99.5%。我国这次可燃冰的试采成功,为在 2030 年前进行天然气水合物的商业开发打下了坚实基础。

3.3 现代新能源

3.3.1 新能源简介

如今三大传统化石能源虽然占据了世界能源消费总量的 80% 以上,但最近几年,核能以及其他可再生能源所占比重却一直在增长。从绿色可持续发展的角度考虑,人类社会想要实现可持续发展,就必须对现有的能源结构进行调整,降低传统化石能源比重,提高新能源的利用率,所以下面我们就一起来探讨现代的新能源。

和传统能源一样,根据能源的基本形态,新能源也可分为一次能源和二次能源,见表 3-5。二者的区别在于,一次能源是指自然界中以原有形式存在的、未经加工转换的能源,又称天然能源;二次能源是指由一次能源经过加工转换以后得到的能源。人们经常提到的可再生能源,如太阳能、水能、风能及生物质能等,都属于一次能源。

表 3-5　传统能源和现代新能源

种类	一次能源	二次能源
常规能源	煤炭	煤气、煤油、焦炭
	石油	汽油、柴油、液化气
	天然气	甲醇、酒精
	植物秸秆	电能、蒸汽
	水能	
新能源	核能	
	风能	
	生物质能	氢气
	太阳能	沼气
	地热能	
	潮汐能	

在本节,我们将对新能源中的一次能源,包括核能、太阳能、生物质能,以及二次能源中的氢能加以介绍。

3.3.2 核能

可供人类选择利用的新能源种类虽然很多,但在这些能源中,具有地域优势,无论在内陆还是沿海都能够利用;不受天气影响,无论是晴天还是雨天都能够比较持续稳定地提供能量;同时还具备对环境污染小,成本相对低廉等优势的新能源,就只有核能。

人们开发利用核能的途径有两条:一是利用核裂变反应,通过重元素的裂变,如铀的裂变获得能量;二是利用核聚变反应,通过轻元素的聚变,如氘、氚、锂等获得能量。其中重元素的裂变技术,已得到实际性的应用;而轻元素的聚变技术,全球各国正在积极研究之中。

1. 利用核裂变反应

人们对核裂变能量的利用是从 20 世纪 40 年代开始的。莉丝·迈特纳(Lise Meitner)和奥托·哈恩(Otto Hahn)在研究创造比铀重的原子(超铀原子)时,发现了中子作用下铀的裂变现象。在 1939 年 2 月 11 日的《自然》杂志上,报道了迈特纳等人的工作:《中子引起的铀裂变:一种新的核反应》(*Disintegration of Uranium by Neutrons: A New Type of Nuclear Reaction*)。核裂变机理的发现为后续核反应的应用研究提供了重要的理论基础,为纪念迈特纳的工作,1994 年 5 月 IUPAC 将 109 号元素命名为鿏(Meitnerium)。奥托·哈恩也由于发现重核的裂变获得 1944 年诺贝尔化学奖。

目前全球各国核电站对核能的利用,都是建立在核裂变反应基础上的。其原理是利用中子去轰击较重的铀或钍的原子核,使它分裂成较轻的原子核。以铀–235 裂变反应为例:

$$
{}^{235}_{92}\text{U} + {}^{1}_{0}\text{n} \longrightarrow \begin{cases} {}^{144}_{56}\text{Ba} + {}^{90}_{36}\text{Kr} + 2\,{}^{1}_{0}\text{n} \\ {}^{143}_{54}\text{Xe} + {}^{90}_{38}\text{Sr} + 3\,{}^{1}_{0}\text{n} \\ {}^{131}_{53}\text{I} + {}^{102}_{40}\text{Zr} + 3\,{}^{1}_{0}\text{n} \end{cases}
$$

由上述方程式可知,^{235}U 的裂变反应无论通过哪个途径进行,都会在裂变的同时生成更多中子,这些高能中子还会继续诱发核裂变,使裂变反应继续发生,引起链式反应,如图 3-6 所示。因此核裂变反应一旦发生,如果不使用人为手段进行干预,链的传递就会如树枝状发射,反应变得不可控制,其裂变速率呈指数增加,放出的巨大能量将急剧累积,最后则可以在瞬间形成巨大的爆炸,这就是原子弹爆炸的原理。设法控制这种链式反应,使它维持在一定的程度持续进行,将产生的能量用来发电,就是核电站的基本工作原理。

虽然核裂变反应存在一定的风险,但反应同时会放出巨大的能量。根据爱因斯坦质能方程,我们可以计算出 1 g^{235}U 裂变放出的能量,以铀–235 被中子撞击生成钡–142 和氪–91 为例:

$$
{}^{235}_{92}\text{U} + {}^{1}_{0}\text{n} \longrightarrow {}^{142}_{56}\text{Ba} + {}^{91}_{36}\text{Kr} + 3\,{}^{1}_{0}\text{n}
$$

已知$^{235}_{92}\text{U}$、$^{1}_{0}\text{n}$、$^{142}_{56}\text{Ba}$、$^{91}_{36}\text{Kr}$ 的摩尔质量分别为 235.0439 g·mol^{-1}、1.00867 g·mol^{-1}、141.9092 g·mol^{-1} 和 90.9056 g·mol^{-1},根据爱因斯坦质能方程:

$$
\Delta E = \Delta m c^2
$$

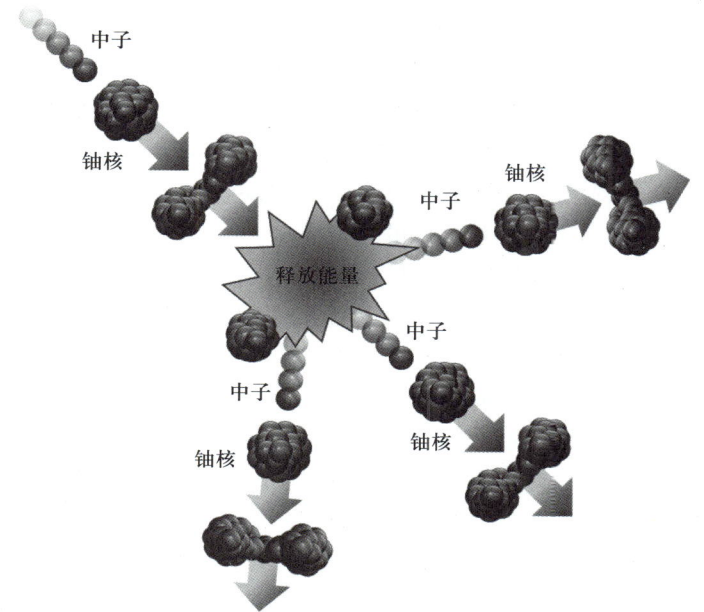

图 3-6 核裂变链式反应示意图

$$\Delta m = \left(141.9092+90.9056+3\times1.00867-235.0439-1.00867 \right) \; \mathrm{g \cdot mol^{-1}}$$

$$= -0.2118 \; \mathrm{g \cdot mol^{-1}}$$

$$\Delta E = \Delta mc^2 = -0.2118 \; \mathrm{g \cdot mol^{-1}} \times \left(2.9979\times10^{8} \; \mathrm{m \cdot s^{-1}} \right)^2$$

$$= -1.9035\times10^{13} \; \mathrm{kg \cdot m^2 \cdot s^{-2} \cdot mol^{-1}}$$

$$= -1.9035\times10^{10} \; \mathrm{kJ \cdot mol^{-1}}$$

$1.000 \; \mathrm{g} \; {}^{235}_{92}\mathrm{U}$ 按上式裂变所放出的能量为

$$\Delta E = -1.9035\times10^{10}\times\mathrm{kJ \cdot mol^{-1}} \times 1.000 \; \mathrm{g} \big/ \left(235.043 \; \mathrm{g \cdot mol^{-1}} \right)$$

$$= -8.1\times10^{7} \; \mathrm{kJ}$$

也就是说，1 g ^{235}U 裂变放出的能量大约是 10^7 kJ，这个值大概相当于燃烧 3 吨标准煤，或相当于 30 吨 TNT 爆炸放出的能量。这一能量巨大，所以核能作为有效的替代能源，已经在很多国家使用。例如在法国的一次能源结构中，已经有 70% 以上使用的是核能，法国也是全球一次能源消费结构中核能占比最大的国家。

核裂变能的和平利用，对于缓解能源紧张、减轻环境污染具有重大意义，可作为传统化石能源的替代能源。自 1954 年，在苏联的奥布宁斯克建成世界上第一座核电站以来，核裂变能的利用发展异常迅速。

目前，全世界共有 400 余座核电站运行，其中由我国自主设计、建设的第一座 30 万千瓦秦山核电站于 1991 年正式并网发电，结束了中国大陆无核电的历史。根据国家核安全局网站数据，截至 2022 年末，我国大陆地区共有在建和运行的核电机组共

77 台,其中运行机组 55 台,总装机容量达到 5698 万千瓦,在全球排名第三,仅次于美国和法国。

2023 年 1 月,国家能源局局长指出,积极安全有序发展核电,是党的二十大明确作出的战略部署,是我国能源战略的重要组成部分,对优化我国能源结构、保障能源安全、构建新型能源体系、助力实现碳达峰碳中和具有重要作用。

但是在核裂变能利用的过程中,依然存在一些问题必须得到重视,一方面是核废料的处理和保存,另一方面则是核电厂的运行安全。

1986 年 4 月 6 日,苏联切尔诺贝利核电站发生了世界核电史上最严重的一次事故,也是首例被国际核事件分级表评为第七级事件的特大事故。在这次事故中,堆芯熔毁,石墨砌体燃烧,大量放射性物质外泄,造成严重的人员伤亡和环境污染。

2011 年 3 月 11 日,在日本东部海域发生了大地震,引发的海啸导致日本东京电力公司福岛核电站发生了泄漏事故,泄漏的原因就是核裂变反应没有被及时终止,导致放热过多,反应堆外壳被熔穿。直至目前,福岛核电站事故引发的后果依然在持续。由于日本对未能停堆的核反应堆采用注水的方法降温,所以大约每天会新增 140 吨"处理水",由于处理水的储罐有限,日本计划并实施将这些核污染废水排放至太平洋,核污染将继续扩散。福岛核电站产生的核污染废水与切尔诺贝利事故一样,对环境产生了持续的污染和危害,事故等级也最终被定为核事故最高分级七级(特大事故)。

核裂变能量利用过程中的优势和劣势同时存在,恰如硬币的正反两面,因此,在没有更加安全可靠的可替代能源出现之前,确保核电站的运行安全,妥当地对核废料进行处理,是核裂变能利用领域需要持续关注的问题。

2. 利用可控核聚变反应

核裂变反应放能巨大,是缓解全球能源紧张问题的一个非常好的选择,但由于其危险性,核裂变能不适合作为永久替代能源使用,因此核能的另外一种利用方式——核聚变反应开始进入人们的视野。

核聚变是使轻原子核(如氘和氚)合并成较重的原子核(如氦)的反应。这种核反应进行时也能够放出更大的能量。以氘($^2_1$H)与氚($^3_1$H)核的聚变反应为例:

$$^2_1H + ^3_1H \longrightarrow ^4_2He + ^1_0n$$

已知 $^2_1$H、$^3_1$H、$^4_2$He 及中子的摩尔质量分别为 2.01355 g·mol^{-1}、3.01550 g·mol^{-1}、4.00150 g·mol^{-1} 和 1.00867 g·mol^{-1},采用与核裂变反应能量计算类似的方法,通过计算可以得到:

$$\Delta m = (4.00150+1.00867-2.01355-3.01550) \text{ g·mol}^{-1}$$
$$= -0.01888 \text{ g·mol}^{-1}$$
$$\Delta E = \Delta mc^2 = -0.01888 \text{ g·mol}^{-1} \times (2.9979\times10^8 \text{ m·s}^{-1})^2$$
$$= -1.697\times10^9 \text{ kJ·mol}^{-1}$$

对于 1.000 g 核燃料来说，可以计算得出：

$$\Delta E = -1.697\times10^9 \text{ kJ} \cdot \text{mol}^{-1}\times \frac{1.000 \text{ g}}{(2.01355+3.01550) \text{ g} \cdot \text{mol}^{-1}}$$

$$= -3.37\times10^8 \text{ kJ}$$

通过计算，我们可知，每克氢核聚变生成氦核，放出的能量可达 10^8 kJ，这相当于等质量核裂变反应放出能量的 4 倍。

因此，核聚变能是非常有前途的新能源。这一能源利用的燃料是氘（D）和氚。其中氘在海水中大量存在，在海水中，大约每 6500 个氢原子中就有一个是氘原子，其总量可达 45 万亿吨，按世界消耗的能量计算，海水中氘的聚变能足够使用几百亿年。

目前，世界各国都在从事可控核聚变反应的研究，包括美国的国家点火装置、中国的神光计划等等。

2014 年 2 月 12 日，《自然》（*Nature*）杂志报道了一项研究结果，美国劳伦斯利弗莫尔国家实验室的研究人员使用激光触发了核聚变反应，在全世界范围内首次实现了燃料输出能量大于输入能量，这是可控核聚变研究领域的一个巨大突破。

近年来我国新一代热核聚变装置 EAST 实验也屡获突破，先后于 2010 年 9 月 28 日首次成功完成了放电实验，运行 1 兆安等离子体电流；2018 年首次实现 1 亿摄氏度高温等离子体运行；2021 年 5 月 28 日实现可重复的 1.2 亿摄氏度 101 秒和 1.6 亿摄氏度 20 秒等离子体运行；2021 年 12 月 30 日实现 1056 秒长脉冲高参数等离子体运行等，团队还发现并证明了一种新的高能量约束模式——超级 I 模式（Super I-mode），有效地减少了等离子体边缘的能量泄漏，这一发现对国际热核聚变实验堆和未来聚变堆运行具有重要意义。2023 年 1 月 7 日，国际学术期刊《科学·进展》（*Science Advances*）发表了该研究成果。

而全球规模最大、影响最深远的国际科研合作项目之一，则是国际热核聚变实验堆（ITER）计划。ITER 装置是一个能产生大规模核聚变反应的超导托卡马克（Tokamak），其中托卡马克指的是一种利用磁约束来实现受控核聚变的环形容器，它的名字 Tokamak 就来源于环形（toroidal）、真空室（kamera）、磁（magnit）和线圈（kotushka）。ITER 计划倡议于 1985 年，工程设计于 2001 年完成，2006 年由我国和欧盟、印度、日本、韩国、俄罗斯、美国共七方正式签署联合实施协定。2020 年 7 月，国际热核聚变实验堆（ITER）计划重大工程安装启动仪式举行。ITER 计划集成了当今国际受控磁约束核聚变研究的主要科学和技术成果，旨在建立世界上第一个受控热核聚变实验反应堆，为人类输送巨大的清洁能量。这一过程与太阳产生能量的过程类似，因此受控热核聚变实验装置也被称为"人造太阳"。

3.3.3　太阳能

除了核能之外，人类能够利用的新能源还有很多种，其中最安全可靠的就是利用太阳能。

太阳能是太阳内部连续不断的核聚变反应产生的能量。它既是一次能源，又是可再生能源，是地球上最丰富的能源，可免费使用，又无须运输，对环境无任何污染，是廉价的环保能源。科学研究表明，地球表面每年接收的太阳辐射能约为 81 万亿千瓦时，相当于每年世界能源消费总量的近万倍。因此太阳能具有资源充足、寿命长、分布广泛、安全、清洁、环境友好等优点。

既然太阳能有这么多优点，为什么目前太阳能在全球一次能源消费结构中的占比还比较低呢？这是因为尽管照射到地球表面的能量很高，但由于地球表面积很大，所以每单位表面积所能接收到的太阳辐射能却很小，大约只有 1 kW·m⁻²。此外，还会受到昼夜、季节、地理纬度和海拔高度等自然条件的限制，以及晴、阴、云、雨等随机因素的影响。因此，要把低密度的能量收集起来并储存加以利用存在着很多困难。人类想实现太阳能的实际应用，就必须解决太阳能的收集、转换、储存、输送等一系列技术问题。目前，人类利用太阳能的方式主要有光热转换、光电转换和光化学转换。

1. 光热转换

利用各种集热器将太阳能收集并转换成热能再加以利用叫作光热转换，其基本原理是通过特制的太阳能采光面，将投射到该面上的太阳辐射能做最大限度地采集和吸收，并转换为热能，用于加热水或空气，来满足工业生产和人类生活所需。

由于太阳能比较分散，必须设法把它集中起来，所以，集热器是利用太阳能装置的关键部分。太阳能集热器种类很多，当前常用的主要有平板集热器、聚光集热器和平面反射镜式集热器等类型。这些集热器可用于很多方面，如用于炊事的太阳灶，用于产生热水的太阳能热水器，用于干燥物品的太阳能干燥器，用于熔炼金属的太阳能熔炉，以及太阳房、太阳能制冷空调、太阳能海水淡化器、太阳能热电站等。

太阳能热电站是指将太阳能转变成热能再转变成电能的发电站。例如，在我国青海省海西州德令哈市的戈壁滩上，50 MW 的光热发电站占地 3.3 km²，作为国家首批光热发电示范项目之一，德令哈光热发电站的镜场采光面积达到 54.27×10⁴ m²，如图 3-7 所示。

图 3-7 彩图

图 3-7 我国青海德令哈光热发电站

据《中国太阳能热发电行业蓝皮书2022》显示，我国太阳能热发电行业累计装机规模已达到588 MW，在全球太阳能热发电累计装机容量中占比8.3%，具有广阔的发展前景。

2. 光电转换

太阳能的光电转换是指太阳的光辐射通过半导体物质转换成电能的过程，通过太阳能电池方阵将太阳能辐射能转换为电能的发电站就是太阳能光伏电站。

1839年，法国科学家贝可勒尔(Alexandre Edmond Becquerel)发现，光照能使半导体材料的不同部位之间产生电位差。这种现象后来被称为"光生伏特效应"，简称"光伏效应"。1954年，美国科学家恰宾和皮尔松在美国贝尔实验室首次制成了实用的单晶硅太阳电池，将太阳光能转换为电能的实用光伏发电技术由此诞生。

1985年，我国第一座太阳能光电站在甘肃省榆中县建成，由224块多晶硅光电池组实现了光电转换。其中太阳能电池所用的光电转换主要材料除了采用单晶硅(Si)、多晶硅(Si)和非晶态硅(Si)之外，还可以使用硫化镉(CdS)、砷化镓(GaAs)、磷化铟(InP)等。

全球已经有很多太阳能光电厂开始运营。2012年，我国首个千万千瓦级太阳能发电基地在青海省柴达木盆地南端的塔拉滩开始修建，从最初的77.9 km²，至今总面积已经达到了609.6 km²，这一面积几乎和新加坡的国土面积相当。因此，青海塔拉滩光伏发电站已经成为中国最大的光伏发电基地。

青海塔拉滩
光伏发电站

但是由于太阳能光电厂占地面积大，需要远离城市，所以能量的储存和传输都是问题。各国针对这一问题，纷纷开始采取分布式光伏发电项目，如1997年6月美国提出"百万屋顶计划"，1998年10月德国推行了"十万屋顶计划"等。

2023年，中国移动通信集团首个应用于大型数据中心的分布式光伏发电项目正式投入运行。这一项目位于北京市大兴区的大白楼数据中心，该中心安装有约4700架机柜，属于用电大户。为了实现"双碳"目标，北京移动于2021年在大白楼通信楼启动太阳能光伏电站的建设。建成后的光伏电站外设太阳能光伏板，覆盖3000 m²楼面屋顶，高效地将太阳能转变为电能。经测算，该电站年发电量可达$40×10^4$ kW·h，相当于每年平均节约标准煤138 t，减少二氧化碳排放近400 t、二氧化硫11.5 t、碳粉尘104 t。

随着对太阳能光电转换材料的结构和性能研究的不断深入，太阳能的开发逐渐走向了产业化、商业化，已经是世界一次能源结构中的重要组成部分。但根据现有的技术，人类对太阳能的利用率还不高，尤其是光电转化率比较低，尚且不到40%。这些技术难题都需要逐个去解决，才能够帮助我们在可再生能源利用的道路上走得更远。

3. 光化学转换

光化学转换是将太阳能转换成化学能，再转换为其他能量为人类所使用。这是在探索中的一种利用太阳能的方式。植物的光合作用就是典型的光化学转换，其利用太阳能的效率极高。利用仿生技术，模拟光合作用一直是科学家努力追求的目标，一旦解开光合作用之谜,就可使人造粮食、人造燃料成为现实。但由于光合作用目前尚不能完全受人控制,因此,可控光化学转换是当前研究的主要方向。光化学转换目前主要研究利用太阳能制氢气,即利用太阳能在催化剂参与下分解水制氢等。

太阳能的利用目前还不是很普及,利用太阳能发电还存在成本高、转换效率低的问题,太阳能作为一种巨量可再生的能源,目前对这一洁净能源的利用正快步进入商业化成长期,国际上称之为"阳光产业",专家预测它很可能在未来像计算机产业一样获得迅猛发展。

3.3.4 氢能

氢能是一种理想清洁的二次能源,也是化石燃料最有希望的替代能源之一。氢能之所以能成为未来的新能源,主要有以下六个方面的原因。

(1)燃烧热值高。氢燃烧反应的热化学方程式为

$$H_2(g) + \frac{1}{2}O_2(g) \longrightarrow H_2O(l)$$

$$\Delta_r H_m^{\ominus}(298.15\ K) = -285.83\ kJ \cdot mol^{-1}$$

折合成热值为 142 kJ·g^{-1},约为汽油的 3 倍,煤炭的 4 倍。

(2)资源丰富。氢的制取原料主要是水,通过光解水制氢是目前科研重要的研究领域之一,而地球上储存的水资源非常丰富,宇宙中氢元素的丰度也很高。

(3)氢的燃烧性能好。氢燃烧速度快,与空气混合时有广泛的可燃范围,而且燃点高。

(4)绿色无污染。氢燃烧后的产物为水,对环境友好。

(5)利用形式多。氢既可以通过燃烧产生热能,在热力发动机中将热能转化为机械能,也可以用于燃料电池,或转换成固态氢后用作结构材料。特别需要说明的是,用氢代替煤和石油,不需要对现有的技术装备作重大改造,只需要将现在的内燃机稍加改装即可。

(6)氢能够以气态、液态或固态的金属氢化物形式存在,能适应各种应用环境的不同要求。

然而,要使氢成为大规模商业应用的能源,关键还要开发廉价的制氢技术,以及解决氢的储存和运输问题。

1. 制氢技术

制取氢气的方法很多。例如,可以从水煤气中取得氢气,但这仍需用煤炭为原料,不够经济理想;电解法制氢,关键在于取得价廉的电能,就当前的各种电能而论,经济上仍不合算;利用高温下循环使用无机盐的热化学法分解水制氢,此法效率比较高,但其安全性、经济性仍在研究与探索中。

目前认为最有前途的是太阳能光解制氢法,其能源来自可再生的太阳能。这一技术研究的关键在于寻找和研制合适的催化剂来提高光解制氢的效率。例如钙和联吡

啶形成的配合物,它所吸收的阳光正好相当于水分解成氢和氧所需的能量;此外二氧化钛和含钙的化合物也是较合适的催化剂;酶催化水解制氢也是一种途径。目前还发现一些微生物,通过氢化酶诱发电子与水中氢离子结合起来生成氢气等。

总之,上述制氢技术,除水煤气法和电解水法是目前工业上成熟的制氢技术外,其他技术仍处于理论研究和实验阶段,尤其是光分解制氢方面还需要进一步加强基础研究,在这一领域一旦有所突破,将使人类在能源问题上取得较大进展。

2. 氢的储存和运输

氢能利用还有另一大难题就是氢的储存和运输。由于氢气密度小,性质活泼,所以不易储存。传统上,氢是采取气态或液态方式储存的,前者是在高压下把氢气充入钢瓶,后者则是在低温下将氢气液化再注入钢瓶。这一方法的劣势在于钢瓶笨重不利于运输,存在爆炸等安全隐患,且制造液氢的费用过高。因此,积极开发储氢技术是开发氢能的一个关键问题。目前研究得较为深入的储氢方法是利用固态金属氢化物储氢。

固态金属氢化物储氢就是在一定温度和压力下,利用氢与某些过渡金属合金或金属间化合物反应生成金属氢化物,然后改变温度和压力,释放出氢气。稀土类合金被认为是性能较好的储氢合金材料,如 $LaNi_5$、$FeTi$、$TiCo$ 等二元合金和 $LaNiCu$、$TiFeMn$、$TiZrCrMn$ 等多元合金。例如,$LaNi_5$ 合金吸氢后可形成固体氢化物 $LaNi_5H_x$,单位体积储氢量可达 $88\ kg \cdot m^{-3}$,已超过同体积液态氢的质量。不过,在金属氢化物储氢技术的推广应用中仍有一些技术问题需要改进和完善。

3. 氢能利用及展望

氢气的用途很广,它不但是一种优质燃料,还是石油化工、化肥和冶金工业中的重要原料。

有关氢能利用的许多工作尚处于实验研究阶段。氢能可以发电、供热和提供动力等,它几乎可以取代现有的一切能源。例如,氢气可作城市燃气,供家庭取暖、烧火做饭。液态氢已被用作人造卫星和宇宙飞船的燃料,1970 年美国发射的"阿波罗"登月飞船使用的起飞火箭燃料就是液态氢。用液态氢做燃料的飞机、汽车也已问世。氢也可直接用来发电,如燃料电池。"阿波罗"宇宙飞船就是采用氢氧化钾溶液型氢氧燃料电池作为动力。随着制氢技术的进步和储氢手段的完善,氢能将在未来的能源舞台上展现更多的可能性。

3.3.5 生物质能

生物质能是蕴藏在生物质中的能量,是绿色植物通过叶绿素将太阳能转化为化学能而储存在生物质内部的能量。

生物质能也是一种可再生能源,通常包括以下几个方面:一是木材及森林工业废弃物;二是农业废弃物;三是水生植物;四是油料植物;五是城市和工业有机废弃物;六是人和动物粪便。1987 年,在世界能耗中,生物质能约占 14%,在不发达地区则能够占到 60% 以上,全世界约 25 亿人的生活能源的 90% 以上是生物质能。

　　传统的从生物质取能方式是直接燃烧,如燃烧薪柴、作物秸秆或牲畜粪便等。有些偏远地区目前仍采用这种方式取暖、做饭和照明。生物质直接燃烧能量的利用率低,其热效率仅为 10%～30%,因此,必须改变传统的用能方式。

　　目前,世界各国正逐步采用如下方法利用生物质能:一是热化学转换法,获得木炭、焦油和可燃气体等品位高的能源产品;二是生物化学转换法,主要指生物质在微生物的发酵作用下,生成沼气、酒精等能源产品;三是利用油料植物所产生的生物油;四是把生物质压制成成型燃料(如块形、棒形燃料),以便集中利用和提高热效率。

　　生物质能蕴藏丰富,据预测,生物质能极有可能成为未来可持续能源系统的重要组成部分。

3.4　我国能源的现状及可持续发展

3.4.1　我国能源结构分析

　　目前,世界上的绝大多数国家,消耗的一次能源都以化石能源为主,我国也不例外。从表 3-6 可以看出,我国一次能源消耗占比最大的就是煤炭。

表 3-6　我国一次能源消费量及所占比例

年份	能源消费总量	各种一次能源消费量及所占比例					
		煤炭	石油	天然气	水电	核能	可再生
2003	1178.3	799.7 (67.8%)	275.2 (23%)	29.5 (2.5%)	64.0 (5.4%)	9.8 (0.8%)	—
2010	2432.2	1713.5 (70%)	428.6 (17.6%)	98.1 (4%)	163.1 (6.7%)	16.7 (0.7%)	12.1 (0.5%)
2013	2852.4	1925.3 (67.5%)	507.4 (17.8%)	145.5 (5.1%)	206.3 (7.2%)	25.0 (0.9%)	42.9 (1.5%)
2017	3132.2	1892.6 (60%)	608.4 (19.4%)	206.7 (6.6%)	261.5 (8.3%)	56.2 (1.8%)	106.7 (3.4%)
2018	3273.5	1906.7 (58%)	641 (19.6%)	243.3 (7.4%)	272.1 (8.3%)	66.6 (2%)	143.5 (4.4%)
2019	3322.6	1927.1 (58%)	664.5 (20%)	259.2 (7.8%)	265.8 (8%)	73.1 (2.2%)	225.9 (4.8%)
2020	3402.6	1939.5 (57%)	680.5 (20%)	279 (8.2%)	275.6 (8.1%)	74.9 (2.2%)	265.4 (7.8%)

数据来源:《BP 世界能源统计年鉴》,国家统计局网站;结构单位:百万吨油当量。

从数据中可以发现,2003年,煤炭在我国一次能源消费结构占比达到了67.8%,总的化石能源消耗在能源消耗总量中占比达到93.3%,说明在2003年,化石能源是我国的支柱能源。此时,我国的能源消耗总量为1178.3百万吨油当量,而美国能源消耗总量达2297.8百万吨油当量,我国能源消耗总量只占到美国的51%。

到了2010年,我国能源消费总量达到2432.2百万吨油当量,这一数值已经超过美国,成为全球第一大能源消费国。但我国的能源结构依然以传统化石能源为主,煤炭所占比例甚至有所上升,达到70%。不过可喜的是,可再生能源开始出现在我国一次能源消费结构中。

与2003年相比,十年后的2013年,我国一次能源消费总量已经上升到原来的2.4倍,煤炭虽然依旧占比最高,但出现了下行的趋势,说明我国在能源结构调整领域的努力成效逐渐显现。

2017年以后,我国一次能源消费总量虽然仍有增长,但结构发生了明显变化,其中煤炭的消费保持了持续下降,核能和可再生能源占比稳步提升,传统化石能源消耗的占比首次低于90%。

总之,我国能源体系受经济发展水平等多种因素影响,其主要特征及存在的问题可以分为以下几个方面。

1. 人均能源资源不足、能源资源地域分布不均衡

中国拥有居世界第一位的水能资源,2023年,全国平均水资源总量为2.48万亿立方米,其中可开发利用量约为0.8万亿立方米。在化石能源中,煤炭资源较丰富,已探明的煤炭储量占世界煤炭储量的12.6%,可采量位居第三,产量位居世界第一位。

虽然我国各类资源总量较大,但由于人口基数巨大,人均能源占有量远比世界平均值要低,例如我国煤炭人均占有量仅为世界人均水平的1/2,石油约占1/10,天然气约占1/20。从长期看,国内能源供应将面临潜在的总量短缺,尤其是石油、天然气供应将面临结构性短缺。石油供需缺口随着经济的发展将不断扩大,国家经济受国际油价的影响和冲击也将越来越大,能源的安全供应,尤其是国家石油的安全供应,将成为我国长期能源发展战略中的一个越来越突出的问题。

另一方面,我国的能源资源分布不均,资源与区域经济发展矛盾突出。总体上讲,是北多南少、西富东贫,能源品种的分布表现为:煤炭资源的近90%分布在西部和北部,石油资源的85%分布在长江以北,水利资源的2/3集中在西南,而能源的消耗地区则主要集中在经济较为发达的东部和中部。资源分布的不均衡性决定了能源运输的特点,"北煤南运""西煤东运""西电东送""西气东输"将是长期的格局。

2. 能源人均消费水平低

近十几年来,中国一次能源消费总量已经在世界居首,实际情况却是,我国能源消费总量虽大,但由于人口过多,所以人均能耗水平却很低,远远低于发达国家。

从表3-7可以看到,从2010—2019年,中国的一次能源人均消费都低于100 GJ(热量单位,$1\,GJ=10^9\,J$),位于全球后80%,远低于欧洲、北美、中东绝大多数国家。直至2020年,我国的人均能源需求才从2019年的99 GJ/人增长至101 GJ/人,但仍低于

人均消费量最高的北美洲（217 GJ/人）、独联体（150 GJ/人）和中东地区（140 GJ/人）。

表 3-7 世界主要国家一次能源人均消费量

一次能源：人均消费* 单位：GJ

国家或地区	2010 年	2011 年	2012 年	2013 年	2014 年	2015 年	2016 年	2017 年	2018 年	2019 年	2020 年
加拿大	388.8	398.9	395.5	400.7	398.0	395.9	387.7	387.8	389.4	386.3	361.1
墨西哥	64.1	66.2	65.7	65.1	64.0	63.1	63.1	63.3	62.1	59.2	50.2
美国	300.7	295.4	285.4	290.9	291.8	287.0	284.7	283.8	292.4	288.4	265.2
北美洲总计	248.2	245.7	238.4	242.1	242.0	238.2	235.9	235.1	240.5	236.6	216.8
阿根廷	79.1	80.7	82.9	85.2	84.2	84.9	83.5	82.9	80.9	75.5	69.7
巴西	56.0	58.0	58.5	60.2	61.1	59.7	57.7	57.9	57.8	58.9	56.5
智利	77.9	83.8	84.9	84.9	82.4	83.2	86.2	85.5	87.8	88.9	84.1
哥伦比亚	31.8	32.5	34.5	34.4	35.8	35.7	37.1	37.1	37.3	37.9	34.7
厄瓜多尔	36.8	38.4	39.9	40.6	42.0	41.2	40.3	40.9	42.5	4K2.8	36.6
秘鲁	28.0	30.7	31.4	31.7	32.2	33.3	35.1	35.4	36.7	36.5	30.2
特立尼达和多巴哥	633.9	618.8	605.3	612.4	605.4	584.0	515.4	544.4	513.1	509.5	445.7
委内瑞拉	118.2	119.1	122.8	122.7	115.7	114.1	100.2	99.5	85.6	68.4	50.7
其他中南美洲国家	35.1	35.8	35.8	35.4	35.0	36.1	37.6	37.0	37.5	37.6	33.8
中南美洲总计	54.9	56.5	57.4	58.3	58.1	57.7	56.3	56.2	55.4	54.4	49.9
奥地利	175.7	163.7	170.7	168.5	160.4	159.5	163.5	166.0	160.8	167.2	153.6
比利时	252.6	234.2	223.0	227.6	210.2	211.9	227.1	228.2	225.3	231.2	189.0
捷克共和国	174.3	169.8	168.5	165.0	161.3	158.0	155.6	162.0	161.2	158.9	143.6
芬兰	242.8	225.8	218.5	218.8	210.1	207.9	210.9	205.7	209.5	203.4	197.9
法国	169.4	161.9	161.0	161.7	154.1	154.4	151.3	149.8	152.1	148.5	133.3
德国	169.6	163.3	165.1	169.3	161.6	163.8	165.7	166.7	161.6	156.3	144.6
希腊	123.1	121.2	114.5	107.8	101.8	103.3	101.7	10.7	107.6	113.9	96.0
匈牙利	99.8	97.2	90.9	86.5	86.6	91.5	93.8	98.7	99.6	101.2	100.2
意大利	122.6	119.6	115.6	109.7	103.3	106.0	106.3	107.5	108.4	106.5	97.0
荷兰	245.5	234.4	225.9	218.6	205.7	208.0	211.3	207.5	206.8	205.4	196.8
挪威	354.0	354.3	386.3	358.0	363.9	364.4	364.5	362.9	356.2	330.6	356.0
波兰	109.1	109.8	106.6	107.1	103.3	104.5	109.3	113.7	115.1	111.8	106.0
葡萄牙	101.7	97.3	89.3	98.1	100.6	99.2	106.3	103.8	105.8	100.9	91.5

续表

国家或地区	2010 年	2011 年	2012 年	2013 年	2014 年	2015 年	2016 年	2017 年	2018 年	2019 年	2020 年
罗马尼亚	69.4	71.7	69.4	64.8	67.5	68.2	68.6	70.4	72.2	71.1	69.2
西班牙	129.5	126.8	126.1	119.7	117.9	119.8	121.0	122.5	124.0	119.7	106.3
瑞典	229.8	225.2	236.6	220.3	217.5	222.6	217.3	222.8	216.6	223.4	217.8
瑞士	157.4	147.6	153.8	155.9	146.8	142.0	132.3	131.4	132.3	136.9	124.5
土耳其	62.2	65.5	68.4	66.7	67.7	72.9	75.3	78.6	76.4	78.0	74.6
乌克兰	111.3	115.6	113.7	108.0	95.9	79.9	83.9	78.5	81.8	77.7	75.8
美国	140.5	131.6	132.1	130.5	122.1	122.7	120.5	119.3	118.4	114.4	101.6
其他欧洲国家	106.7	104.5	100.1	101.3	98.2	100.6	103.3	105.4	107.3	105.8	96.8
欧洲总计	134.4	130.9	129.9	128.2	122.8	123.5	124.7	125.5	125.3	123.1	113.6
阿塞拜疆	51.9	57.0	58.0	58.8	59.2	64.0	62.6	60.7	61.9	64.5	61.3
白俄罗斯	115.6	115.1	124.3	109.5	113.1	102.7	102.1	104.0	113.2	111.5	103.9
哈萨克斯坦	137.5	153.6	158.7	157.1	157.6	156.1	152.9	162.6	176.8	169.8	165.4
俄罗斯联邦	195.1	201.2	201.3	198.5	198.5	194.7	198.4	199.3	206.6	204.9	194.0
土库曼斯坦	176.6	192.7	206.4	180.0	183.1	215.3	209.5	203.9	223.4	240.1	232.7
乌兹别克斯坦	66.0	67.4	65.4	65.4	66.4	62.4	58.7	57.9	59.0	58.2	56.0
其他独联体国家	33.4	35.3	36.2	34.0	34.4	33.7	33.5	34.3	36.9	35.3	35.4
独联体国家总计	152.1	157.5	158.1	154.7	154.8	152.0	153.0	153.7	160.0	158.4	150.4
伊朗	118.2	122.1	121.9	124.8	128.9	126.5	130.8	133.8	139.6	144.4	143.2
伊拉克	48.8	50.0	51.2	53.1	49.0	47.3	52.8	50.8	52.0	55.9	51.3
以色列	135.0	135.6	139.3	127.3	123.2	128.0	128.1	131.7	129.9	132.5	121.0
科威特	472.6	458.7	451.1	438.6	425.9	420.9	408.3	406.1	398.4	396.6	352.9
阿曼	284.9	289.8	293.5	304.9	283.8	283.1	270.2	278.7	283.9	279.5	268.2
卡塔尔	646.7	686.1	726.4	740.3	759.6	829.6	783.2	740.8	639.7	679.7	594.2
沙特阿拉伯	318.6	324.9	334.0	325.5	339.4	341.1	337.7	330.2	315.9	311.7	303.3
阿拉伯联合酋长国	409.2	410.7	423.2	443.9	438.2	481.9	495.9	490.6	476.7	466.00	423.7
其他中东国家	39.6	36.7	34.3	32.5	31.8	29.5	29.0	29.0	28.0	28.6	27.6

续表

国家或地区	2010 年	2011 年	2012 年	2013 年	2014 年	2015 年	2016 年	2017 年	2018 年	2019 年	2020 年
中东地区总计	135.3	138.2	140.6	141.4	143.6	145.2	146.7	146.2	144.5	146.2	139.6
阿尔及利亚	43.9	45.6	48.9	50.7	54.2	56.0	54.8	54.2	57.2	58.1	52.4
埃及	39.2	39.1	40.2	39.0	38.1	38.0	39.1	39.4	39.2	38.5	35.6
摩洛哥	21.6	22.4	22.4	22.7	22.7	22.8	22.7	23.5	24.0	25.9	23.8
南非	102.7	99.9	96.9	95.7	95.3	91.9	94.8	92.9	88.2	88.9	82.7
其他非洲国家	6.2	6.0	6.2	6.4	6.7	6.7	6.6	6.8	7.0	6.9	6.2
非洲总计	15.4	15.0	15.2	15.2	15.4	15.3	15.3	15.3	15.3	15.2	13.9
澳大利亚	240.5	243.3	236.5	235.9	234.8	237.0	234.8	230.5	228.8	233.2	218.4
孟加拉国	6.1	6.6	6.9	7.1	7.3	8.4	8.4	8.6	9.1	10.1	9.7
中国	76.2	81.8	84.6	87.2	89.2	89.9	91.0	93.5	96.4	99.1	101.1

3. 能源利用效率低

改革开放 40 多年来,我国实现了以较低的能源增长支持较高的经济增长,节能工作取得了巨大成绩,平均每年节能率约为 5%,单位 GDP 能耗指标大幅度降低,平均能源效率已达到 34%。但与国际先进水平相比,中国目前能效水平仍有较大差距,与经济合作与发展组织(OECD)国家相比相差约 10%,单位 GDP 能耗是世界平均水平的 1.5 倍。这从一个侧面反映了中国平均能源利用水平和能源利用效率还有相当大的提升空间。为此,我国政府做了大量脚踏实地的工作,2023 年政府工作报告指出:过去五年,单位 GDP 能耗共下降 8.1%,二氧化碳排放下降 14.1%。

4. 以煤为主的能源生产和消费结构不合理

我国煤炭资源丰富,以煤为主是我国能源生产和消费结构的最主要特征。从中国一次能源消费结构来看,近几年随着经济结构调整,煤炭所占比例逐步降低,油气所占比例升高,如表 3-6。但总体而言,我国以煤为主的能源结构仍然没有发生根本性变化。

以煤为主体的能源生产和消费结构会带来一系列社会、经济问题。能源利用率低,单位 GDP 能耗高,特别是生态、环境污染严重。大量的燃煤致使我国城市的大气污染呈煤烟型污染,燃煤造成的二氧化硫和烟尘排放量占排放总量的 70% ~ 80%,二氧化硫排放形成的酸雨面积已占国土面积的 1/3;化石燃料二氧化碳排放是我国温室气体的主要来源;大量开采煤炭还造成了大面积的地表和耕地遭到破坏,我国以煤为主的能源结构正面临着能源需求增长和环境保护的双重压力。

此外,我国能源领域还存在诸如民用能源中清洁能源比重低,农村用能中商品能源比例低,发电用煤占煤炭消费量的比例低,煤的直接燃烧使用占煤炭消费量的比例高等问题。

3.4.2　能源的可持续发展

从对我国能源结构及现状的分析中我们可以看出,未来我国将面临十分严峻的能源问题。能源问题涉及经济、社会和人民生活的诸多方面,关系到我国可持续发展的长远利益。这些问题能否得到及时、妥当的解决,在很大程度上将决定未来我国可持续发展长远目标能否顺利实现,如果处置不当或不及时,能源问题有可能再次成为制约我国社会经济发展的重要因素。

从全球发展的大趋势看,世界能源正在全面加快转型,推动能源和工业体系形成新格局,绿色低碳发展提速,能源产业信息化、智能化水平持续提升,能源生产逐步向集中式与分散式并重转变,全球能源发展呈现出明显的低碳化、智能化、多元化、多极化趋势。我国要加快构建的,就是顺应世界大趋势、大方向的"现代能源体系"。

2022 年 3 月,国家发展改革委、国家能源局印发了《"十四五"现代能源体系规划》,规划指出,现代能源体系的核心内涵为"清洁低碳安全高效",并计划从增强能源供应链安全性和稳定性、推动能源生产消费方式绿色低碳变革、提升能源产业链现代化水平三方面构建现代能源体系。具体目标包括:

1. 能源保障更加安全有力

到 2025 年,国内能源年综合生产能力达到 46 亿吨标准煤以上,原油年产量回升并稳定在 2 亿吨水平,天然气年产量达到 2300 亿立方米以上,发电装机总容量达到约 30 亿千瓦,能源储备体系更加完善,能源自主供给能力进一步增强。重点城市、核心区域、重要用户电力应急安全保障能力明显提升。

2. 能源低碳转型成效显著

单位 GDP 二氧化碳排放五年累计下降 18%。到 2025 年,非化石能源消费占比提高达 20% 左右,非化石能源发电量占比达到 39% 左右,电气化水平持续提升,电能占终端用能比重达到 30% 左右。

3. 能源系统效率大幅提高

节能降耗成效显著,单位 GDP 能耗五年累计下降 13.5%。能源资源配置更加合理,就近高效开发利用规模进一步扩大,输配效率明显提升。电力协调运行能力不断加强,到 2025 年,灵活调节电源占比达到 24% 左右,电力需求侧响应能力达到最大用电负荷的 3% ~ 5%。

4. 创新发展能力显著增强

新能源技术水平持续提升,新型电力系统建设取得阶段性进展,安全高效储能、氢能技术创新能力显著提高,减污降碳技术加快推广应用。能源产业数字化初具成效,智慧能源系统建设取得重要进展。"十四五"期间能源研发经费投入年均增长 7% 以上，新增关键技术突破领域达到 50 个左右。

5. 普遍服务水平持续提升

人民生产生活用能便利度和保障能力进一步增强，电、气、冷、热等多样化清洁能源可获得率显著提升，人均年生活用电量达到 1000 千瓦时左右，天然气管网覆盖范围进一步扩大。城乡供能基础设施均衡发展，乡村清洁能源供应能力不断增强，城乡供电质量差距明显缩小。

此外，2020 年 9 月 22 日，在第七十五届联合国大会上，我国向世界做出了 2060 年实现"碳中和"的宣言。2021 年 5 月，我国根据具体的国情和现状，提出了名为"三端共同发力"的路线，以加速推进中国碳中和的进程。

所谓三端发力中的三端指的是发电端、消费端、固碳端。在发电端，今后要大力提升新型电力，比如水电、光伏、风能，还有核能等。能源消费端包括工业、交通、建筑等等，必须通过流程再造，使用低碳技术，使碳排放进一步下降。固碳端就是把大气中的二氧化碳固定下来。自然生态系统，如森林、草原等，可以通过光合作用使大气中的二氧化碳固定下来，因此需要增加我国森林、草地、湿地等的覆盖率。此外，还可以利用碳捕获技术，人工地把二氧化碳储存在地壳里、岩层里或者深海里。

三端共同发力方案的实施，不仅加速推进了我国碳中和的进程，也日益凸显了科技创新的重要性。目前，我国的太阳能发电技术和风力发电技术已处在国际的第一方阵，核电技术也跨入了世界先进行列，水电的建设和利用技术也跻身国际前列。与此同时，我国的很多城市和企业也在传统能源结构、产业结构等领域共同发力，形成了绿色经济蓬勃发展的新局面。

思考题与习题

1. 结合本章内容，列举四种不同的能源，分别属于传统化石能源中的一次能源和二次能源，新能源中的一次能源和二次能源，并从经济、环境、社会的角度探讨新能源中哪种能源更适合未来应用。

2. 通过热化学数据可知，1 mol 甲醛燃烧放热为 570.77 kJ，其化学反应方程式为

$$HCHO(g) + O_2(g) \longrightarrow CO_2(g) + H_2O(g)$$

请根据表 3-2 的数据，计算 C═O 的键能。

3. 汽油具有不同的标号，以家用汽车常用的 92 号汽油为例，请解释 92 号是什么意思，为什么 95 号汽油的价格要高于 92 号汽油。

4. 请分析可控核聚变反应与核裂变反应的主要区别是什么。请从环境友好与可持续发展的角度讨论，哪种方式更有优势。

5. 太阳能是可再生能源，目前，它的两种主要利用方式分别是什么？二者的区别是什么？请分别举例说明。

空气是人类赖以生存的必需物质。成人一般每天约需 0.5 kg 粮食和 2 kg 水,但对空气的需求每天则会达到 13.6 kg(约 10 m³),可见空气对维持人类生命的重要性。

地球大气还吸收了来自太阳除波长为 300~2500 nm 外的大部分电磁辐射,其中对 300 nm 以下的紫外辐射的防护为地球上的生命提供了安全保障。

但是,随着人类社会工业化进程的加深,全球和区域性大气污染问题陆续出现,大气中存在的化学影响日益受到科学界和公众的广泛关注,大气环境化学作为一门新兴学科也得到了快速发展。

大气环境化学主要研究对环境有着重要影响的大气组分在大气环境中的化学行为,其研究内容和范围是随着世界范围内大气污染新问题的出现和技术的发展进步而逐步变化的。

19 世纪,英国进入工业急速发展阶段,煤作为伦敦市工业和生活的主要燃料,其燃烧产生的二氧化碳、一氧化碳、二氧化硫、粉尘等气体与污染物,导致伦敦出现了严重的空气污染问题,例如《雾都孤儿》等文学作品就真实反映了当时的环境状况。

20 世纪,随着工业废气和汽车尾气的排放,出现了新的大气环境污染事件。1943 年、1955 年和 1970 年,美国洛杉矶先后出现多次光化学烟雾污染事件。当污染发生时,城市上空出现了一种弥漫天空的浅蓝色烟雾,使得空气浑浊不清。这种烟雾能导致人眼睛发红,咽喉疼痛,呼吸憋闷,头昏、头痛。1955 年的污染事件,导致当地 65 岁以上的人口中有近 400 人死亡。

此后,在 20 世纪 70—80 年代,酸雨问题先后在北欧、北美、亚洲相继出现;1985 年南极臭氧层出现空洞;21 世纪前后,在一些经济快速发展的发展中国家的大城市还出现了气溶胶霾污染事件。这些涉及全球和区域大气环境的复杂化学问题对人类的生活产生了极大的影响,是大气环境化学研究领域亟待解决的主要问题。

清洁干净的空气应该是什么样的?哪些因素会造成大气污染?空气质量达到怎样的条件才是健康的?让我们带着这些疑问,一起开始学习本章内容。

4.1　地球的大气环境

包围地球的气体外壳被称为地球大气,简称大气。地球大气对地球上的生命有着重要的作用,其成分、组成结构、状态会直接或间接地影响地球上的各种物理过程和天气现象,所以有必要对地球的大气环境加以介绍。

4.1.1　大气的组成

地球大气的组成与地球的演化过程密切相关,大致可以分为三个阶段,如图 4-1 所示。

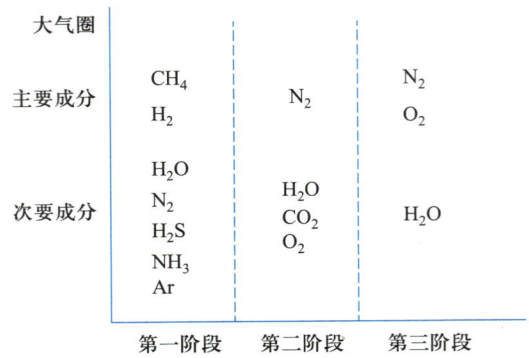

图 4-1 地球演化过程中大气的化学组成

地球原始大气的主要成分是氢气、氦气,并含有氮气、水和二氧化碳,伴随地表火山活动,地表还会逸出氢气、水和一氧化碳。其中的一氧化碳和二氧化碳被氢气还原为甲烷,氮气则部分被还原为氨,这样就形成了第一阶段的大气,此时大气处于还原性环境中。

$$CO_2(g) + 4H_2(g) \longrightarrow CH_4(g) + 2H_2O(g)$$

$$CO(g) + 3H_2(g) \longrightarrow CH_4(g) + H_2O(g)$$

$$N_2(g) + 3H_2(g) \longrightarrow 2NH_3(g)$$

第二阶段大气的形成与地壳的形成密切相关。首先水通过光化学反应分解生成氢气和氧气,其中氢气在形成甲烷、氨的过程中不断被消耗,而氧气一部分与地壳中的铁等元素形成氧化物、硅酸盐等,另一部分则氧化甲烷、氨生成二氧化碳和氮气;产物中的二氧化碳与地壳矿物反应生成碳酸盐,氮气则由于化学惰性,被不断积聚起来,浓度升高。

第三阶段是地球演化过程中生命形成的阶段,也是现今地球大气的形成阶段。由于生命有机体的出现,通过光合作用产生了氧气,并不断富集,大气成分中氧气的含量升高;同时在距离地表 15~35 km 的地方,氧气通过光化学反应形成了臭氧层(具体反应见 4.2 节)。臭氧层的出现,避免了地表受到太阳高能光子的照射,为生物分子的稳定存在提供了保护。

这一阶段,在臭氧层的保护下,不断增加的地表植物通过光合作用使二氧化碳逐渐减少,氧气逐渐增多。此外由于氮气的惰性,使得氮气在大气中占比最大,这就形成了现在以氮气和氧气为主要成分的大气环境。

在 90 km 以下的大气层中,大气主要成分的组成比例几乎是不变的。通常把不含水蒸气的纯净大气称为干洁大气,也叫干洁空气。

干洁空气的组成可分为两类,如表 4-1 所示。一类是恒定组分(也叫定常成分),主要有氮气、氧气、氩气、氖气、氦气、氪气和氙气,其中又以氮气、氧气、氩气为主,约占大气总体积的 99.96%。这类成分在大气中的含量随时间与地点的变化很小。

表 4-1　干洁空气的组成（体积分数）

定常成分			可变成分		
气体名称	相对分子质量	体积分数/%	气体名称	相对分子质量	体积分数/%
氮气（N_2）	28.01	78.0840	二氧化碳（CO_2）	44.01	0.038
氧气（O_2）	32.00	20.976	甲烷（CH_4）	16.04	1.75×10^{-4}
氩气（Ar）	39.95	0.934	氢气（H_2）	2.02	0.5×10^{-1}
氖气（Ne）	20.18	0.001818	一氧化二氮（N_2O）	44.01	0.27×10^{-4}
氦气（He）	4.00	0.000524	一氧化碳（CO）	28.01	0.19×10^{-4}
氪气（Kr）	83.80	0.000114	臭氧（O_3）	48.00	$0 \sim 0.1 \times 10^{-7}$
氙气（Xe）	131.3	0.87×10^{-1}	碘（I_2）	253.81	5.0×10^{-7}
			氨气（NH_3）	17.03	4.0×10^{-7}
			二氧化硫（SO_2）	64.06	1.2×10^{-7}
			二氧化氮（NO_2）	46.01	4.0×10^{-7}

　　另一类是可变成分,如二氧化碳、一氧化碳、甲烷、氮氧化物、臭氧、二氧化硫、氨气等,其含量随时间和地点都有显著变化。可变成分在干洁大气中所占比例不到大气总体积的 0.1%,但它们中的一部分对地气系统辐射收支、气候变化等的影响非常重要,还有一部分则是大气污染源,对人类健康和其他动植物有直接伤害。

4.1.2　大气的分层

　　前面讨论的空气组成是距离地面较近、压力大约为 1 atm 时的情况。如果高度升高,地球的大气会有哪些变化呢? 我们来了解一下地球大气的分层,如图 4-2。

1. 对流层

　　对流层是靠近地面的大气最低层,其下界为地面,上界平均高度约为 12 km,温度为 220~310 K（−53~37 ℃）。大气质量的 75%,水汽的 90% 以上都在这一层。对流层主要吸收地面发射的红外辐射,这是由于对流层中的 CO_2、H_2O 等气体能够吸收地球表面的长波辐射,从而使该层气体温度随高度上升而降低,气温的垂直递减率为 6.5 ℃·km^{-1}。由于上冷下热,可使大气形成大规模的强烈对流运动,从而产生风、雨、雪、霜、雾和雷电等各种复杂的天气现象,对人类和生物的影响最大,大气污染现象也主要发生在这一层。

头脑风暴

　　民航飞机的飞行高度大概在 7000~12000 m,刚好位于对流层,所以飞机的机舱外面,温度是很低的。因此飞机机舱需要用空调控制温度,那么飞机上的空调是在加热还是在制冷? 原因是什么?

图 4-2 彩图

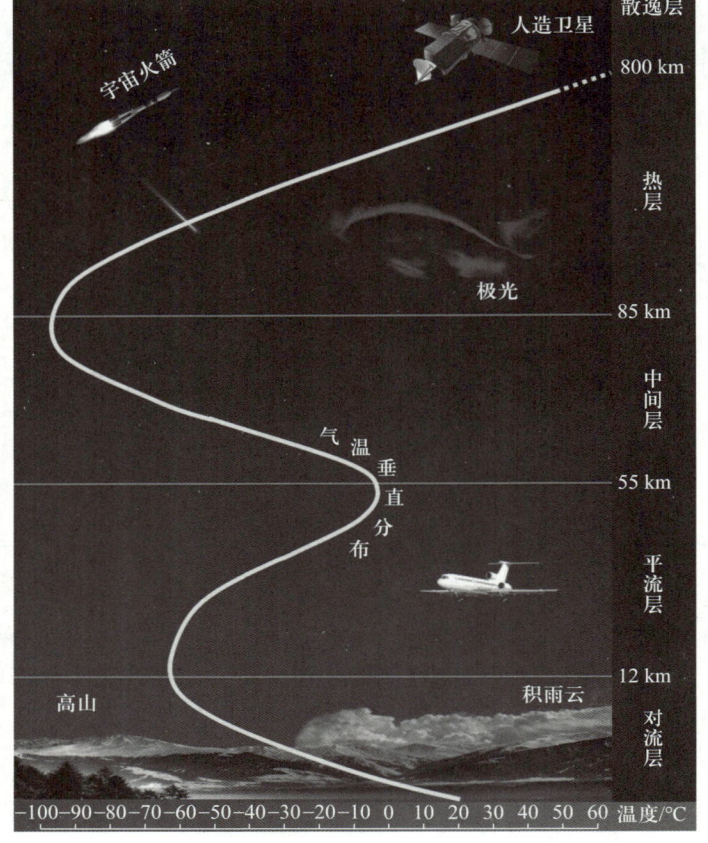

图 4-2　地球大气圈温度的垂直分布

2. 平流层

对流层以上直至 55 km 的范围称为平流层,温度为 220~270 K(−53~−3 ℃)。其中 12~30 km 内气温基本不变(−53~−50 ℃),称为同温层。再往上,气温随高度升高而上升,即上热下冷,所以平流层中很少会发生对流运动,只有平流运动。

平流层中温度的变化与臭氧层的存在密切相关。在平流层 15~35 km 内,臭氧浓度较高(质量分数 $0.1 \times 10^{-6} \sim 10 \times 10^{-6}$),其中 27 km 左右臭氧浓度最高(达 10×10^{-6})。由于臭氧能强烈吸收紫外线,发生光化学反应而放热,使得平流层中气温随高度升高而上升。

3. 中间层

平流层上至 85 km 的范围称为中间层。温度为 180~270 K(−93~−3 ℃),由于该层大气稀薄,气体温度随高度上升而下降,即上冷下热,气体可产生对流运动,所以又称高空对流层。

4. 热层(电离层)

距地面 85~800 km 称为热层。由于气体在太阳和宇宙射线作用下处于高度电离状态,所以又称电离层。波长小于 175 nm 的太阳辐射都能够被该层气体吸收,如氧原子等能强烈吸收太阳紫外线,使气温随高度上升而增加,即上热下冷。在 250 km 左右,温度可达 2000 K(由于大气非常稀薄,这里所讲的温度并不是通常意义的温度,而是指粒子所具有的能量)。

5. 外层(散逸层)

距地面 800 km 以上的大气层,称为外层。空气十分稀薄,受地球引力作用微弱,高速运动的粒子可以挣脱地球引力而散逸到太空,所以又称散逸层。

随着高度的升高,大气密度会发生巨大的变化,表现在压强上就是随着高度的增加压强下降,如图 4-3 所示。在地表,大气压力大约是 1 atm,也就是 101.325 kPa。但随着高度的升高,到了 10000 m 左右的对流层顶部,也就是民航飞机的飞行高度,压力会降到 0.2~0.3 atm,所以我们在影视作品中会看到这样的镜头,飞机在高空飞行的时候,舱门被破坏后机舱迅速失压,舱内的物品会随着气流被卷出机舱。出于安全的考虑,在乘坐飞机的时候,我们还是要尽量系好安全带,直至安全落地。

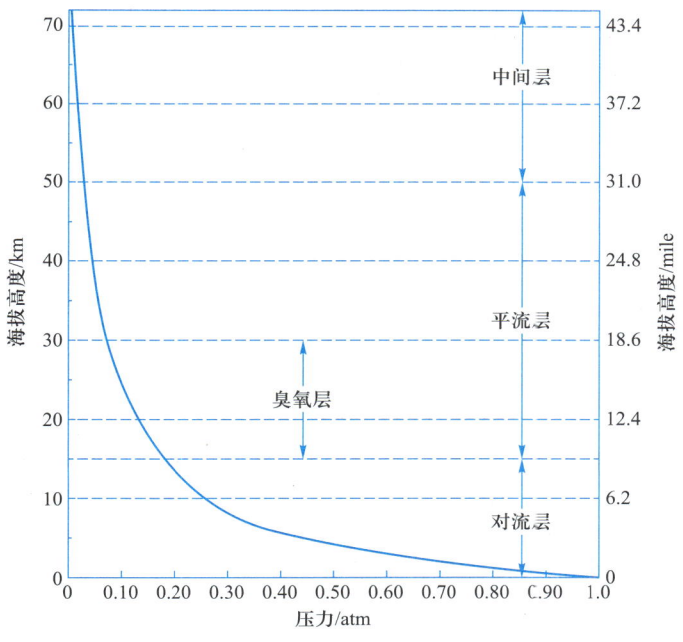

图 4-3   地球大气压力随海拔高度的变化

4.1.3   大气中重要组分的作用

氮是空气的重要组成部分,也是生命组成的重要物质。在自然界中存在氮的循环,使得大气中的气态的氮单质与氮的化合物间彼此转化,从而为人类所用。人工固氮研究目前仍然是化学研究领域的一个前沿课题,化学家们希望能够在相对温和的条件下,活化氮分子内的化学键,从而实现人工固氮。

 科研进展

2013 年,大连理工大学精细化工国家重点实验室曲景平教授的"小分子活化与仿生催化"研究团队,在化学模拟生物固氮研究方面取得新进展,研究结果发表在 2013 年 Nature Chemistry 杂志第 5 期上。

空气的另外一个重要组成部分是氧,氧是我们赖以生存的元素,它通过呼吸进入人体,将糖、蛋白质、脂肪氧化转化成 ATP,为人体提供能量。可以说氧是人类生命能量的源泉,但是也正是因为氧气具有较强的氧化性,在人体代谢中会产生氧自由基,导致人体细胞损害和老化。此外,如果当氧气浓度大于正常浓度时,还会对人产生氧损伤。

 头脑风暴

近几年在一些地方会看到这样的宣传,吸氧能治病,可以缓解疲劳,能起到美容保健、提高工作效率等神奇的效果。你对这种说法持什么样的观点呢?

关于大气的组分我们还有两种需要了解,首先就是二氧化碳。二氧化碳在公众面前的形象似乎总是负面的,它导致了大气污染、温室效应等,但是科学家们的研究为二氧化碳的利用开辟了新的方向。二氧化碳有助于植物的光合作用,可被视为气肥,以促进植物的生长。

 科研进展

2010 年美国斯坦福大学和韩国延世大学的科学家研制出一种奇特的海藻灯,人们在使用这种海藻灯时,通过向海藻灯呼吸便能提供二氧化碳,海藻产生氧气和较小的电流,从而使海藻灯可以发亮。

在大气中还存在一种我们接触不多,但却对我们的生活产生重要作用的化学物质,那就是臭氧。臭氧主要存在于平流层,由于能够吸收紫外线辐射,所以能够保护地球上的生物,但是在地表乃至土壤当中,却由于臭氧的高活性和强氧化作用,使得臭氧成为危害比较大的污染气体。

在土壤中,当氮氧化物的浓度较高时,光照很强的情况下,就会产生大量的臭氧,这种由光引发的化学反应就叫作光化学反应。这部分内容将在 4.2 节详细介绍。

大气中除了上述几种重要组分外,还有一种由氧气通过光化学反应产生的物种,它对人体健康具有重要作用,该物种就是负氧离子。负氧离子的浓度水平是城市空气质量评价的重要指标之一。

空气分子在阳光中高能射线的影响下,会发生电离,所产生的自由电子大部分被氧气所获得,使得氧气分子带有一个或者多个电子,带有负电荷的氧气离子就被称为负氧离子。

负氧离子被誉为空气维生素,它能够通过人的神经系统和血液循环对人的机体生理活动产生正面影响,世界卫生组织规定的清新空气标准为每立方厘米负氧离子数目在 1000~1500 个。由于负氧离子在洁净空气中的寿命有几分钟,而在灰尘中的寿命只有几秒钟,所以在公园、郊区、田野、海边和湖边、森林和瀑布附近含量较多,因此当我们身处这些地方的时候,会感觉到头脑清醒、呼吸舒畅、心情愉悦。

当然,在我们生活的环境中,由于各类污染源的存在也会导致真实空气的组分发生变化,比如燃煤产生的硫氧化物和氮氧化物、建筑工地产生的扬尘等固体颗粒物等,大气污染相关问题我们将在 4.3 节内容中继续讨论。

4.2　大气中的化学反应

大气中存在着种类繁多的天然生成和人为排放的物种,包括含氮化合物、含碳化合物、含硫化合物、含卤素化合物等。这些化合物间发生化学反应的途径也非常多,如气相反应、液相(水相)反应、颗粒物表面多相反应等。但这些大多与光化学相关,因此光化学反应是大气化学反应的主要内容。本节我们将学习大气光化学反应的基本原理和相关研究进展。

4.2.1　光化学反应基础

光既有波动性,又有粒子性,它的最小单元是光子。太阳光谱为连续光谱,其波长范围可以从几米缩短至 10^{-14} 米,如图 4-4 所示。同时,这些光的频率也随波长的缩短而增大,这是因为频率与波长之积即为光速,所以波长越短,频率越高。

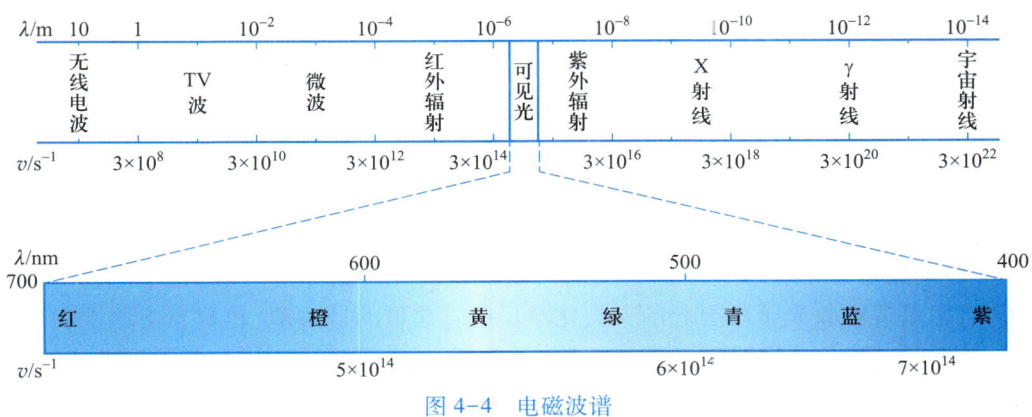

图 4-4　电磁波谱

在太阳光谱中,人类肉眼能看到的仅仅是可见光部分,它的波长是 400~700 nm。对于不同波长或频率的光,光子具有的能量也不一样。根据普朗克定律,一个频率为 ν 的光子能量为 $h\nu$,其中 h 为普朗克常量(6.626×10^{-34} J·s)。1 mol 光子的能量则为阿伏伽德罗常数(6.022×10^{23})与上述数值的乘积。如表 4-2 所示,我们可以计算得出波长不同的 1 mol 光子所具有的能量。例如,可见光的波长为 400~700 nm,1 mol 光子的能量不超过 300 kJ,而在波长小于 400 nm 的紫外光区,1 mol 光子的能量最高可以超过 1000 kJ。

表 4-2　1 mol 光子具有的能量

λ/nm	800	700	600	500	400	300	200	100
$E/(kJ \cdot mol^{-1})$	149.5	170.9	199.3	239	299	399	598	1196

　　1 mol 光子具有的能量大小意味着什么呢？当光子的能量足够大时，就能够破坏化学键。由于常见的化学键的键能基本上都小于 1000 kJ·mol⁻¹，例如含硫的橡胶含有碳硫键，其键能是 273 kJ·mol⁻¹，那么如果太阳光长期照射的话，仅靠可见光的能量，就会使得含有碳硫键的物质老化。

　　光子的波长和频率不同，能够产生的影响也不一样，如图 4-5 所示。例如，红外光波的波长超过动物细胞的直径，所以对细胞内部不会产生影响。无线电波的波长已经超过了人体高度，所以即使距离人体非常近，也不会影响身体的健康。我们看到很多老年人听收音机都是贴在耳朵上听，对身体也没什么不良的影响。

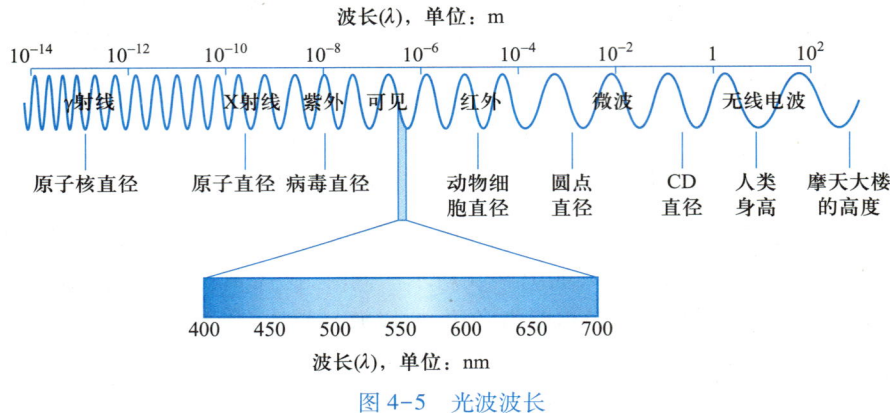

图 4-5　光波波长

　　对于短波长高频率的光，比如说 X 射线、γ 射线，完全能够透过人体，同时对细胞产生危害。例如，我们到医院去拍 X 射线照片，医师们都在另外一个隔离的工作室去操作，而我们中间隔着一层能够吸收 X 射线的铅玻璃，也是为了避免受到 X 射线辐射。

　　所谓光化学反应，实质上就是具有一定能量的光子诱导的反应，它是由分子、原子、自由基等吸收光子所引起的一类化学反应。这里的自由基（也称自由原子、游离基）指的是共价化合物的共价键在光或热的作用下，共用电子对平均分裂而形成的含有未成对价电子的原子或原子团。上述反应产生的自由基非常活泼，不能稳定存在，容易自行结合成稳定的分子或与其他物质反应生成新的自由基，诱导其他化学反应继续进行。

4.2.2　光化学反应的类型

　　我们以碘化氢（HI）受光照分解为例介绍光化学反应。在上述反应中，反应物吸收光子从基态（HI）变成激发态（HI*），同时产生活泼物种自由基（H·和 I·），上述过程被称为光化学的初级过程。在初级过程之后相继发生的其他过程称为次级过程。

初级过程 $\qquad$ $HI + h\nu \longrightarrow HI^* \longrightarrow H\cdot + I\cdot$

次级过程 $\qquad$ $H\cdot + HI \longrightarrow H_2 + I\cdot$

$\qquad\qquad\qquad\qquad I\cdot + I\cdot \longrightarrow I_2$

总反应为 $\qquad$ $2HI + h\nu \longrightarrow H_2 + I_2$

大气中的不同物种可以通过吸收紫外光或可见光形成激发态,发生一系列不同类型的光化学反应,下面我们简单介绍几种典型反应。

1. 光解离

光解离是大气化学中最普遍的光化学反应。它是指反应物吸收光子后,光子能量除了能够支持电子跃迁,使反应物从基态变为激发态外,还能够提供能量直接导致反应物解离成碎片。

例如,O_3 在 $\lambda < 320$ nm 光的作用下,发生光解离可以生成激发态产物,并与水蒸气作用生成氢氧自由基($OH\cdot$),这是大气中 OH 自由基的重要来源。

$$O_3 + h\nu \longrightarrow O^* + O_2^*$$

$$O^* + H_2O \longrightarrow 2OH\cdot$$

2. 光电离

光电离也是一种特殊的光解离过程。当反应物吸收了高能量的光子后,在激发态还有足够能量,使得电子能够远离原子核成为自由电子。

$$AB + h\nu \longrightarrow AB^* \longrightarrow AB^+ + e^-$$

例如,地球大气在 $60 \sim 500$ km 高空,会由于大气发生光电离反应形成电离层。在电离层内 $60 \sim 90$ km 处,主要形成正离子 NO^+ 和 O_2^+。

例如,在 121.57 nm 紫外线作用下,生成 NO^+:

$$NO + h\nu \longrightarrow NO^+ + e^-$$

在宇宙射线作用下,生成 O_2^+:

$$O_2 + h\nu \longrightarrow O_2^+ + e^-$$

3. 光合作用

光合作用是光化学反应中最受关注的一种光化学过程,它与整个自然界息息相关。在光合作用中,植物中的叶绿素能吸收光子,称为光敏剂,但叶绿素本身不参与光化学反应,而是把吸收的光能传递给另一物质,使其变为激发态参与反应。

光合作用的总反应为

$$nCO_2 + nH_2O \xrightarrow[\text{叶绿素}]{h\nu} (CH_2O)_n + nO_2$$

其反应机理可以这样理解：叶绿素吸收光能后将能量传递给 H_2O，使水分子发生氧化反应，生成 O_2 和 H^+，第二步是 CO_2 被还原生成碳水化合物。通过光合作用，碳元素由无机含碳化合物转化为有机含碳化合物，这是自然界合成有机化合物的主要途径。具体反应为

$$2H_2O \longrightarrow O_2 + 4H^+ + 4e^-$$

$$CO_2 + 4H^+ + 4e^- \longrightarrow (CH_2O) + H_2O$$

单个叶绿素分子的激发态所能提供的能量（$\lambda = 680$ nm）不会高于 180 kJ·mol^{-1}，而生成 1 mol O_2 或 1 mol 碳水化合物实际需要的能量约为 470 kJ。所以单个叶绿素分子不能完成上述过程，而需要多个叶绿素分子协同作用。

光化学过程是地球上最重要的化学过程之一，光化学反应在地球大气与生命的进化过程中起着决定性的作用。植物的光合作用就是典型的光化学过程，它不仅提供了动物赖以生存的碳水化合物，还是生命必不可少的氧气的唯一来源。光化学反应导致大气平流层中臭氧层的形成，从而使地球上的生命得以生存和发展。此外，光化学还涉及环境、材料、信息和能源等许多与我们生活密切相关的领域，现在的研究表明，视觉的本质也与光化学过程有关。光化学反应已经应用到化学合成、影像技术、涂料、医疗、印刷电路、集成电路、信息存储、光盘制造与读写、太阳能储存与转化和精细加工等各方面。

4.2.3　臭氧在平流层中的光化学反应

在众多大气光化学反应中，臭氧在平流层中的反应对于地表动植物来说最为重要。那么平流层中臭氧光化学反应是如何发生的，在没有大气污染的情况下，臭氧的浓度是怎样保持不变的呢？

太阳光中的紫外辐射按波长可分为 UV-A（320～400 nm）、UV-B（280～320 nm）、和 UV-C（<280 nm）。根据光子的能量公式，可以计算出它们所具有的能量范围是 400～1100 kJ·mol^{-1}，与表 4-3 中常见的化学键键能相比，光子的能量足以断掉原有化学键，引发化学反应，因此，减少紫外辐射对于地表生物来说意义重大。

表 4-3　常见的化学键键能

化学键	C=C	O=O	C—H	N—H	C—C	C—N	C—S
键能 E/（kJ·mol^{-1}）	598	498	416	391	356	285	272

在平流层中的臭氧能够吸收不同波长的光子发生光化学反应，生成氧自由基、氧气等产物。这个过程会放出能量，使得平流层的温度随高度的升高而上升。此外生成的氧气，也会在高空大气中吸收频率更高的辐射，减少高频电磁波到达地面的数量，保护地球上的生物。

在高空大气中,氧分子在波长为 129~242 nm,也就是紫外辐射的 UV-C 范围有 3 个吸收带,其光解离反应为

在热层和中间层 $O_2 + h\nu \longrightarrow O + O^*$ 129 nm$<\lambda<$176 nm

主要在中间层 $O_2 + h\nu \longrightarrow 2O\cdot$ 176 nm$<\lambda<$195 nm

在平流层 $O_2 + h\nu \longrightarrow 2O\cdot$ 185 nm$<\lambda<$242 nm

通过上述光化学反应,可以有效阻隔紫外辐射中的 UV-C 到达地表。

在平流层,O_3 有 3 个吸收带,其光解离反应为

在 30~35 km 以上 $O_3 + h\nu \longrightarrow O^* + O_2$ 200 nm$<\lambda<$276 nm

在平流层下部 $O_3 + h\nu \longrightarrow O^* + O_2^*$ 267 nm$<\lambda<$310 nm

弱吸收 $O_3 + h\nu \longrightarrow O + O_2^*$ 310 nm$<\lambda<$350 nm

弱吸收 $O_3 + h\nu \longrightarrow O + O_2$ 450 nm$<\lambda<$750 nm

臭氧层对紫外辐射的吸收,主要集中在 UV-B 波长范围,对于 UV-A 主要是弱吸收,因此,会有一部分 UV-A 能够到达地表,这部分紫外辐射的能量通常在 400 kJ·mol^{-1} 左右,大于一部分化学键的键能,如 C—N 键、C—S 键等。因此,在紫外辐射比较强的沙漠、海边等地方,如果不做防晒措施,人类就很容易被晒伤。

在上述光化学反应中,臭氧始终处于被消耗的状态,但在没有大气污染的情况下,平流层中的臭氧浓度基本保持不变,原因是什么呢?

1930 年,英国地球物理学家悉尼·查普曼(Sydney Chapman)解释了这一现象。查普曼认为,臭氧层的消耗和生成过程主要包括以下四个过程。其中臭氧的生成反应是由 O_2 分子在短波紫外辐射作用下发生光解反应产生的:

$$O_2 + h\nu \longrightarrow 2O\cdot \quad \lambda<242 \text{ nm}$$

$$O\cdot + O_2 + M \longrightarrow O_3 + M \quad (\text{碰撞,快速反应})$$

而臭氧的清除反应则包括两部分:

$$O_3 + h\nu \longrightarrow O\cdot + O_2\cdot \quad \lambda<320 \text{ nm}$$

$$O\cdot + O_3 \longrightarrow 2O_2 \quad (\text{碰撞,慢反应})$$

根据上述过程,虽然臭氧分子在紫外辐射作用下会分解生成氧自由基和氧气,但生成的活性氧自由基和氧气还会碰撞反应生成臭氧,产物氧气虽然在高空会继续发生光化学反应分解,但一方面产物氧自由基会对生成臭氧的反应补充原料,另外氧自由基也会与臭氧反应生成氧气,从而补充循环中的氧气,如图 4-6 所示。因此虽然高空中的光化学反应会消耗臭氧,但经过查普曼循环,平流层中的臭氧浓度能够基本保持不变。

查普曼的研究建立在纯氧体系下氧的光解离和再结合的平衡模型上,解释了平流层臭氧的形成机理,为平流层光化学研究的发展奠定了基础,至今仍然被认为是平流层臭氧形成机制的经典理论。

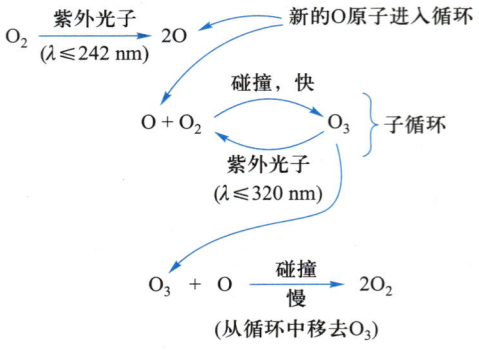

图 4-6　平流层中的臭氧循环

　　图 4-7 是用气球观测得到的大气中臭氧浓度随高度变化的曲线,从图中可以看出,在 20~25 km 处臭氧浓度最大。由于横坐标用的是对数值,所以这个峰值十分明显。

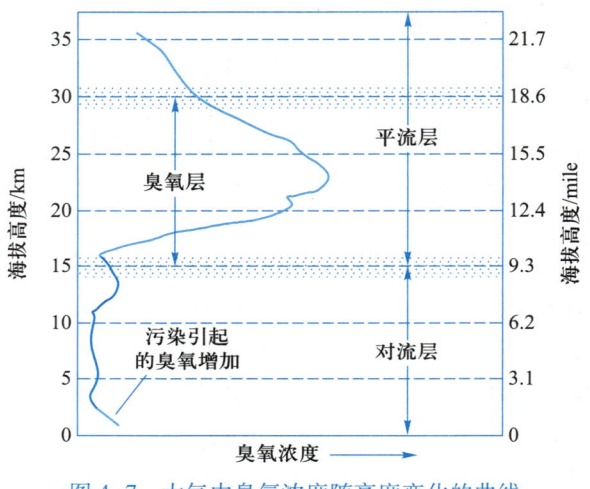

图 4-7　大气中臭氧浓度随高度变化的曲线

4.3　大气污染及绿色化学

　　自工业革命以来,人类活动对大气的影响开始加剧,特别是在化石燃料和生物质燃料的燃烧过程中,产生了各类影响大气组成的污染物,从而对局部和全球的大气环境产生了负面影响。恩格斯在《自然辩证法》中指出:“我们不要过分陶醉于我们对自然界的胜利,对于每一次这样的胜利,自然界都报复了我们。”所以本节我们将一起学习大气污染及绿色化学的相关内容。

4.3.1　大气污染

　　按世界卫生组织(WHO)规定,大气污染的定义为:“室外的大气若存在人为造成的污染物质,其含量与浓度及持续时间可引起多数居民的不适感,在很大范围内危害公共卫生,并使人类、动植物生存处于受妨碍的状态。"

　　能够造成大气污染的污染物种类很多,其中对人类危害最大的主要有粉尘、硫氧化物(SO_x)、氮氧化物(NO_x)、碳氧化物(CO_x)、碳氢化合物(CH)及卤化物等。例如,由于煤炭中硫的含量很高,所以燃煤企业无可避免会排放大量的硫氧化物;氮氧化物除了制氨企业排放以外,汽车尾气也是一个重要来源;碳氧化物主要是由传统的化石燃料燃烧产生的,其中也包括汽车尾气的排放等;粉尘污染污染源非常多,可能在工业企业生产、城市改造等过程中产生。而大气污染物的来源既有工业污染源、农业污染源、交通污染源,还包括人类生活污染源。

　　大气污染的危害是多方面的,首先是对人体和动植物的危害。据世界卫生组织统计,全球每年有 700 万人死于空气污染。早在 2017 年,室外空气污染就已经进入了世界卫生组织国际癌症研究机构公布的一类致癌物清单。

　　此外,大气污染物对天气和气候的影响也十分显著,引发各类大气污染事件,包括温室效应、臭氧层空洞、酸雨、光化学烟雾以及颗粒物污染等。

4.3.2　温室效应

　　温室效应又被称作"花房效应",顾名思义,温室效应与花房里的热量无法散发是同一个道理。

　　任何物体只要其温度高于 0 K(-273.15 ℃),就会产生热辐射而散失能量。温度不同,物体热辐射的波长也不同。温度越高,辐射波长越短;温度越低,辐射波长越长。

　　例如,太阳表面温度约为 6000 K,辐射能量的 99% 左右都在波长 0.15~4 μm 范围内,属于短波辐射,如图 4-8 所示。而地球表面的年平均温度为 288 K(15 ℃),辐射波长为 3~120 μm,在红外辐射范围内,属于长波辐射。

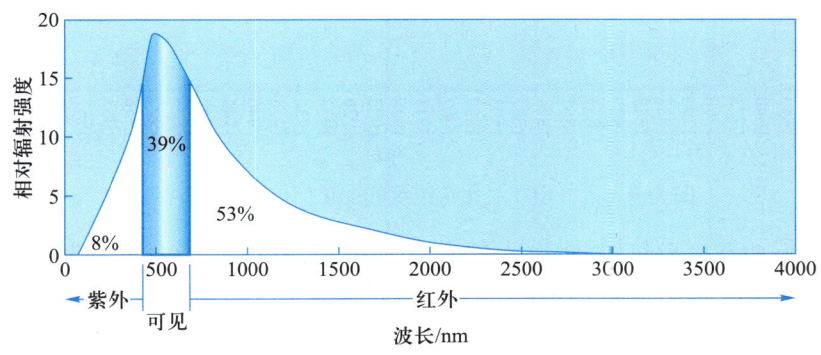

图 4-8　地球大气层上方太阳辐射随波长的分布

　　大气中的 CO_2、CH_4、N_2O 等气体,对太阳的短波辐射吸收非常少,可以让太阳短波辐射自由通过而到达地面。而这些气体对地面的长波辐射却吸收强烈,类似于温室中玻璃的作用,能够使大气温度升高,从而产生温室效应,而这些气体也被称为温室气体。

　　据研究,大气中如果没有温室气体,地球表面的年平均温度就只有 253 K(-20 ℃)。

而现在地球表面年平均温度为 288 K（15 ℃），这 35 ℃的温度差就是温室气体的贡献。如果没有温室效应，整个地表将完全被冰雪覆盖，就不会有今天这样丰富多彩的生命世界了。

但是由于人类大规模地开发和使用化石燃料，向大气排放的温室气体越来越多，尤其是 CO_2 气体，使得温室效应不断加剧，导致全球气温上升。地表温度的升高也导致了两极地区的冰川融化，引起海平面上升。

 生活案例

图瓦卢是南太平洋上的一个美丽的岛国，由于全球海平面上升，使得海拔极低的这个岛国日渐沉没，2003 年 11 月图瓦卢的总理发表声明，他们对抗海平面上升的努力已告失败，居民将逐步撤离，图瓦卢可能会成为第一个被海水淹没的国家。

CO_2 是数量最大的温室气体。18 世纪 60 年代产业革命前，大气中 CO_2 的浓度长期维持在 280×10^{-6}（摩尔比浓度，10^{-6} 即百万分之一，也常用 ppm 表示）。而产业革命后大气中 CO_2 浓度一直在不断增加，见图 4-9。

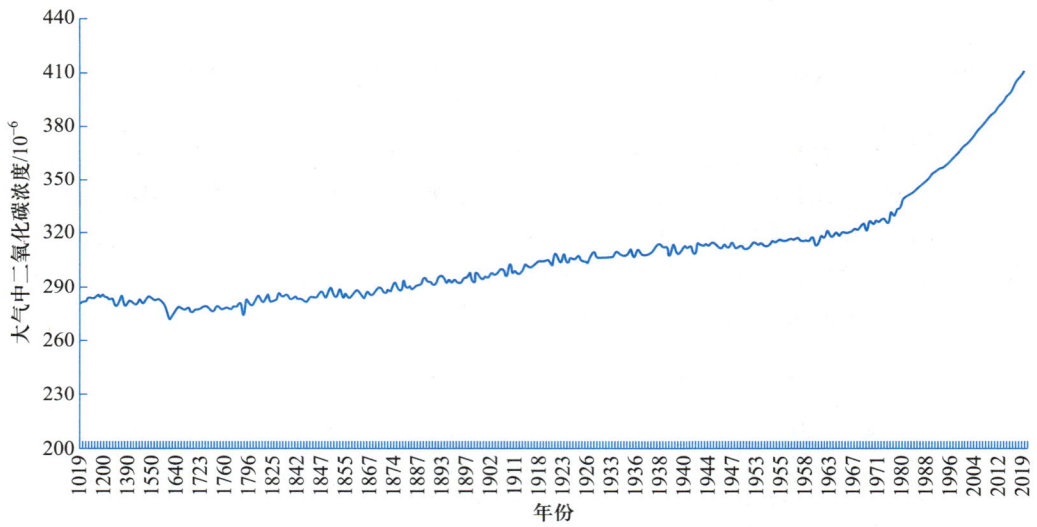

图 4-9　大气中二氧化碳浓度的变化（1019—2019 年）

2020 年，世界气象组织（WMO）全球大气观测计划（GAW）站网观测到全球大气中二氧化碳浓度在 2019 年突破 410×10^{-6}，显示全球大气平均二氧化碳浓度上升到过去 80 万年以来的新高。中国青海瓦里关站是 WMO/GAW 全球 31 个大气本底站之一。2019 年，青海瓦里关站观测到的大气二氧化碳浓度也达到 411.4×10^{-6}，是自 1990 年我国在瓦里关开始全球大气温室气体观测以来的最高值。

归纳近 100 多年，全球平均气温在上升是不争的事实，据世界气象组织估计，2022 年全球平均气温将比工业化前（1850—1900 年）平均气温高 1.15 ℃，这意味着自 2016 年以来的每一年都位列有记录以来最热年份之列。

全球变暖已经引起了全人类的极大关注，同时温室气体排放所引发的气候变化也已经成为各种国际会议的主题。

1992 年 5 月 22 日由 176 个国家签署,并于 1994 年 3 月 21 日生效的《联合国气候变化框架公约》的最终目标是将大气圈中温室气体的浓度稳定在一个水平上,以防止人类对气候系统的有害干预。

1997 年 12 月,在日本京都召开的《联合国气候变化框架公约》缔约方第三次会议,通过了旨在限制发达国家温室气体排放量以抑制全球变暖的《京都议定书》。在该议定书中,受到排放限制的温室气体有 6 种:二氧化碳(CO_2)、甲烷(CH_4)、氧化亚氮(N_2O)、全氟化碳(PFCs)、氢氟碳化物(HFCs)和六氟化硫(SF_6)。发达国家这 6 种气体的排放总量从 2008 年到 2012 年要比 1990 年减少 5.2%,对发展中国家不作限制,要求发达国家从资金和技术上帮助发展中国家实施减少有害气体排放工程。

经过 7 年激烈争论与斗争,《京都议定书》已于 2005 年 2 月 16 日正式生效。截至 2022 年,全球已经有 170 多个国家批准加入了该议定书,这是人类历史上首次以法规的形式限制温室气体排放。然而议定书只能轻微减缓全球温室气体的排放。我国于 1998 年 5 月签署,并于 2002 年 8 月核准了该议定书。

2015 年 12 月 12 日在第 21 届联合国气候变化大会(巴黎气候大会)上,全球 178 个缔约方共同签署了《巴黎协定》(The Paris Agreement)。《巴黎协定》是继 1992 年《联合国气候变化框架公约》、1997 年《京都议定书》之后,人类历史上应对气候变化的第三个里程碑式的国际法律文本。协定的长期目标是将全球平均气温较前工业化时期上升幅度控制在 2 ℃ 以内,并努力将温度上升幅度限制在 1.5 ℃ 以内。只有全球尽快实现温室气体排放达到峰值,21 世纪下半叶实现温室气体净零排放,才能降低气候变化给地球带来的生态风险以及给人类带来的生存危机。这也就是我们经常提及的"碳达峰""碳中和"目标。

4.3.3 臭氧层空洞

20 世纪 50 年代末到 70 年代,人类发现臭氧层开始减少;1985 年英国南极考察队在南纬 60°地区首次观测到臭氧层空洞,引起了世界各国的极大关注;1998 年 9 月,南极上空臭氧层的空洞创下了面积最大达到 2500 万平方公里的历史记录;2011 年 10 月 2 日《自然》期刊报道,北极上空臭氧层减少的幅度超过了 80%,程度可与南极臭氧层空洞相提并论。

臭氧层中臭氧浓度的减少,会造成太阳对地球表面的紫外辐射量增加,对生态环境产生破坏作用,也会影响人类和其他生物有机体的正常生存。科学研究表明,大气中的臭氧每减少 1%,照射到地面的紫外线就增加 2%,人类皮肤癌的发生率则会增加到 4% 以上。此外过量的紫外线还会损伤眼睛,诱发白内障,使植物生长缓慢,作物减产等。

臭氧层中臭氧浓度低于正常浓度的区域就被称为臭氧层空洞。联合国环境规划署(UNEP)指出,臭氧层的破坏 90% 是由氟利昂和哈龙,其次是由 N_2O 和 NO,还有 CCl_4 等气体造成的。这些物质能长期滞留在大气中,并最终从对流层进入平流层,在紫外线辐射下发生光解,产生的活性基团能与臭氧反应而消耗臭氧。这些物质在平流层中的量虽然很少,但因能起催化作用,自身消耗很少,而对臭氧层的破坏作用却十分严重,最后导致臭氧浓度下降。

1995 年,墨西哥科学家马里奥・莫利纳(Mario Molina)、美国科学家舍伍德・罗兰(F.Sherwood Rowland)和德国科学家保罗・克鲁岑(Paul Crutzen)三人,因阐述了对臭氧层产生影响的化学机理,证明了人造化学物质对臭氧层构成破坏作用,而共同获得诺贝尔化学奖。

氟利昂(freon)又名氯氟烃,是几种氟氯代甲烷和氟氯代乙烷的总称。20 世纪 30 年代,氟利昂被发现并投产,它曾被认为是性能十分优良的制冷剂。作为制冷剂,氟利昂无毒无味,沸点低、易液化,没有腐蚀性且热稳定性好,作为发泡剂、制冷剂、膨胀剂等,被广泛应用在我们的日常生活中。部分氟利昂分子的俗名和分子式见表 4-4。

表 4-4　部分氟利昂分子的俗名和分子式

氟利昂	分子式
CFC-11	CCl_3F
CFC-12	CCl_2F_2
CFC-22	$CHClF_2$
CFC-113	$C_2Cl_3F_3$

以氟利昂 CFC-11 为例,它在没有紫外线照射时十分稳定,在平流层以下不能被分解,上升至平流层后,受到紫外线照射,在光化学反应中分解生成氯自由基(Cl·),氯自由基会与臭氧发生链式反应,首先生成氯氧自由基(ClO·),氯氧自由基会继续与臭氧反应生成氯自由基。如此不断循环下去,一个 CFC-11 分子能够消耗成千上万个臭氧分子,臭氧浓度因此持续下降。

氟利昂与臭氧反应的方程如下(以 CFC-11 为例):

$$CCl_3F \xrightarrow{h\nu(\lambda<0.226\ \mu m)} CCl_2F + Cl\cdot$$

$$Cl\cdot + O_3 \longrightarrow ClO\cdot + O_2$$

$$ClO\cdot + O_3 \longrightarrow Cl\cdot + 2O_2$$

哈龙(Halon)亦指卤代甲烷,例如,哈龙-1211 指的就是二氟一氯一溴甲烷,分子式是 CF_2ClBr。曾经在我国生产和使用最为广泛的 1211 灭火器,就是以哈龙-1211 为灭火剂的。

当人类意识到臭氧层空洞给人类带来的危害后,开始采取行动限制氯氟烷烃类物质的生产和使用。联合国环境规划署 1977 年通过了《臭氧层行动世界计划》;1985 年通过了《保护臭氧层维也纳公约》;1987 年签订了《消耗臭氧层物质的蒙特利尔议定书》,对 CFC 和哈龙 2 类中的 8 种物质进行限控;此后在 1989 年和 1990 年还先后多次对该议定书进行修正,受控物质增加到 6 类几十种,并规定发达国家到 2000 年,发展中国家在 2010 年完全停止生产和使用这些物质。我国从 2010 年 1 月 1 日起,禁止使用氟利昂。

一种新的化学品被合成出来,初衷当然是为了解决现有的问题,氟利昂就是一个非常典型的例证。它是很好的制冷剂,但在使用过程中人们发现,它也破坏了臭氧层。

因此作为化学工作者,我们在生产和使用非天然的合成物后的时候,一定要肩负责任、慎之又慎。

4.3.4 光化学烟雾

光化学烟雾事件主要是在 20 世纪 40 年代之后,随着全球工业化和汽车工业的迅猛发展开始在世界各地不断出现。1952 年 12 月,英国伦敦发生了光化学烟雾事件,4 天中有上万人因此丧命。1971 年,日本东京也发生了比较严重的光化学烟雾污染事件,在污染中有一些学生中毒昏迷。我国的首例光化学污染事件发生在 1974 年夏天,在甘肃省兰州市西固地区,当时人们的感受和前面提到的一样,眼睛受刺激出现流泪,而且出现了植物受害等现象。

1951 年 9 月,在纽约召开的第十二次国际应用化学会议上,加利福尼亚大学哈根·斯密特(Haggen Smit)教授提出了光化学烟雾理论。斯密特教授认为:"光化学烟雾主要是由汽车尾气中的碳氢化合物和氮氧化物,在光照下发生光化学反应后,反应物和产物的混合物所形成的烟雾。"可见,只有大气中碳氢化合物和氮氧化物浓度较高时,在强烈的光照下才会产生光化学烟雾,因此光化学烟雾一般都发生在无风、晴天、有强烈光照的中午或下午。

光化学烟雾是一种有强烈刺激性和氧化性的烟雾。它能使材料老化、植物枯萎、大气能见度降低,还能强烈刺激人的眼、鼻、喉、肺,对人的健康危害很大。

在光化学烟雾污染事件发生后,通常人们能看到空气会带有淡蓝色,还能闻到刺激性气味,是哪些物质产生了这样的现象呢?我们来了解一下,光化学烟雾是如何发生的,在光化学烟雾污染中究竟发生了哪些化学反应。

汽车尾气排放的主要是碳氧化物、碳氢化合物和氮氧化物,见表 4-5。

表 4-5 燃烧 1 吨汽油各种气体排放量

气体	排放量/kg
CO_x	420
CH	124
NO_x	22

我们以碳氢化合物中的乙醛(CH_3CHO)为例,介绍光化学烟雾的形成机理。首先汽车尾气中的氮氧化物在空气中累积,与氧气作用后以二氧化氮的形式存在,在较强的光照下,二氧化氮发生光化学反应分解生成一氧化氮和氧原子,活性的氧原子会与氧气结合生成臭氧,这就是光化学烟雾中淡蓝色的成因,光化学烟雾污染都伴有臭氧浓度的升高,臭氧还会继续氧化一氧化氮生成二氧化氮,形成链式反应,见反应(1)~(3)。

(1) $NO_2 + h\nu \longrightarrow NO + O$

(2) $O + O_2 \longrightarrow O_3$

(3) $O_3 + NO \longrightarrow NO_2 + O_2$

在上述反应中产生的臭氧和活性氧原子,还可以氧化碳氢化合物,生成更多的自由基。例如,活性氧原子能够氧化乙醛生成乙酰基自由基和氢氧自由基,见反应(4)。再经过复杂的光化学反应,生成过氧酰基硝酸酯类化合物,见反应(5)~(9)。

(4) $O + CH_3CHO \longrightarrow CH_3CO + HO$

(5) $HO + CH_3CHO \longrightarrow CH_3CO + H_2O$

(6) $CH_3CO + O_2 \longrightarrow CH_3\overset{\displaystyle O}{\overset{\|}{C}}-O-O$(过氧酰基游离基)

(7) $CH_3\overset{\displaystyle O}{\overset{\|}{C}}-O-O + NO \longrightarrow NO_2 + CH_3\overset{\displaystyle O}{\overset{\|}{C}}-O$

(8) $HO + NO_2 \longrightarrow HONO_2$

(9) $CH_3\overset{\displaystyle O}{\overset{\|}{C}}-O-O + NO_2 \longrightarrow CH_3\overset{\displaystyle O}{\overset{\|}{C}}-O-O-NO_2$(过氧乙酰硝酸酯)

生成物过氧乙酰硝酸酯(PAN)就是在光化学烟雾中对人体产生刺激性气味的罪魁祸首,是一种对生物具有强烈作用的氧化剂,也是一种极强的催泪剂,其催泪作用是甲醛的200倍。所以人们把臭氧和过氧乙酰硝酸酯作为光化学污染的特征指标。

光化学烟雾是由汽车尾气排放引发的,所以都发生在汽车集中的大、中城市里。自1885年诞生第一辆汽车至今已有100多年的历史,到2022年全球的汽车保有量已接近15亿辆,在我国,汽车保有量已从1988年的540万辆增加到2022年的3.07亿辆。人类在享受汽车的快速、高效、舒适的同时也不得不咽下汽车尾气造成大气污染的苦果。我国部分大、中城市已经出现了煤烟与机动车尾气混合型污染。

治理大气污染最有效的方法就是控制污染源,从源头防止污染物进入大气。2001年,我国第一阶段机动车污染物排放标准开始实施,经过15年的发展,实施国家第四阶段排放标准,重点区域实施第五阶段排放标准。2016年12月,环境保护部、国家质检总局联合发布了《轻型汽车污染物排放限值及测量方法(中国第六阶段)》,即轻型车"国六标准",国六标准是目前世界上最严格的汽车污染物排放标准之一。同时为了给汽车行业一定的缓冲时间,国六标准的实施采用了"两步走"计划,把国六标准分为"国六 A"和"国六 B"两个阶段(见表4-6),其中"国六 A"是国五标准和国六标准的过渡阶段,从2020年7月1日起实施;"国六 B"是真正的"国六标准",从2023年7月1日起实施。

表 4-6　我国汽车污染物排放标准

排放物	国五(汽油车)	国六 A	国六 B
一氧化碳	1000(mg/km)	700(mg/km)	500(mg/km)
非甲烷烃	68(mg/km)	68(mg/km)	35(mg/km)
氮氧化物	60(mg/km)	60(mg/km)	35(mg/km)
PM 细颗粒物	4.5(mg/km)	4.5(mg/km)	3(mg/km)
PN 颗粒物	—	6×10^{11}颗/km	6×10^{11}颗/km

与发达国家相比,我国的汽车工业发展起步较晚。欧洲从 1992 年起开始实施欧Ⅰ标准,2014 年出台欧Ⅵ标准,2022 年 10 月,欧盟委员会建议执行新的汽车排放欧盟 7 级(Euro-7)环保标准。可见,全球各国都已经认识到,那种片面强调生产,只顾经济发展而忽视对环境保护的做法是短视的。人类社会未来的发展必须坚持走可持续发展的道路。

4.3.5　可吸入颗粒物污染

在学术上,飘浮在空气中的固态和液态颗粒物被称作总悬浮颗粒物,它的粒径范围为 $0.1 \sim 100\ \mu m$。其中有些颗粒物粒径较大或颜色突出,可以为肉眼所见,例如烟尘。有些则粒径比较小,需要使用电子显微镜才能够被观察到。

国际标准化组织规定,粒径小于 $75\ \mu m$ 的固体悬浮物为粉尘。根据粉尘颗粒的大小,我们可以对粉尘进行简单的分类。当粉尘的粒径小于 $10\ \mu m$ 时,能够长期在大气中飘浮,又称作飘尘。由于此类悬浮物能够通过呼吸道进入人体,所以又称作可吸入颗粒物。比如我们常说的 PM_{10} 和 $PM_{2.5}$ 指代的就是这类飘尘,其中 PM 是颗粒物(particulate matter)的简写,10 和 2.5 表示的是颗粒物的直径分别为 $10\ \mu m$ 和 $2.5\ \mu m$。

当粉尘的粒径大于 $10\ \mu m$ 时,会在重力作用下,在较短时间沉降到地面,所以又称降尘。例如扬沙、沙尘暴等天气现象就是由降尘引发的。人们通常用降尘量来判断大气污染的程度。降尘量是指每月在每平方千米面积上降落尘埃的质量(以吨计),当降尘量达到每月每平方千米 30 吨时,为中度大气污染;降尘量达到每月每平方千米 50 吨以上,则为重度大气污染。

与降尘相比,飘尘由于颗粒小,比表面积大,所以化学活性高。如果颗粒中还包覆了还原性物质,例如碳、氢、氮、硫或者金属元素时,就可能被吸入呼吸道,或者发生粉尘爆炸事故。1996 年,国家环保总局颁布修订的《环境空气质量标准》(GB 3095—1996)中将飘尘改称为可吸入颗粒物,正式纳入我国大气环境质量标准。

 生活案例

2014 年 8 月 2 日,江苏昆山中荣金属制品有限公司工厂爆炸,事故导致 75 人死亡,爆炸原因就是粉尘遇到明火;1987 年 3 月 15 日,哈尔滨亚麻厂发生特大亚麻粉尘爆炸事故,事故中 58 人死亡,177 人受伤。

在粉尘爆炸事故中,由于粉尘颗粒小且化学反应活性高,与氧气反应速率非常快,反应放出的热量和气流变化还会引发后续反应和爆炸,所以很难控制和终止,因此在工业生产和大型聚会活动中做好前期除尘防爆工作十分重要。

粉尘爆炸事故虽然危害较大,但发生的概率不高,在通常情况下,粉尘的污染还是主要以可吸入颗粒物污染为主。

当可吸入颗粒物尺寸不同的时候,通过呼吸能够到达人体呼吸系统的部位也不同。大于 $10\ \mu m$ 的颗粒能够被鼻腔阻挡,不会进入人体;当颗粒粒径小于 $10\ \mu m$ 时,也就是 PM_{10},则可以进入上呼吸道;对于 PM_5 和 $PM_{2.5}$,则能够进入呼吸道的深部乃至肺泡。能够进入肺泡的 $PM_{2.5}$ 对人体伤害很大,因为它的表面可以富集各种重金属元素或者其他有机污染物,会诱发其他疾病,所以 $PM_{2.5}$ 已经成为空气质量评价的重要指标。

4.4 空气质量评价

4.4.1 室内空气质量评价

人的一生中约有80%以上的时间是在室内度过的,因此室内空气质量对健康至关重要。尤其在城市里,一般人大部分时间都是在室内工作和休息,一项英国的研究表明,一般家庭中的空气污染是马路上空气污染的10倍。这是多么可怕的景象,也许让人感到不可思议。但近年来常见的呼吸道疾病、过敏性疾病、皮肤病、癌症等发病率不断上升却是客观事实,而这些都与室内空气污染有关。

室内空气污染给人类身体健康带来严重危害,引起人们越来越多的关注和不安。为此,我国于2002年制定了《室内空气质量标准》(GB/T 18883—2002),并于2003年3月1日起实施。该标准适用于住宅和办公建筑物,明确提出室内空气应达到无毒、无害、无异常臭味的要求。

2022年7月11日,国家市场监督管理总局(国家标准化管理委员会)批准发布了《室内空气质量标准》(GB/T 18883—2022),新标准自2023年2月1日起实施。与原标准相比,新标准更加严格,其中测量条件要求"关闭门窗及新风系统至少12小时"。各项参数标准限量值也比之前更加严格,例如常规的甲醛、苯等的参数都有明显降低,见表4-7。

表4-7 室内空气质量标准(GB/T 18883—2022)

参数类别	参数	单位	标准值	备注
物理性	温度	℃	$22\sim28$	夏季
			$16\sim24$	冬季
	相对湿度	%	$40\sim80$	夏季
			$30\sim60$	冬季
	风速	m/s	$\leqslant0.3$	夏季
			$\leqslant0.2$	冬季
	新风量	$m^3/(h\cdot人)$	$\geqslant30°$	—
化学性	臭氧(O_3)	mg/m^3	$\leqslant0.16$	1 h 平均
	二氧化氮(NO_2)	mg/m^3	$\leqslant0.20$	1 h 平均
	二氧化硫(SO_2)	mg/m^3	$\leqslant0.50$	1 h 平均
	二氧化碳(CO_2)	%	$\leqslant0.10$	1 h 平均
	一氧化碳(CO)	mg/m^3	$\leqslant10$	1 h 平均

续表

参数类别	参数	单位	标准值	备注
化学性	氨(NH_3)	mg/m³	≤0.20	1 h 平均
	甲醛(HCHO)	mg/m³	≤0.08	1 h 平均
	苯(C_6H_6)	mg/m³	≤0.03	1 h 平均
	甲苯(C_7H_8)	mg/m³	≤0.20	1 h 平均
	二甲苯(C_8H_{10})	mg/m³	≤0.20	1 h 平均
	总挥发性有机化合物（TVOC）	mg/m³	≤0.60	8 h 平均
	三氯乙烯(C_2HCl_3)	mg/m³	≤0.006	8 h 平均
	四氯乙烯(C_2Cl_4)	mg/m³	≤0.12	8 h 平均
	苯并[*a*]芘(BaP)	ng/m³	≤1.0	24 h 平均
	可吸入颗粒(PM_{10})	mg/m³	≤0.10	24 h 平均
	细颗粒物($PM_{2.5}$)	mg/m³	≤0.05	24 h 平均
生物性	细菌总数	CFU/m³	≤1500	—
放射性	氡(^{222}Rn)	Bq/m³	≤300	年平均

在新标准中限定了 17 种对人体有害的物质,其中危害较大的有甲醛(CH_2O)、苯(C_6H_6)、CO 和氡(Rn)等。

甲醛是一种具有强烈刺激性气味的气体,其毒性表现为神经系统和呼吸系统症状,如头疼、头晕、咽干、咳嗽等,最终造成免疫功能异常、肝损伤、肺损伤及中枢神经系统受到破坏。甲醛主要来自室内装修材料,因为它是胶黏剂的生产原料。此外,一些涂料、油漆、塑料中也含有甲醛。

苯是强致癌物,它能抑制人体的造血功能,长期接触可诱发白血病。短时间内吸入高浓度苯会使人出现中枢神经系统麻痹的症状,轻者头晕、头疼、恶心、乏力、意识模糊,重者会出现昏迷以致呼吸循环衰竭而死亡。苯常用作溶剂和稀释剂,因此一些油漆、胶黏剂、涂料、清洁剂、杀虫剂和发胶等都含有苯。

CO 是无色无味的气体,毒性很强。一旦吸入经肺吸收就会进入血液,其与血红蛋白结合的能力比氧大 210 倍,阻碍了血红蛋白的输氧功能,从而导致中枢神经系统严重缺氧,发生中毒。轻者头痛、眩晕、耳鸣、恶心呕吐、疲乏无力、精神不振,重者昏迷、呼吸困难,甚至死亡。急性中毒幸免于难者也会留下许多后遗症,如持续头痛、肢体瘫痪、言语障碍,记忆力或智力降低,甚至精神衰退等。CO 主要来源于各种燃料的不完全燃烧,如煤气、直排式热水器等。

氡(Rn)是一种放射性气体,如进入人体会对人体内的造血系统、神经系统、生殖系统和消化系统造成放射性损伤,甚至诱发肺癌。氡的来源主要是各种建筑用石材,如花岗岩、大理石、瓷砖、石膏等。

其余有害物质我们不再系统介绍,但其中还有一种有害物质需要我们重点关注,那就是二氧化碳。CO_2 本身对人并没有毒害,但室内 CO_2 含量超过一定浓度则会使人缺氧造成伤害,例如出现气短、四肢无力、嗜睡、注意力不集中等,有这种反应,说明室内二氧化碳的浓度已经上升到 1000~5000 ppm。这样的浓度范围,虽然不会危及生命,但也会对健康造成影响;如果二氧化碳浓度长期在 5000 ppm 以上时,则会造成脑损伤、昏迷甚至死亡。

拥挤的教室和会议室,封闭的卧室和汽车中都容易产生较高的二氧化碳浓度。以卧室为例,两个人经过一夜 8 h 睡眠后,如果不进行通风换气,则二氧化碳浓度会上升到 4000 ppm;在封闭的教室里,上课 60 min 之后,二氧化碳浓度可达 3000 ppm。

美国纽约大学的一项研究也表明,二氧化碳浓度升高可以让我们"变笨",他们将实验人员分别处于二氧化碳浓度为 500 ppm、1000 ppm 和 2500 ppm 的环境中,第一组作为对照,当二氧化碳浓度为 1000 ppm 时,实验人员九项决策能力下降 11%~23%,当二氧化碳浓度达到 2500 ppm,九项决策能力下降幅度可达到 44%~94%。

室内空气质量受到很多因素影响,如室内的物品、人类在室内的活动,建筑和装修过程产生的污染等都会不同程度地造成室内空气质量下降,如图 4-10 所示。室内空气污染还具有累积性、长期性、隐蔽性等特点,因此我们有必要在日常生活中保持通风、换气等良好习惯,让室内空气保持清新和健康。

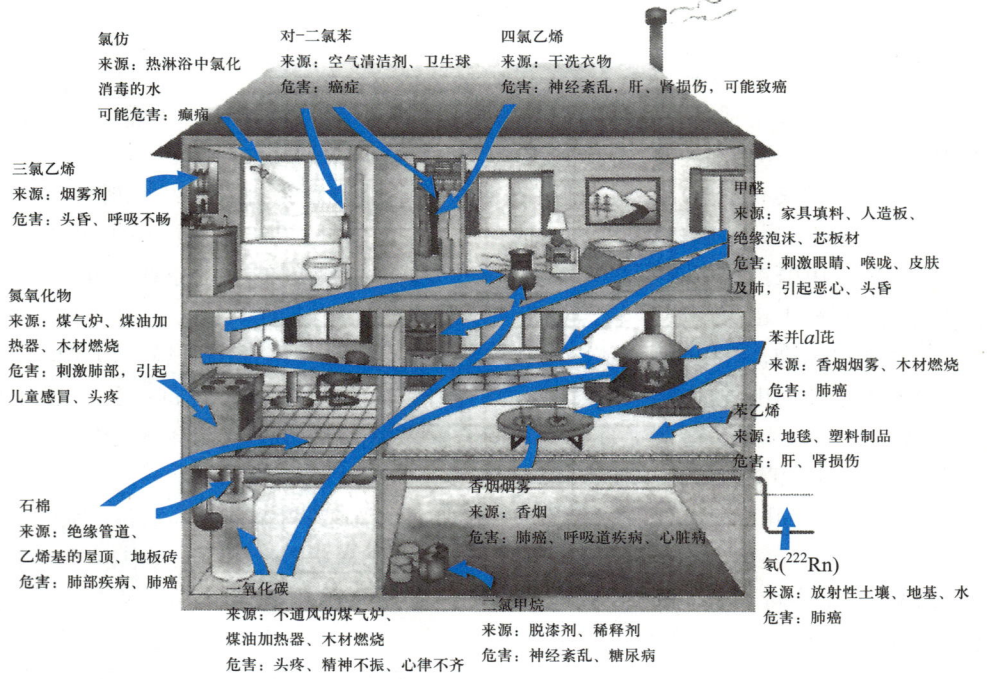

图 4-10 室内重要的污染源(引自 Miller G. Tyler,1998)

4.4.2 空气污染指数和空气质量指数

1996 年,为了让公众了解各个地区的空气状况,我国制定了《环境空气质量标准》,采用空气污染指数,也就是 air pollution index,简称 API,对环境空气进行评价。

空气污染指数对空气中污染物的浓度有着具体的限值,如表 4-8 所示。

表 4-8　空气污染指数(API)技术规定

空气污染指数 API	污染物浓度/(mg·m⁻³)				
	SO_2（日均值）	NO_2（日均值）	PM_{10}（日均值）	CO（小时均值）	O_3（小时均值）
50	0.050	0.080	0.050	5	0.120
100	0.150	0.120	0.150	10	0.200
200	0.800	0.280	0.350	60	0.400
300	1.600	0.565	0.420	90	0.800
400	2.100	0.750	0.500	120	1.000
500	2.620	0.940	0.600	150	1.200

2012 年上半年我国出台了《环境空气质量指数(AQI)技术规定(试行)》,开始使用空气质量指数 AQI(air quality index)替代原有的空气污染指数 API,2013 年 1 月 1 日起,我国有 74 个城市开始执行新的环境空气质量标准,这个标准在前后发生了一些变化,一是增加了臭氧和细颗粒物($PM_{2.5}$)两项污染物控制标准;二是以污染物浓度/($\mu g·m^{-3}$)规定了可吸入颗粒物(PM_{10})、二氧化氮(NO_2)等污染物的限值要求,如表 4-9 所示。

表 4-9　环境空气质量指数(AQI)技术规定

空气质量 指数 AQI	污染物浓度/($\mu g·m^{-3}$)					
	SO_2（日均值）	NO_2（日均值）	PM_{10}（日均值）	CO（日均值）	O_3（日均值）	$PM_{2.5}$（日均值）
50	50	40	50	2	160	35
100	150	80	150	4	200	75
150	475	180	250	14	300	115
200	800	280	350	24	400	150
300	1600	565	420	36	800	250
400	2100	750	500	48	1000	350
500	2620	940	600	60	1200	500

新标准对空气质量标准的要求更加严格,如表 4-10 所示。在旧标准中,当 API 为 160 的时候,空气质量级别为Ⅲ级,属于轻微污染;而在新标准中,AQI 若为 160,空气质量状况为四级,属于中度污染。

表 4-10　空气质量指数范围及相应的空气质量类别

AQI	空气质量状况		对健康的影响	建议采取的措施
0~50	一级	优	空气质量令人满意	各类人群正常活动
51~100	二级	良	空气对异常敏感人群有影响	极少数敏感人群减少户外活动

续表

AQI	空气质量状况		对健康的影响	建议采取的措施
101～150	三级	轻度污染	易感人群症状有轻度加剧，健康人群出现刺激症状	心脏病和呼吸系统疾病患者应减少体力消耗和户外活动
151～200	四级	中度污染	进一步加剧易感人群症状	一般人群适量减少户外运动
201～300	五级	重度污染	心脏病和肺病患者症状显著加剧，运动耐受力降低，健康人群中普遍出现症状	老年人和心脏病、肺病患者应停留在室内，一般人群减少户外运动
>300	六级	严重污染	健康人运动耐受力降低，有明显强烈症状，提前出现某些疾病	一般人群应避免户外活动

　　了解这个空气质量标准，能够帮助我们掌握空气状况，合理安排我们的日常活动。例如当 AQI 数值大于 100 的时候，这时候空气中各种污染物的数值都偏高，我们就应该尽量减少户外活动；如果 AQI 数值小于 50，说明空气质量非常好，那么我们就应该尽量多到户外活动，呼吸新鲜空气。

 生活案例

　　在使用 AQI 标准前，2009 年大连市空气质量优为 115 天、良为 244 天，优良率 98.4%；2011 年大连市空气质量优为 93 天，良 261 天，优良率 97.0%；在执行新标准之后，2013 年大连市空气质量优为 79 天，良为 211 天，优良率为 79.5%，其中首要污染物就是 $PM_{2.5}$；随着环境治理工作的推进，2022 年，大连市空气质量优为 167 天，良为 171 天，优良率为 92.6%，在全国 168 个重点城市中空气质量名列 13。

<h2 style="text-align:center">思考题与习题 </h2>

　　1. 请根据地球大气组成的变化，分析 O_2 是通过哪些化学反应过程生成的，又经历了哪些化学反应过程形成了现在的浓度。也请查阅资料，分析如果经历上述过程后，氧气浓度变为现在浓度的二倍，那么地球上的生命会发生怎样的变化。

　　2. 在平流层，臭氧能够吸收紫外辐射，保护地球上的生物。为什么臭氧在地表是污染气体呢？城市的臭氧水平达到哪个限值就造成了环境污染？请描述会产生臭氧的三种主要污染源。

　　3. 温室效应是大气污染的主要形式之一，会造成地表温度的升高，海平面的上升。请查阅资料，结合时事，提出解决温室效应的三种可能途径，并解释原因。

　　4. 颗粒物的粒径大小所造成的污染影响不同，如果某种超细颗粒物的直径为 0.15 μm，那么这些颗粒物与 PM_{10}、$PM_{2.5}$ 污染物有何不同？对环境和人体可能会造成什么样的影响？

　　5. AQI 是空气质量指数，能够衡量一个地区的空气质量情况。请调研家乡上一年的空气质量数据，并结合家乡的具体情况对上述数据进行分析，为提升家乡空气质量提出有建设性的方案。

第 5 章　水与水溶液

我们生活的地球是一个水的星球。烟波浩渺的海洋、奔腾不息的河流、碧波荡漾的湖泊、涓涓细流的小溪……水滋润着大地，给大地带来勃勃生机，给人类带来无尽的甘甜。水世界更有着无穷的奥秘，等待着人们去揭示。

科技的发展和社会的进步使我们了解了许多关于水与化学方面的知识。水溶液的广泛应用体现了化学的许多基本原理，此外，水资源、水污染这些与我们的生活息息相关的问题从来也没有像今天这样受到关注，世人为获得洁净水而呼吁，也为水污染严重而担忧。解决这些问题需要化学学科的参与。随着地球人口的激增及工业的飞速发展，人类对水的需求量以惊人的速度增长，同时，水污染蚕食着大量的水资源，人们从心底发出共同的呼声：保护水资源，不要让地球上剩下的最后一滴水是人的眼泪。

本章将讨论水、水溶液、水污染等方面的问题，从化学的角度来了解有关水诸多方面的知识。

5.1　水的结构和性质

水是一种清洁、无臭、无色的液体，是地球上最丰富、分布最广的物质。自然界中大多数动植物的生长都离不开水。动物体中水约占其总质量的 70%，新鲜植物体中 80%~90% 都是水，在人体的多个器官中，水的占比都很高，例如在肾中，水的占比超过 80%，在眼球中，水的占比则达到 99%。

水与人类的关系也极为密切，生命孕育和生长的整个过程都与水相伴。水既是人体组织的基本物质，又是新陈代谢的主要介质。

5.1.1　水分子的结构

水是一种化合物，氢氧组成比为 2∶1。2 个氢原子与氧原子的空间位置关系决定了水分子的很多重要性质。

近代物质结构的研究表明，在水分子中，氢原子和氧原子以共价键结合，如图 5-1 所示。O—H 键键长为 95.8 pm，氧原子最外层有 6 个电子，分别填充在 4 条不等性 sp^3 轨道中，其中 2 个单电子占据 2 条轨道，与 2 个氢原子形成两条共价键，另两对孤对电子占据两条轨道。在理论上，这四条轨道的夹角都是 109°28′，但由于孤对电子间的斥力使两个 H—O 键之间的键角变小，所以 H_2O 分子的键角为 104.5°，呈 "V" 形结构。

由于水分子呈现非直线形结构，氧原子又具有很大的电负性（3.5），远大于氢（2.18），所以使得分子内的氢原子显示较大的正电性，分子的正电中心在两个氢原子连线的中点，而负电中心靠近氧原子一侧，所以水分子的正、负电中心不重合，为极性分子。

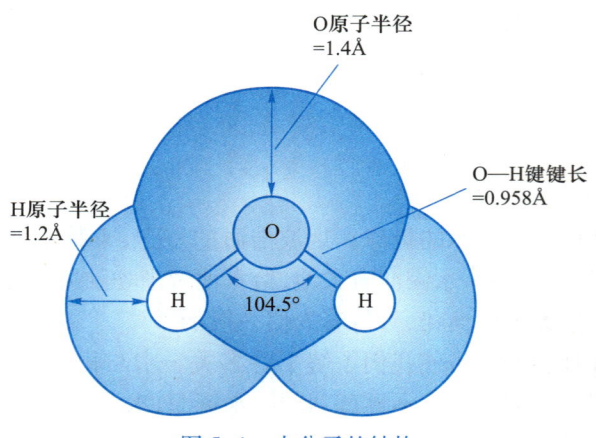

图 5-1　水分子的结构

实验证明,水中含有由简单分子结合的复杂分子$(H_2O)_n$,水中的氢离子也会和缔合分子结合,形成$H_9O_4^+$的结构,如图 5-2 所示。

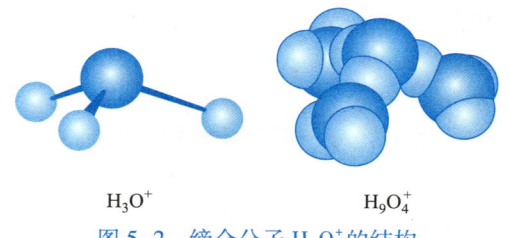

H_3O^+　　　　　$H_9O_4^+$

图 5-2　缔合分子 $H_9O_4^+$ 的结构

上述由简单分子结合成复杂分子,并不引起物质性质变化的现象称为分子的缔合。即

$$n H_2O \underset{\text{解离}}{\overset{\text{缔合}}{\rightleftharpoons}} (H_2O)_n$$

高温下此过程以解离反应为主,水以单个分子存在,温度降低,水的缔合程度增大,n 的数值变大,当水结成冰时,全部水分子结合成一个巨大的分子。所形成的分子晶体就是冰,其结构如图 5-3 所示。

在冰的结构中,每个氧原子与 4 个氢原子相连形成四面体,每个氢原子与两个氧原子相连,形成一个具有较大空隙的巨型缔合分子。

 **科研进展**

2016 年剑桥大学 Jeremy O. Richardson 教授及合作者采用了宽带傅里叶变换技术观察到了目前最小的水滴的结构。这个最小水滴实际是水分子的六聚体组成的三维立体团簇(团簇结构是液态水瞬时和平均的统计结构)。该研究成果发表于 *Science* 期刊上。

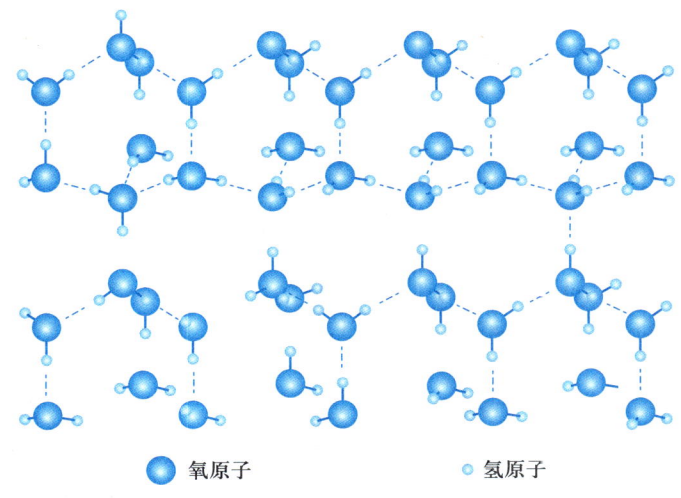

● 氧原子   ● 氢原子

图 5-3   冰的结构

5.1.2   水中的氢键

水之所以能够在液态和固态以缔合分子的形式存在,主要是因为在其分子间存在氢键作用。

氢键的概念是由美国化学家鲍林(Pauling)于 1931 年首次提出的。2011 年,国际纯粹与应用化学联合会(IUPAC)对氢键给出了重新定义,指出:氢原子与电负性大的原子 X 以共价键结合,若与电负性大、半径小的原子 Y(O、F、N 等)接近,在 X 与 Y 之间以氢为媒介,生成 X—H···Y 形式的一种特殊的分子间或分子内相互作用,称为氢键。其中,X 与 Y 可以是同一种类的分子,如水分子之间的氢键,如图 5-4 所示;也可以是不同种类的分子,如一水合氨分子($NH_3 \cdot H_2O$)之间的氢键。

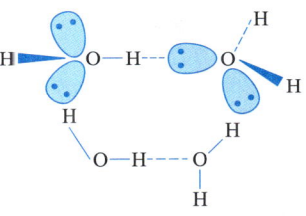

图 5-4   水分子间的氢键

科研进展

2015 年北京大学量子材料科学中心、量子物质科学协同创新中心的江颖课题组和王恩哥课题组合作,实现了对单个水团簇的氢键构型动态变化的实时监测,在实空间直接观察到了质子在氢键网络内的协同量子隧穿过程。相关研究成果发表于 Nature Physics 期刊。

氢键的存在,对水的性质造成了很大影响。例如,水的沸点比元素硫、硒、碲氢化物的沸点都要高,与氟化氢(HF)、氨(NH_3)一样,出现异常,如图 5-5 所示。如果水分子间没有氢键,那么水的理论沸点将低至-75 ℃。

也正是氢键的存在,使得水的比热容也比较高。比热容指单位质量的物质每升高(或降低)1 K 时所需的热量。例如,在 288.15 K 时,水的比热容为 4.1868 J·g^{-1}·K^{-1}。

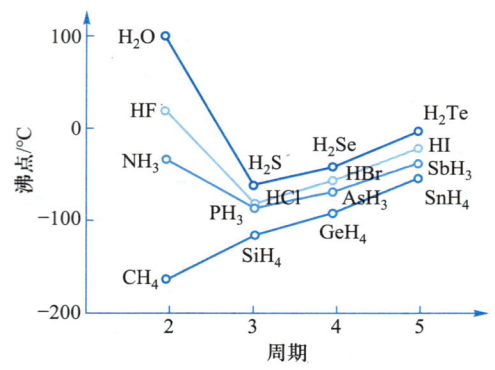

图 5-5　氢键的存在对沸点的影响

　　水的比热容较大是由于氢键作用,使得水中存在着缔合分子,当加热水时,一部分热量用于缔合分子的解离,而后才使水温升高。正是由于水的比热容高才不至于引起气温大幅度的变化,从而保护了生物体。在工业生产中,水作为传热、排热的介质,也是利用了水的这种性质。

　　此外,冰能浮于水面也是由于氢键的存在。绝大多数物质都有热胀冷缩现象,即温度越低,体积越小,密度越大。但是水在 4 ℃时体积最小,密度最大。当温度低于 4 ℃时,水凝聚成冰,在冰的结构中,由于氢键的支撑作用,使得冰体积膨胀,密度变小。

 生活案例

　　氢键除了存在于各种溶液当中,对于稳定蛋白质二级结构也有重要作用。蛋白质二级结构指它的多肽链中有规则重复的构象,限于主链原子的局部空间排列,不包括与肽链其他区段的相互关系及侧链构象。二级结构主要有 α-螺旋、β-折叠、β-转角。二级结构是通过骨架上的羧基和酰胺基团之间形成的氢键维持的,氢键是稳定二级结构的主要作用力。

5.1.3　水的相图和超临界水

　　当我们在研究水及水溶液相关性质的时候,经常要涉及水的气态、液态、固态相互转化的问题,这就需要了解水的相图。

　　众所周知,纯物质的气、液、固三种聚集状态在一定条件下可以互相转化。例如,冰(固相)受热后可以融化为水(液相),水受热蒸发能够变成水蒸气(气相)。当然上述过程也可以逆向进行,这种纯物质聚集状态的变化就是相变化。

　　这里的"相",指的是系统中物理性质和化学性质完全相同而且与其他部分有明确界面分隔的均匀部分。相既可以是纯物质也可以由均匀混合物组成,只含有一个相的系统就叫均相系统或者单相系统。例如,食盐水溶液就是单相系统。系统中也可以有多个相,相与相之间由界面分开,这种系统就叫非均相系统或者多相系统,例如冰水混合物就是典型的多相系统。

水的相图反映出的就是温度、压力和水的相态三者之间的关系,如图5-6所示。

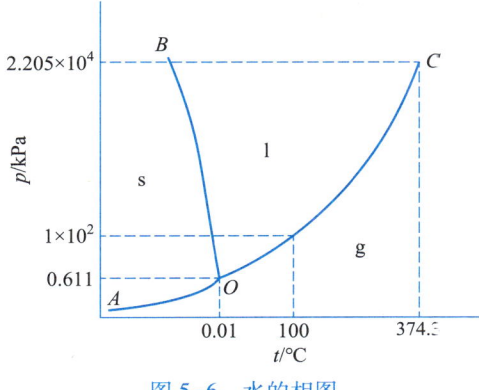

图 5-6   水的相图

相图中的线称为相界或相平衡线,这里是相变发生的地方。线上的每一个点都表示相邻两相共存达到平衡,例如,OB 就是固液两相平衡线,O 点就是固相、液相、气相三相共处的平衡点,我们称之为三相点。

在相图中被平衡线分隔开的部分是单相区,如固相,用 s 表示;液相和气相分别用 l 和 g 表示;在同一相区内温度和压力发生的变化不会导致相发生变化。

相图中还有一个点很特殊,我们称之为临界点 C,这里的临界点指的是可以使某物质以液态存在的最高温度或者以气态存在的最高压力。当温度、压力超过该数值时就会变成同时拥有液态及气态特征的流体,称为超临界流体。对于水来说,当温度超过 374.3 ℃,压力大于 22.05 MPa 时就成为超临界水(supercritical water,简称 SCW)。

2008 年 8 月,德国科学家 Andrea Koschinsky 和团队在对大西洋底一处高温热液喷口进行考察时发现,这个喷口附近的水温最高可达 464 ℃。这是科学家们在地球上发现温度最高的水,也是人类第一次在自然状态下观察到超临界状态水的存在,在此之前,人们只能在实验室观察到水的超临界状态。

超临界水的性质非常特殊,包括:

(1)它具有极强的氧化能力,将需要处理的物质,如有害的二氨基甲苯、难以降解的聚乙烯塑料等放入超临界水中,再向其中溶解氧气或者过氧化氢,则原料很快被分解或降解。

(2)许多可燃物质都可以在超临界水中燃烧。

(3)具有很强的腐蚀性,能够缓慢地溶解腐蚀几乎所有金属,包括黄金。

(4)可以溶解很多有机物,例如烃类等非极性有机物与极性有机物一样可完全与超临界水互溶。

(5)具有极强的催化能力,在超临界水中,化学反应进行得很快,有些反应速率甚至可以达到其他状态下的 100 倍。

科研进展

2020 年,德国波鸿鲁尔大学 Philipp Schienbein 等人使用从头算分子动力学模拟系统地监测了水的氢键网络模式从室温到超临界条件的演变,发现处于超临界状态的水不是氢键流体。相关研究成果发表于化学研究领域顶级期刊 Angewandte Chemie International Edition。

5.2　水　溶　液

在自然界和人类的生命过程中,溶液的作用极其重要,尤其是水溶液。现代生产过程及生物体的运动过程中时刻进行着多种水溶液的反应,可以说我们处在各种溶液的环境中。因此,研究溶液的性质及其变化规律,对于掌握和利用溶液是十分有益的。

5.2.1　稀溶液的依数性

不同的溶液往往具有不同的性质,如颜色、黏度、密度等各不相同。但是所有的溶液又都具有一些共同的性质(即通性),例如含难挥发溶质的溶液的蒸气压下降、沸点升高,凝固时仅析出纯溶剂的溶液凝固点降低,以及溶液的渗透压等。这些性质只与溶液中的粒子数有关,而与溶质的本性无关,被称为稀溶液的依数性。

1. 溶液的蒸气压下降

在一定温度下,将足够的液体放在密闭容器中,则液面上的一部分分子会逸出液面成为蒸气,这个过程叫蒸发。同时,某些蒸气分子又有重新回到液面成为液体的趋势,这个过程叫凝聚。当液体蒸发和蒸气凝聚的速率相等时,系统达到动态平衡,这时蒸气所产生的压力称为该液体的饱和蒸气压,简称蒸气压。在一定温度下,每种液体的蒸气压为一定值。由于蒸发是吸热过程,所以液体的蒸气压随温度升高而增大。表5-1 为不同温度下水的饱和蒸气压。

表 5-1　不同温度下水的饱和蒸气压

$t/℃$	p^*/kPa	$t/℃$	p^*/kPa	$t/℃$	p^*/kPa
0	0.6106	30	4.2423	70	35.1575
5	0.8719	40	7.3754	80	47.3426
10	1.2279	50	12.3336	90	70.1001
20	2.3385	60	19.9183	100	101.3247

不同物质在同一温度下的蒸气压不同,固态物质的蒸气压一般很小,但也随温度的升高而增大。常温时蒸气压很大的物质称为挥发性物质,蒸气压小的物质称为难挥发性物质。

以蒸气压为纵坐标,以温度为横坐标,画出水和冰的蒸气压曲线,如图 5-7 中蓝色线所示。

如果将少量难挥发的溶质溶入水中,形成溶液,那么该溶液的蒸气压就会下降。

如图 5-7 黑线所示。

溶液的蒸气压下降是由于难挥发溶质溶入溶剂后，每个溶质分子与若干个溶剂分子结合，形成溶剂化分子，溶剂化分子束缚了一些高能量的溶剂分子，使得在单位时间内逸出液面的溶剂分子数量相应地减少，造成蒸发速度小于凝聚速度，当蒸发和凝聚重新达到平衡状态后，溶液的蒸气压必定比纯溶剂的蒸气压小。

在同一温度下，纯溶剂水的蒸气压和溶液蒸气压之差叫作溶液的蒸气压下降，蒸气压下降值为 Δp。

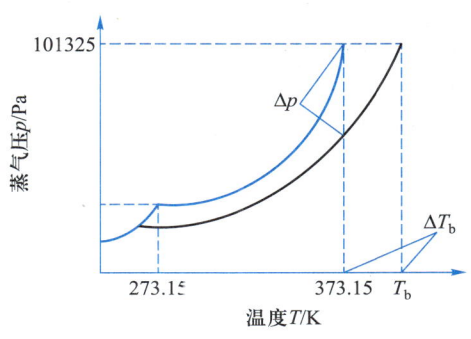

图 5-7　水溶液的蒸气压下降

利用溶液蒸气压下降这一特性，能说明某些易吸潮物质，如 $CaCl_2$、P_2O_5 等作干燥剂的原因。当这些物质在空气中吸收水蒸气后，形成了溶液，其溶液的蒸气压常常比空气中水蒸气的分压低，结果空气中的水蒸气不断凝聚，进入溶液，使空气变得干燥。

此外，溶液的蒸气压下降还可以解释雨季时常见到水泥地面潮湿的现象。这是因为地面上存在可吸潮的有机或无机物质，这些物质吸收空气中的水蒸气后，在水泥地面上形成一层溶液薄膜。此溶液的蒸气压比空气中水蒸气的分压低，空气中的水蒸气就不断凝结在地面上，形成地面潮湿现象。

2. 溶液的沸点升高和凝固点降低

当液体的蒸气压等于外界压力时，液体沸腾，此时的温度称为沸点。在外压等于 101.325 kPa 时，水的沸点为 373.15 K，也就是 100 ℃。

对于溶液来说，由于溶液的蒸气压下降，只有将溶液温度升高超过 373.15 K 至 T_b 时，蒸气压才达到 101.325 kPa，如图 5-7 所示，这时溶液才能沸腾，此时的温度 T_b 就是溶液的沸点。溶液的沸点与溶剂水沸点之差 ΔT_b 叫作溶液的沸点升高。与之类似的，溶液的凝固点与纯溶剂相比，也会降低。

溶液的沸点升高和凝固点降低是其蒸气压下降的必然结果。T_b 值越高，即溶液中粒子数越多，蒸气压曲线越低，溶液的沸点升高和凝固点降低得越多。

在生产和科学实验中，沸点升高和凝固点降低这一现象有着广泛的应用。例如，在机械工业制造钢铁零件的碱性发蓝处理（生成保护膜）中，发蓝液中含 NaOH、$NaNO_2$ 等，加热到 413.15～423.15 K 时，溶液并不沸腾，即沸点升高了。此外，在寒冬松叶常青，原因是入冬前树叶中已储存了大量糖分，使叶液凝固点大大降低。还有人们熟悉的冰盐浴的冷冻温度远比冰浴温度低等。这些实例都是利用了溶液凝固点降低的原理。

不仅水溶液有上述性质，固态溶液也同样有上述性质。利用凝固点降低原理还可制备许多低熔点合金。合金通常是由两种或两种以上金属组成的，也可以由一种金属和某种非金属元素，如硅、碳、氮、磷组成。当其他金属（或非金属）溶解在一种金属中时,它的熔点往往要降低,例如,33%的铅(熔点为 327 ℃)与 67%的锡(熔点为 232 ℃)组成的焊锡熔点为 180 ℃,用于焊接时不会导致焊件的过热。熔炼铁基合金时,由于铁水中溶有少量合金元素,熔炼可在较低温度下进行。由于铸铁中 C、Si、Mn 等元素的含量较高,而铸钢中这些元素的含量较低,铸铁的凝固点比铸钢要低得多,一般只在 1000 ℃左右,铸铁的熔化在冲天炉中即可进行,而铸钢通常要在电炉或感应炉中才能熔化。

 生活案例

在冬季,向汽车和坦克散热器(水箱)中加入适量的甘油或乙二醇,从而降低水的凝固点,保证汽车和坦克在严寒气候下正常运行。

 头脑风暴

冬季,当公路被大雪覆盖,为什么选择撒 NaCl 来除去积雪?可以把 NaCl 换为其他物质吗?

3. 溶液的渗透压

当溶液的依数性现象发生在两个液相系统之间时,就容易发生渗透现象。例如,用一种只允许水分子透过而溶质分子不能透过的半透膜把水溶液和纯水隔离开,并使纯水和稀溶液的液面高度相等,如图 5-8(a)所示。

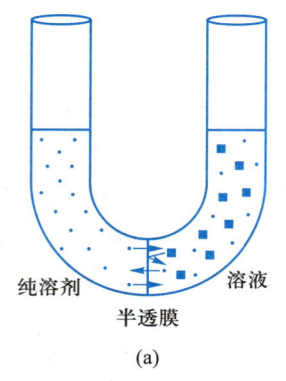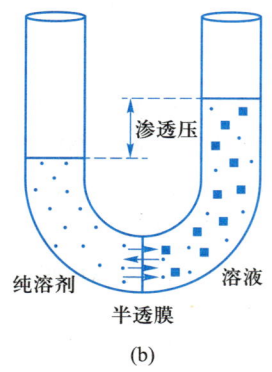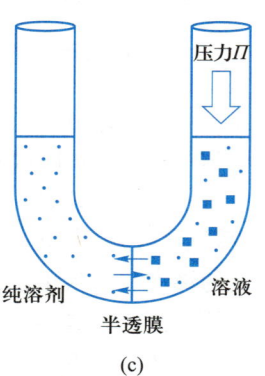

图 5-8   渗透现象和渗透压示意图

经过一段时间后,可以观察到纯水的液面下降,溶液的液面上升,如图 5-8(b)所示,水分子通过半透膜从纯水进入溶液的过程称为渗透。

渗透现象的产生,是由于半透膜两侧相同体积内,纯水中水分子数比溶液中水分子数量多,所以在相等时间内,纯水通过半透膜进入溶液的水分子数更多,最终使得溶液一侧液面升高。当溶液液面升高后,会加快水分子由溶液通过半透膜进入溶剂的速率,最终使左右两侧水分子通过半透膜的速率相等,达到渗透平衡。此时,液面差带来的压力差就是渗透压。

如果在溶液一侧施加的压力大于渗透压,就可以使溶液中的水分子向纯溶剂扩散,使得溶剂的体积增加,这个过程就是反渗透,如图5-8(c)所示。在工业上就是利用反渗透技术进行海水淡化,废水或污水处理,以及特殊溶液的浓缩等。

5.2.2 水溶液的 pH 与酸雨

1. pH 的定义

pH 亦称氢离子浓度指数、酸碱值,是溶液中氢离子活度的一种标度,也就是通常意义上溶液酸碱程度的衡量标准。这个概念是 1909 年由丹麦生物化学家 Soren Peter Lauritz Sorensen 提出的。p 代表德语 Potenz,意思是力量或浓度,H 代表氢离子(H⁺)。pH 在拉丁文中是 pondus hydrogenii。pH 的定义式为

$$pH = -\lg\{H^+\}$$

其中$\{H^+\}$(此为简写,实际上应是$\{H_3O^+\}$,水合氢离子活度)指的是溶液中氢离子的活度(稀溶液下可近似按浓度处理),单位为 mol·L⁻¹。298 K 时,当 pH<7 的时候,溶液呈酸性;当 pH>7 的时候,溶液呈碱性;当 pH=7 的时候,溶液为中性。

水溶液的酸碱性亦可用 pOH 衡量,即氢氧根离子浓度的负对数,由于水中存在自偶解离平衡,298K 时,pH+pOH=14。pH<7 说明 H⁺的浓度大于 OH⁻的浓度,故溶液酸性强,而 pH>7 则说明 H⁺的浓度小于 OH⁻的浓度,故溶液碱性强。所以 pH 越小,溶液的酸性越强;pH 越大,溶液的碱性也就越强。

在非水溶液或非标准温度和压力的条件下,pH=7 可能并不代表溶液呈中性,这需要通过计算该溶剂在这种条件下的解离常数来确定 pH 的值。如 373 K(100 ℃)的温度下,中性溶液的 pH≈6。

2. 人体的 pH

人体在正常的代谢过程中,能够不断产生酸性物质和碱性物质,也从食物中摄取酸性物质和碱性物质,酸性物质和碱性物质在人体内不断变化,但由于人体具有一定的酸碱平衡调节能力,所以正常情况下体内酸碱能保持相对平衡。对于健康人群来说,血液总是能够将 pH 稳定在 7.35~7.45 这样的范围以内。而唾液的 pH 是6.0~7.5。胃酸则属于强酸,pH 在 2~3。

然而肿瘤细胞周围代谢旺盛,所以肿瘤组织显酸性。德国著名生物化学家 Warburg 早在 19 世纪 20 年代发现了癌细胞即使在氧供应充分的条件下也主要是通过无氧呼吸途径获取能量,导致癌细胞组织呈酸性,即瓦博格效应(Warburg effect),并因此获得 1931 年诺贝尔生理学或医学奖。通过一些实验证明,即使在氧气充足的条件下,肿瘤细胞仍依赖糖酵解这种低能但是快速供能的方式产生热量,导致乳酸的产量增加,从而诱导了肿瘤酸性。肿瘤细胞微环境的另一个主要特征是乏氧。肿瘤细胞的乏氧环境可以激活乏氧诱导因子(hypoxic inducible factor,HIF),HIF 在能量的代谢调节中起着核心作用,通过在低氧条件下从线粒体氧化磷酸化转换到厌氧糖酵解,从而促进乳酸生成,从而诱导了肿瘤形成酸性环境。

3. 酸雨的形成及危害

在常温时,纯水的 pH=7,那么,正常雨水的 pH 为 7 吗? 答案为否,值得注意的是,自然界中由于 CO_2 溶解于水中形成 H_2CO_3,而碳酸作为二元弱酸,能够解离出一部分氢离子,使得天然降水维持在 pH=5.6 左右。

但是,人为向大气中排放大量酸性物质可能会造成天然降水的 pH<5.6,这就是酸雨。

我国的酸雨主要由大量燃烧含硫量高的煤而形成,多为硫酸雨,少数为硝酸雨,此外,各种机动车排放的尾气也是形成酸雨的重要原因。我国一些地区已经成为酸雨多发区,酸雨污染的范围和程度已经引起人们的密切关注。目前,人们已认识到这种平衡的破坏给环境带来的巨大灾难。

酸雨可导致土壤酸化。土壤中含有大量铝的氢氧化物,土壤酸化后,可加速土壤中含铝的原生和次生矿物风化而释放大量铝离子,形成植物可吸收的形态铝化合物。植物长期和过量吸收铝,会中毒,甚至死亡。

酸雨还能诱发植物病虫害,使农作物大幅度减产,特别是小麦,在酸雨影响下,可减产 13%~34%。大豆、蔬菜也容易受酸雨危害,导致蛋白质含量和产量下降。

1952 年 12 月初,英国伦敦正在举办一场牛的展览盛会,但是 350 头牛中有 52 头有严重中毒的症状,14 头已经奄奄一息,1 头当场毙命。伦敦市民还没来得及感到遗憾,自己也有了反应。许多人感到呼吸困难、眼睛刺痛,发生哮喘、咳嗽等呼吸道症状的病人也明显增多。12 月 5 日到 12 月 8 日的 4 天里,伦敦的死亡人数达 4000 人,平均每天死 1000 人。当 9 日有毒烟雾散开后,酸雨降临,雨水的 pH 低到 1.4~1.9。酸雨停后浩劫并没有停止,2 个月后,又有 8000 多人陆续丧生。这就是历史上最可怕的伦敦雾酸雨事件。

1948 年美国多诺拉小镇也发生了严重的酸雨事故。1948 年 10 月 27 日至 31 日 5 天之内,小镇有近一半人数(7000 人)发病,死亡的有 20 人。65 岁以上的老人大多情况危急,因为他们本身多患有心脏病和呼吸系统疾病,严重的出现了血管扩张出血、水肿等可怕症状。最终在 10 月 31 日,天空飘起了酸雨,使得事件变得不可收拾。多诺拉是美国宾夕法尼亚州匹兹堡市南边 30 km 处的一个工业小城镇,和马斯河谷地形相似,位处一个马蹄形河湾内侧,两侧山丘把小镇夹在山谷中,其中大多是硫酸厂、钢铁厂和炼锌厂,和相邻的韦布斯特镇形成了一个河谷工业地带。长期以来,这些工厂一直将烟排放到大气中去,这里的人们也已习惯了怪味儿,风也通常将污染物混入相当厚的大气层,毒气继而随风飘走。但是逆温现象这一次又成了帮凶,像二氧化硫、二氧化氮这样的有毒气体只能一直徘徊在多诺拉的上空,因为静止的空气无法把它们带走。上层温度最高的时候,这些污染气层离地面只有 300 m,这就意味着人们基本上在用那些淡黄色的腥臭气体做面膜。10 月 31 日的酸雨降落后,就相当于用有毒气体洗澡了。灾害发生 1 年后,小镇人们的生活水平较之以前下降了 10%。

由此可知,酸雨对人类社会产生了巨大的危害。那么,我们该如何消除酸雨的危害呢?

(1)制定严格的大气污染物排放标准,用法律手段促使排放源实施各种有效措施控制工业污染源大气污染物的排放量。全球各国都先后制定了防止酸雨、减少 SO_x 和 NO_x 排放量的法规,在减少 SO_x 和 NO_x 方面起了很大的作用。

（2）调整能源结构,从源头控制酸性气体的排放。为了减少酸雨形成源,改变能源结构,增加无污染或少污染的能源比例,改造供热方式,大力开发并利用无污染能源如风能、水能、太阳能等。发展太阳能、水能、风能、地热能等不产生酸雨污染的清洁能源。

（3）发挥舆论宣传的作用,促进全民共同参与。加大宣传力度,倡导全民从身边的小事做起,共同防治酸雨,如采用使用型煤、节约用电、使用清洁能源等措施来减少能源的消耗,从而减少 SO_x 和 NO_x 的排放量。

 科研进展

2016 年,华东理工大学黄瑾与广西师范大学曾明华的联合团队,基于在 3d 配位分子簇的设计合成、组装过程与机理研究方面的良好积累,利用配体溶剂热原位反应构筑了高度耐酸碱,毒性低,具有紫外–近红外多重荧光,且荧光强度 pH 敏感的五核锌配位分子簇。高分辨细胞成像及裸鼠三维活体成像分析表明,该探针分子可敏锐检测细胞内溶酶体微小 pH 变化,并可通过监测动物体内 pH 的改变,实现对肿瘤组织实时在体精确定位。作为首例基于 3d–金属配位分子簇的 pH 响应型紫外–近红外荧光探针,该成果报道于化学顶级期刊 Angewandte Chemie International Edition 上。

5.2.3 沉淀–溶解平衡

实验证明,在水中绝对不溶的物质是不存在的。一般将在 100 g 水中溶解少于 0.01 g 的物质称为难溶物,难溶物在水中也或多或少地溶解。难溶电解质尽管难溶,但还是会有一部分阴、阳离子进入溶液,同时进入溶液的阴、阳离子又会在固体表面沉积下来,当上述两个过程的速率相等时,难溶电解质的溶解就达到平衡状态,固体的量不再减少。这样的平衡状态叫沉淀–溶解平衡,其平衡常数叫溶度积常数,简称溶度积。

例如,AgCl 是难溶电解质,将它放在水中,会发生下列反应:

$$\underset{\text{未溶解固体}}{AgCl(s)} \xrightleftharpoons[\text{沉淀}]{\text{溶解}} \underset{\text{溶液中的离子}}{Ag^+(aq) + Cl^-(aq)}$$

在一定条件下,当溶解和沉淀的速率相等时,便建立了固体难溶电解质与溶液中相应离子间的多相离子平衡。在平衡时,存在下面关系式:

$$K_{sp}^{\ominus}(AgCl) = \{c(Ag^+)\}\{c(Cl^-)\}$$

上式表明,在难溶电解质的饱和溶液中,当温度一定时,其离子相对浓度（各离子浓度的单位均为 $mol \cdot L^{-1}$）的乘积为一常数,用 $K_{sp}^{\ominus}$ 表示。

也可以用一般通式表示溶度积:

$$A_nB_m(s) \rightleftharpoons nA^{m+}(aq) + mB^{n-}(aq)$$

$$K_{sp}^{\ominus}(A_nB_m) = \{c(A^{m+})\}^n\{c(B^{n-})\}^m$$

溶度积是随温度变化的,一般随温度升高而增大,但通常变化不大。

与溶解度类似,溶度积也可以表示难溶电解质的溶解能力,且两者可以互相换算。但由于难溶电解质类型各异(AB 型、A_2B 型、AB_3 型等),用溶度积和溶解度来判断它们的溶解能力时,有时会得到不一致的结果。

利用沉淀-溶解平衡可以解决许多生产、生活问题。例如,水的软化过程是加入一定量的沉淀剂,使水中 Ca^{2+}、Mg^{2+} 沉淀,使平衡左移,从而降低了水的硬度。

在处理工业含铅废水时,可以加消石灰 $Ca(OH)_2$,使之生成 $Pb(OH)_2$ 沉淀,以除去 Pb^{2+}。在氧化铝的生产中,通常是使 Al^{3+} 与 OH^- 反应生成 $Al(OH)_3$,再进行焙烧制取 Al_2O_3。为了充分利用 Al^{3+},生产中常加入过量 $Ca(OH)_2$,使 Al^{3+} 沉淀更加完全。

水溶液中的沉淀-溶解平衡被破坏也会带来严重后果。例如,湖泊的水体富营养化,即蓝藻暴发性增殖,使得湖水中沉淀-溶解平衡遭到破坏,大量沉淀物生成,最终可以导致水体消失。

 生活案例

钡及其化合物用途甚广,常见钡盐有硫酸钡、碳酸钡、氯化钡、硫化钡、硝酸钡等。除硫酸钡外,其他钡盐均有毒性。脱毛药中含有的硫化钡,防治农业害虫剂或杀鼠药中含有的氯化钡等,皆为可溶性钡盐,其毒性甚强,不慎而被小儿误食,可致钡中毒。钡中毒后需要及时就医,医院会使用 5% 的硫酸钠溶液洗胃,生成无毒的硫酸钡沉淀。

5.2.4 水的硬度及硬水的软化

1. 水的硬度

水在蒸发及降雨过程中吸收溶解大气中的污染物;降水落到地面,溶解地面上的污物;地面水渗入地下或汇入江河的过程中,不断溶解所接触到的矿物质,化学物质等。水在循环中溶解了所接触到的钙、镁离子(一般接触到的都为碳酸盐),形成了水的硬度。水的硬度一般是指水里钙、镁离子浓度总和,单位为毫摩尔每升($mmol \cdot L^{-1}$)或毫克每升($mg \cdot L^{-1}$)。通常根据水溶液中含有盐的不同,将水的硬度分为 5 种:极软水,软水,中硬水,硬水,极硬水。

硬水并不会对健康造成直接危害,但是会给生活带来许多麻烦,比如用水器具上结水垢、肥皂和清洁剂的洗涤效率减低等,在工业上会造成极大的危害甚至危险,例如造成工业锅炉积垢导致传热不良浪费能源,也容易造成系统运行故障,甚至因传热不匀可能引起爆炸。所以,就有了多种硬水软化技术。

2. 硬水的软化

若水的硬度是暂时硬度,这种水经过煮沸以后,水里所含的碳酸氢钙或碳酸氢镁就会分解成不溶于水的碳酸钙和难溶于水的氢氧化镁。这些沉淀物析出,水的硬度就可以降低,从而使硬度较高的水得到软化。若水的硬度是永久硬度,往往使用以下几种方法。

(1) 离子交换法　采用特定的阳离子交换树脂,以钠离子将水中的钙、镁离子置换出来,由于钠盐的溶解度很高,所以就避免了随温度的升高而造成水垢生成的情况。这种方法是目前最常用的标准方式。主要优点是:效果稳定准确,工艺成熟,可以将硬度降至0。采用这种方式的软化水设备一般也叫作"离子交换器"(由于采用的多为钠离子交换树脂,所以也多称为"钠离子交换器")、软水机、软水器。

(2) 膜分离法　纳滤膜(NF)及反渗透膜(RO)均可以拦截水中的钙、镁离子,从而从根本上降低水的硬度。这种方法的特点是,效果明显而稳定,处理后的水适用范围广;但是对进水压力有较高要求,设备投资、运行成本都较高。一般较少用于专门的软化处理。

(3) 石灰法　向水中加入石灰,主要是用于处理大流量的高硬水,只能将硬度降到一定的范围。

(4) 电磁法　采用在水中加上一定的电场或磁场来改变离子的特性,从而改变碳酸钙(碳酸镁)沉积的速度及沉积时的物理特性来阻止硬水垢的形成。其特点是:设备投资小,安装方便,运行费用低;但是效果不够稳定,没有统一的衡量标准,而且由于主要功能仅是影响一定范围内的水垢的物理性能,所以处理后的水的使用时间、距离都有一定局限;多用于商业(如中央空调等)循环冷却水的处理,不能应用于工业生产及锅炉补给水的处理。

(5) 加药法　向水中加入专用的阻垢剂,可以改变钙、镁离子与碳酸根离子结合的特性,从而使水垢不能析出、沉积。现工业上可以使用的狙垢剂很多。这种方法的特点是:一次性投入较少,适应性广;但水量较大时运行成本偏高,由于加入了化学物质,所以水的应用受到很大限制,一般情况下不能应用于饮用、食品加工、工业生产等方面,在民用领域中也很少应用。

生活案例

在日常生活中,我们可以使用肥皂水来区分硬水和软水,因为硬水中含有的 Ca^{2+},Mg^{2+} 等离子较多,遇到肥皂水会产生沉淀,而软水含离子较少,遇到肥皂水则不会产生沉淀。

5.2.5　有机物在水中的溶解

水分子具有很强的极性,可以溶解各种有机物,水体中有机物种类繁多,组成复杂。大多数有机物都会造成水质恶化,污染水源,将在5.3节重点介绍。

在平常的生活中,人们都知道氯气作为一种有效的杀菌消毒手段,仍被世界上超过百分之八十的水厂使用着。所以,自来水中必须保持一定量的余氯,以确保饮用水的微生物指标安全。但是,当氯和有机酸反应,就会产生许多致癌的副产品,比如三氯甲烷。1974 年荷兰 Rook 和美国 Belier 首次发现预氯化和氯消毒过的水中存在三氯甲烷,具有致癌、致突变作用。

因此,在日常生活中所饮用的自来水,必须先将其水中残留的含氯污染物予以完全清除才可以放心饮用。三氯甲烷沸点很低,只有 61.3 ℃,我们只需要在饮用前将自来水煮沸,便可以轻易除去自来水中的三氯甲烷,得以安全饮用。

 头脑风暴

将自来水煮沸再饮用除了可以除去其中的三氯甲烷,还可以除去什么有害物质? 除了煮沸,还可以使用什么方法除去水中的三氯甲烷?

5.3　水污染与保护

污染水体的物质种类繁多。各种工农业废水、生活污水含有多种污染物,如果未经处理直接进入水体,既破坏了水体原有用途,降低了其使用价值,又危及人类的安全和健康,特别是有些污染物可导致人体器官的损伤和破坏,造成严重后果。早在 1972 年第一届联合国人类环境大会上提出的 28 类环境主要污染物中,就有 19 类属于水体污染物。

5.3.1　水污染的类型

水污染大致可分为以下几类。

1. 无机污染物

污染水体的无机污染物包括酸、碱、盐、氰化物以及悬浮物等。

2. 重金属污染物

重金属污染指由重金属或其化合物造成的环境污染,主要由采矿、废气排放、污水灌溉和使用重金属超标制品等人为因素所致。

3. 有机污染物

有机污染物可以分为以下几类:

(1)需氧污染物　生活污水和工业废水中所含的碳水化合物、蛋白质、脂肪等有机物在微生物作用下最终分解为简单的无机物,这些有机物在分解过程中需要消耗大量的氧气,故被称为需氧污染物。

(2)难降解有机污染物　在水中难被微生物分解的有机物称为难降解有机物。引起人们普遍注意的是 DDT、666、狄氏剂、艾氏剂等有机氯农药;多氯联苯(PCB);芳香族氨基化合物,如苯胺、联苯胺、氯硝基苯等。它们都是有毒的难降解有机物,一旦进入水体后,便能长期存在于水体,并被水体带往各处。它们被各种水生物吸收后,又能长期留在生物体内而不被排泄出去,形成积累中毒。因此,常通过食物链逐步被浓缩而造成危害。

(3)石油污染物　近年来,石油的污染十分突出,特别是河口和近海水域。在石油的开采、炼制、储运、使用过程中,原油和各种石油制品进入水体,造成了严重的水污染。

4. 水体"富营养化"

流入水体的城市生活污水和工业废水、农田排水中常含有氮、磷等植物生长所必需的元素。对流动的水体来说，当这些物质多时，可随水流而稀释。但在湖泊、水库、河口、海湾等区域，水流缓慢，营养物质停留时间长，使得藻类及其他浮游生物迅速繁殖，从而大量消耗掉水中溶解氧，造成水体严重缺氧，以致水中的鱼类和其他生物大量死亡与腐烂，并使水质不断恶化。严重时，湖泊、水库等水体逐渐消失，甚至成为干地。这种现象称为水体"富营养化"，它是水体污染的一种形式。

 生活案例

2005 年 11 月 13 日，某公司双苯厂苯胺车间发生爆炸事故。事故产生的约 100 t苯、苯胺和硝基苯等有机污染物流入附近水域。由于苯类污染物是对人体健康有危害的有机物，导致重大水污染事件发生。当地政府随即决定，于 11 月 23 日零时起关闭附近水域取水口，停止向市区供水，当地的各大超市无一例外地出现了抢购饮用水的场面。

 研究成果

2019 年，中国科学院南京地理与湖泊研究所高俊峰课题组的黄佳聪等科研人员，联合中国环境监测总站、南京水利科学研究院生态环境研究中心、加拿大多伦多大学、丹麦奥胡思大学，收集了我国 142 个湖库 2005—2017 年的 24319 条监测数据，构建了反映湖库水质恶化程度的综合水质指数，开展了水质时间系列的突变点分析，识别了湖库水质的时空格局变化，以及导致水体污染的主要水质指标。得到以下结论：过去13 年，我国湖库水质有显著改善，尤其是富营养化有所缓解，但仍然存在突出问题。一方面，Cr，Cd 与 As 等重金属污染日趋严重，2017 年的 138 个监测湖库中，38 个湖库出现过重金属污染（浓度高于劣 V 类水标准）；另一方面，滇池与白洋淀等湖库仍存在富营养化问题，2017 年的严重污染水体中，16.3%是由于湖泊富营养化造成。该研究成果发表于 Environment International 期刊上。

5.3.2 重金属污染的危害

污染水体的重金属有汞、镉、铬、铅、锌、铜、钴、镍等，其中汞的毒性最大，镉次之，铅、铬也有相当大的毒性。非金属砷的毒性与重金属相似，通常把它和重金属一起考虑。

汞和甲基汞是剧毒物。甲基汞是汞与甲基($-CH_3$)结合生成的一种最简单的烷基汞。甲基汞侵入人体后，在胃内与胃酸作用形成氯化甲基汞，经肠道吸收达 100%。甲基汞具有脂溶性，在血液中易透过红细胞膜进入红细胞，浸入细胞组织，造成中毒者严重视觉、听觉障碍。日本的"水俣病"就是在生产乙醛的过程中产生的甲基汞随废水排入海域，经水中食物链富集，人们食用了含甲基汞的有毒鱼类发生汞中毒造成的。

生活案例

1956 年日本熊本县水俣湾附近出现了一些奇怪的现象,海湾内的各种贝类、藻类、鱼类大量死亡。一种奇怪的病出现在家猫身上,表现出的症状为步态不稳、抽搐、麻痹,甚至跳海自杀,因此也被称为"猫舞蹈症"。之后不久,出现了患有类似病症的人。患者的脑中枢神经和末梢神经被损害,也表现出以上症状,被命名为"水俣病"。直到 1963 年,熊本大学医学院的水俣病研究小组认定,水俣病是患者食用了水俣湾内的鱼类、贝类等水产导致的神经系统疾病,而这些水产品被日本氮素公司向海湾内排放的含甲基汞污水污染。甲基汞是有机汞的一种,很容易被肠胃吸收,经血液循环进入人体大脑或是积聚体内,对人体健康造成极大的危害。

铅及其化合物均有毒性。它是累积性毒物,极易被肠道吸收,形成可溶性磷酸氢铅或甘油磷酸铅分布于肝、肺、脑、肾中。当饮用水中含铅超过 $0.01\ mg \cdot L^{-1}$ 时,就会引起积累性铅中毒,引发贫血、肝炎、神经系统疾病,严重时可发生铅性脑病。

镉有很高的潜在毒性,可因累积导致人贫血,肾损坏,并且使大量钙质从尿中失去,引起骨质疏松。日本著名的"骨痛病",就是因为人们饮用了含镉的水,食用了含镉的大米,而使骨骼变得很脆,从开始的手足关节痛到全身骨痛,最后骨骼软化萎缩,自然骨折,病态十分凄惨。

铬的化合物多以三价 $Cr(III)$ 和六价 $Cr(VI)$ 形式存在。其中 $Cr(VI)$ 毒性最强,大约为 $Cr(III)$ 的 100 倍。铬的化合物常以溶液、粉尘或蒸气的形式污染环境、危害人体健康,引起皮炎、湿疹、气管炎,引起变态反应并有致癌作用,如 $Cr(VI)$ 化合物可以诱发肺癌是早已被公认的。

元素砷无毒,但极易氧化成毒性极强的 As_2O_3(砒霜),As_2O_3 对细胞有强烈的毒性。砷化物中毒表现为呕吐、腹泻、神经炎、肾炎等。砷有致癌作用。

从重金属的毒性和对生物体的危害来看,其污染有以下几个特点:

(1)在水体中只要含有微量即可产生毒性,毒性较强的重金属有汞、镉等,产生毒性的浓度为 $0.01 \sim 0.001\ mg \cdot L^{-1}$。

(2)水体中的重金属可以通过食物链富集,达到相当高的浓度。

(3)重金属一般不能被微生物降解。有些重金属还能在微生物作用下转化为金属有机物,产生的毒性会更大。例如,汞在厌氧微生物作用下,可转化为毒性更大的有机汞(甲基汞、二甲基汞)。

(4)重金属进入人体后能与蛋白质、酶发生作用,使它们失去活性,造成中毒。这种危害潜伏期很长,有时需几十年才能显露出来。

 科研成果

2018 年,中国科学院理化技术研究所微纳材料与技术研究中心的贺军辉研究员设计了一种超浸润重金属离子检测纸芯片。首先通过喷墨打印法实现了高精度超浸润图案的制作,然后在超浸润图案内通过喷墨打印探针分子实现了重金属离子分析纸芯片的制作。在实际检测过程中,只需将纸芯片放入待测水样中,根据颜色变化即可实现水样中重金属离子的可视化分析。相关研究成果发表在美国化学会 ACS Applied

Materials & Interfaces 期刊上。

5.3.3　水污染的处理和防治

污水是指生产和生活活动中排放的水的总称。污水中含有多种有毒有害物质,若未经妥善处理而直接排入水体,将严重危害环境和人体健康。因此,建立完善的污水处理系统,控制污水的排放,是防治水污染的有效措施。

1. 污水处理方法

污水处理方法很多,一般可归纳为物理处理法、化学处理法和生物处理法。各种方法都有其特点和适用条件。一般来说,只用一种方法往往达不到净化的要求,常常采用几种方法联合使用。

（1）物理处理法　是指通过物理作用分离、回收废水中不溶解的呈悬浮状态的污染物。通常采用沉淀、过滤、离心分离、气浮、反渗透等方法,将废水中悬浮物、胶体物等污染物分离出去,从而使废水得到初步净化。

物理法多用于污水的预处理,以减轻后续其他处理过程的负担。

（2）化学处理法　是通过化学反应和传质作用来分离、去除废水中呈溶解、胶体状态的污染物,或将其转化为无害物质的废水处理方法。常采用的方法有中和、混凝、氧化还原、萃取、吸附、离子交换、电渗透等。

化学法处理污水效果较好,成本也较低,并且可以用来处理大量污水。

（3）生物处理法　是通过微生物的代谢作用,使废水溶液、胶体以及微细状态的有机物、有毒物质转化为稳定、无毒物质的废水处理方法。目前常用的有需氧的活性污泥法、生物滤池法,厌氧的生物还原法等。

生物法可用来处理多种废水,适应大量污水的处理。此方法具有投资少、运转费用低、操作简便、处理效果好等优点,近年来已成为处理生活污水和某些有机废水的主要方法。

 生活案例

从 20 世纪 90 年代后期起,我国太钢、宝钢以及宝新、张浦等国有和合资企业通过引进和技术改造,先后建成了一系列污水处理生产线,污水处理工艺技术装备达到国际先进水平,污水处理生产初具规模。污水处理品种结构也发生了积极的变化,污水处理产品质量迅速提高。特别是国内污水处理冷轧板增长迅速,2003 年,国内冷轧板产量达到 170 万吨,首次超过进口量,自给率达到 66%;2004 年,国内冷轧板产量达到 200 万吨,自给率达到 70%以上。从 2004 年底到 2005 年底,国内冷轧污水处理产能增加约 150 万吨,基本满足国内市场需求。

2. 城市污水处理

城市污水包括生活污水、工业废水和径流污水等,由城市排水管网汇集并输送到污水处理厂进行处理。城市污水处理工艺应因地制宜采用多种形式。处理后的水无

论用于工业、农业或排放,均应符合国家规定标准。城市污水处理分为三级:

一级处理又名初级处理,其任务是去除水中的悬浮物和漂浮物,中和废水中的酸和碱。经过一级处理后,悬浮固体去除率可达 70% ~ 80%,BOD(生化需氧量)去除率只有 20% ~ 40%,废水中的胶体和溶解污染物去除作用不大,故废水处理程度不高。

二级处理又称生物处理,其任务是去除废水中呈胶体状态和溶解状态的有机物。常用活性污泥法和生物滤池法。经二级处理后,废水中 80% ~ 90% 的有机物可被除去,BOD 和悬浮物都较低,通常都能达到排放标准。

三级处理又称深度处理,其任务是进一步去除二级处理未能去除的污染物,包括微生物、未被降解的有机物,氮、磷及可溶性无机物。常用凝聚、吸附、离子交换、电渗析、反渗透等方法。三级处理后的水通常可达到工业用水、农业用水和饮用水的标准。但三级处理基建费、运行费都很高,一般只用于严重缺水的地区和城市。

城市污水处理以一级处理为预处理,二级处理为主体,三级处理使用较少。

 科研成果

2019 年,中国科学院上海硅酸盐研究所研究员朱英杰带领的科研团队,成功研制出新型水净化过滤纸。新型水净化过滤纸可应用于微米颗粒、纳米颗粒、细菌等污染物的高效过滤和去除,其去除效率可达到或接近 100%。此外,新型水净化过滤纸对有机染料和重金属离子尤其是 Pb^{2+} 具有高吸附量,对较低浓度的有机染料和重金属离子具有 100% 的去除效率。相关研究结果发表在美国化学会 *ACS Applied Materials & Interfaces* 期刊上。

5.4　安全饮用水

安全饮用水指的是一个人终身饮用,也不会对健康产生明显危害的饮用水。根据世界卫生组织的定义,所谓终身饮用是按人均寿命 70 岁为基数,以每天每人 2 L 饮水计算。安全饮用水还应包含日常个人卫生用水,包括洗澡用水、漱口用水等。如果水中含有害物质,这些物质可能在洗澡、漱口时通过皮肤接触、呼吸吸收等方式进入人体,从而对人体健康产生影响。

5.4.1　城市自来水

自来水是指通过自来水处理厂净化、消毒后生产出来的符合相应标准的供人们生活、生产使用的水。生活用水主要通过水厂的取水泵站汲取江河湖泊及地下水、地表水,由自来水厂按照《国家生活饮用水相关卫生标准》,经过沉淀、消毒、过滤等工艺流程的处理,最后通过配水泵站输送到各个用户。

自来水是经过多道复杂的工艺流程,通过专业设备制造出来的饮用水。自来水的处理过程如下:首先必须把水源从江河湖泊中抽取到水厂(不同的地区取水口是不同的,水源直接影响着一个地区的饮水质量);然后经过混凝、沉淀、过滤、送入清水池并进行消毒,由送水泵高压输入自来水管道,一般主管道使用预应力砼管、钢管、PE 管、球墨铸铁管等管材;最终分流到用户水龙头。整个过程要经过多次水质化验,有的地方还要经过二次加压、二次消毒才能进入用户家庭。

现在自来水消毒大都采用氯化法,公共给水氯化的主要目的就是防止水传播疾病,这种方法推广至今已有100多年历史,具有较完善的生产技术和设备,氯气用于自来水消毒具有消毒效果好,费用较低,几乎没有有害物质的优点。但经过对理论资料的了解、研究,发现氯气用于自来水消毒还是存在一定的弊端。氯化消毒后的自来水能产生致癌物质,目前有关方面专家也提出了许多改进措施。氯气溶于水,与水反应生成次氯酸和盐酸,在整个消毒过程中起主要作用的是次氯酸。对产生臭味的无机物来说,它能将其彻底氧化消毒,对于有生命的天然物质如水藻、细菌而言,它能穿透细胞壁,氧化其酶系统(酶为生物催化剂)使其失去活性,使细菌的生命活动受到阻碍而死亡。次氯酸本身接近中性,容易接近细菌体而显示出良好的灭菌效果,次氯酸根离子也具有一定的消毒作用,但它带负电荷而难于接近细菌体(细菌体带负电荷),因而较之次氯酸,其灭菌效果要差得多,所以氯气消毒效果要比采用漂白粉消毒更佳。在现阶段,消毒剂除氯气外,还有二氧化氯、臭氧。采用代用消毒剂可降低有害物质的生成量,同时提高处理效率。目前世界上安全的自来水消毒方法是臭氧消毒,不过这种方法的处理费用太昂贵,而且经过臭氧处理过的水,它的保留时间是有限的,至于能保留多长时间,目前还没有一个确切的概念。所以目前只有少数的发达国家才使用这种处理方法。

5.4.2 饮用水成分分析

饮用水是指可以不经处理、直接供给人体饮用的水。饮用水包括干净的天然泉水、井水、河水和湖水,也包括经过处理的矿泉水、纯净水等。加工过的饮用水有自来水、桶装水等。

自来水中的主要成分是水,其中含有几乎可以忽略不计的氯离子,用漂白粉(氯化钠、次氯化钠)消毒时候留下的,还有一些钙离子、镁离子、钾离子和硫酸盐等微量的矿物质。自来水烧开后,大部分镁离子、钙离子变为沉淀(水垢)。

纯净水简称净水或纯水,是纯洁、干净,不含有机污染物、无机盐等各类杂质、添加剂或细菌的水,以符合生活饮用水卫生标准的水为原水。通过电渗析法、离子交换法、反渗透法、蒸馏法及其他适当的加工方法制得,密封于容器内,且不含任何添加物,无色透明,可直接饮用。

矿泉水是含有溶解的矿物质或较多气体的水,国家标准中规定的九项界限指标包括锂、锶、锌、硒、溴化物、碘化物、偏硅酸、游离二氧化碳和溶解性总固体,矿泉水中必须有一项或一项以上达到界限指标的要求,其要求含量分别为(单位:$mg \cdot L^{-1}$):锂、锶、锌、碘化物均≥0.2,硒≥0.01,溴化物≥1.0,偏硅酸≥25,游离二氧化碳≥250,溶解性总固体≥1000。市场上大部分矿泉水属于锶(Sr)型和偏硅酸型,同时也有其他矿物质成分的矿泉水。

5.4.3 如何安全地饮用水

在人一生中,空气与水是必不可少的两大要素。通常我们无法选择呼吸何种空气及呼吸的频率;但是,对于饮水,我们有着很多自己的选择,例如:饮用什么水,每日的饮水频率。接下来我们将从这两个方面介绍如何安全饮用水。

白开水是最符合人体需要的饮用水。烧开水的最佳时间是水烧开后再用小火维持沸腾 3~5 min。研究显示,加氯消毒的水,随着温度的升高,所生成的卤代烃等致癌物质的含量也不断升高。烧到 90 ℃ 和刚烧开的水,潜在的危险最大。沸腾后再加热 3~5 min,这些有害物质可迅速挥发。但是,烧水的时间太长也不利,因为烧的时间越长,水分蒸发越多,水中的亚硝酸盐含量可能越高,会危及人体健康。

喝白开水的水温以 25~30 ℃ 为宜,不宜过高或过低。水温太低会引起肠胃不适,过高可致口腔、咽部、食管及胃的黏膜烫伤而引起充血和炎症等,长期发炎可能成为癌变的诱因。

生水和蒸锅水不宜饮用。生水是指未经洁制、消毒的水,如河水、溪水、井水、库水等,可能含有致病微生物,直接饮用后有发生肠道疾病的风险,包括引起急性胃肠炎、伤寒、痢疾、寄生虫病等。蒸锅水是指蒸饭和蒸馒头的剩锅水。因加热时间长,其中重金属和亚硝酸盐会浓缩,含量增高,对人体会造成危害。

每日合适的饮水时间:

AM(上午)6∶30:经过一整夜的睡眠,身体开始缺水,起床之际先喝杯 250 mL 的水,可帮助肾及肝解毒。别马上吃早餐,等待半小时让水融入每个细胞,进行新陈代谢后,再进食。

AM8∶30:清晨从起床到办公室的过程,时间总是特别紧凑,情绪也较紧张,身体无形中会出现脱水现象,所以到了办公室后,先别急着泡咖啡,给自己一杯至少 250 mL 的水。

AM11∶00:在冷气房里工作一段时间后,一定得趁起身动动的时候,再给自己一天里的第三杯水,补充流失的水分,有助于放松紧张的工作情绪。

PM(下午)12∶50:用完午餐半小时后,喝一些水,取代让人发胖的人工饮料,可以增强身体的消化功能,不仅对健康有益,也有助于维持身材。

PM3∶00:以一杯健康矿泉水代替午茶与咖啡等提神饮料吧。喝上一大杯水,除了补充在冷气房里流失的水分之外,还能帮助头脑清醒。

PM5∶30:下班离开办公室前,再喝一杯水。想要运用喝水减重的,可以多喝几杯,增加饱足感,待会吃晚餐时,自然不会暴饮暴食。

PM10∶00:睡前一至半小时再喝上一杯水。今天已摄取 2000 mL 水量了。不过别一口气喝太多,以免晚上得上洗手间影响睡眠品质。正常人每天所需水分大约为 2000 mL,若以多少杯来计算的话,等于 10 杯 200 mL 左右的水。不过这也视乎个人日常活动量而定。合理的方式是,喝水每次以 100~150 mL 为宜,间隔时间为 20~30 min。

思考题与习题

1. 水能够形成缔合分子的原因是什么？

2. 水的三相点和冰点有何不同？

3. 用相同物质的量的 $CaCl_2$ 和 NaCl 融化冰雪路面时，哪一种效果更好？为什么？

4. 冰–水和冰–氯化镁都可以作为制冷系统，这两种系统中哪一种获得的温度更低一些？

5. 解释下列现象：（1）高山上做饭不容易熟；（2）海水结冰的温度比淡水低；（3）盐碱地上种庄稼难以生长。

6. 评价水体被污染程度的指标有哪些？BOD、COD 的含义是什么？其数值与水质之间的关系如何？

7. 水体富营养化是如何产生的？有什么危害？

在人们的日常生活中,处处都会用到电池(battery)。家用电视与空调的遥控器使用的是锌锰干电池,手机使用的是锂离子电池,在新能源汽车中使用的是氢燃料电池,等等。的确,电池经历了 100 多年的发展,已经成为我们生活中应用极为广泛的化学能源。

电池的狭义定义是把自身储存的化学能转化为电能的装置。然而随着社会的发展,太阳能电池等新型电池的出现,电池定义的范围扩大了;在广义上,电池指的是将机械能以外的能量转成电能的装置。利用电池作为能量来源,能够得到具有稳定电压,长时间稳定供电,受外界影响很小的电流。此外电池结构简单,携带方便,充放电操作简便易行,不受外界气候和温度的影响,性能稳定可靠,在现代社会生活中的各个方面发挥着重要的作用。

6.1　电池发展简史

电池是一项伟大的发明,拥有精彩而悠久的历史,也将拥有同样璀璨的未来。电池出现的时间之早,远超了人们的想象。在 1938 年,巴格达博物馆主任在该博物馆的地下室中,找到了现在被称为"巴格达电池"的原始电池,如图 6-1 所示,它有一根插在铜制圆筒里的铁条——可能是用来储存静电用的,然而瓶子的秘密可能永远无法被揭晓。研究表明,上述黏土瓶可以追溯到公元前 250 年,属于美索不达米亚文明时期的造物。

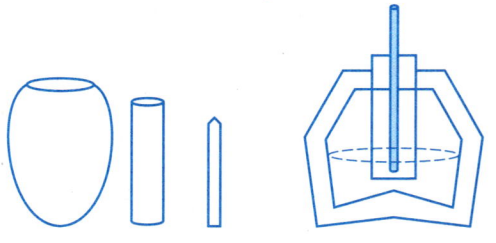

图 6-1　"巴格达电池"的外部和内部结构

6.1.1　莱顿瓶

18 世纪的四五十年代,发电装置的改善和大气电现象的研究,吸引了物理学家们的广泛兴趣。在 1745 年,普鲁士的克莱斯特利用导线将摩擦所起的电引向装有铁钉的玻璃瓶,当他用手触及铁钉时,受到猛烈的一击。在这个发现的启发下,莱顿大学(Leyden University)的马森布罗克(Musschenbroek)在 1746 年发明了收集电荷的"莱顿瓶"（Leyden jar）。因为他看到好不容易收集的电却很容易地在空气中逐渐消失，所以想寻找一种保存电的方法。有一天，他用一支枪管悬在空中，用起电机与枪管连着，另用一根铜线从枪管中引出，浸入一个盛有水的玻璃瓶中，他让一名助手用一只手握着玻璃瓶，自己在一旁使劲摇动起电机。这时他的助手不小心将另一只手与枪管碰上，助手猛然感到一次强烈的电击，并且喊了起来。马森布罗克于是与助手互换了一下，让助手摇起电机，他自己一手拿水瓶子，另一只手去碰枪管。在一封信里他描述了这次实验结果：

"我想告诉你一个新奇但是可怕的实验事实，但我警告你无论如何也不要再重复这个实验。把容器放在右手上，我试图用另一只手从充电的铁柱上引出火花。突然，我的手受到了一下力量很大的打击，使我的全身都震动了，手臂和身体产生了一种无法形容的恐怖感觉。一句话，我以为我命休矣。"

虽然马森布罗克不愿再做这个实验，但他由此得出结论：把带电体放在玻璃瓶内可以把电保存下来。只是当时搞不清楚起保存电作用的究竟是瓶子还是瓶子里的水，后来人们就把这个蓄电的瓶子称为"莱顿瓶"，这个实验称为"莱顿瓶实验"。这种"电震"现象的发现，轰动一时，极大地增加了人们对莱顿瓶的关注。

莱顿瓶内外各有两层筒状的锡箔，瓶口上端接一个球形电极，下端利用金属链与内侧金属箔连接，把球形电极接上静电产生器，同时外部金属箔接地时，内部与外部的金属就会携带数量相等但极性相反的电荷，电荷就被储存在莱顿瓶当中，如图 6-2 所示。莱顿瓶是用来存储电的装置而不是电池，但是它的出现却让当时的人们广泛认识到了电的威力。1746 年，英国科学家斯宾斯到波士顿讲学，并进行了新奇的电学表演，其中就包括了莱顿瓶放电当场击死老母鸡等实验，这些实验引发了观众们对电的浓厚兴趣，其中一位观众就是此后在 1752 年做了"风筝实验"的富兰克林。在这些电学示范表演中最为著名的一个是在 1748 年，法国人诺莱特在巴黎圣母院前所做的表演，他让七百名修道士手拉手排成一行，队伍长达 275 米，诺莱特先将电存储在莱顿瓶里，然后让排头的修道士用手握住莱顿瓶，让排尾的修道士握住瓶的引线，一瞬间，七百名修道士因受电击几乎同时跳起来，在场的人无不为之目瞪口呆。莱顿瓶的发现大大促进了电学研究的迅速发展。

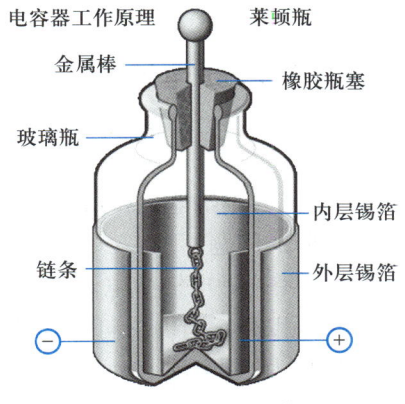

图 6-2 莱顿瓶实验装置图

6.1.2   伏打电堆

1786 年,意大利解剖学家伽伐尼(Galvani)在做青蛙解剖时,两手分别拿着不同的金属器械,无意中同时碰在青蛙的大腿上,青蛙腿部的肌肉立刻抽搐了一下,仿佛受到电流的刺激,而只用一种金属器械去触动青蛙,却并无此种反应。伽伐尼认为,出现这种现象是因为动物躯体内部产生的一种电,他称之为"生物电"。伽伐尼于 1791 年将此实验结果写成论文,公布于学术界。

真正意义上的现代电池是由意大利物理学家伏打(Volta)受到伽伐尼青蛙实验的启发于 1800 年发明的。他通过在一枚铜片和一枚锌片中间夹上浸有盐水的布片构筑成一个小单元,再将这些小单元堆叠起来,就得到了"伏打电堆",如图 6-3 所示。导线将电堆的两端连接起来,就能够产生稳定的电流。每一个小单元能够产生 0.76 V 的开路电压。通过将这些小单元串联,能够得到电压相当于每一个小单元电压的总和。现在,凡是将两种不同金属放入同一种电解质溶液所形成的电池均称为伏打电池。

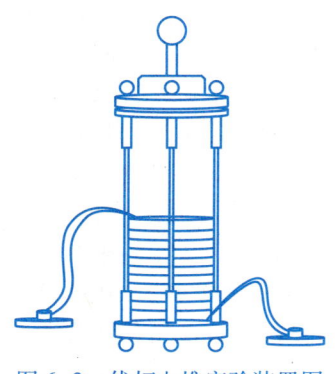

图 6-3   伏打电堆实验装置图

6.1.3   丹聂尔电池及后续相关研究

1836 年,英国的丹聂尔(Daniell)对伏打电堆进行了改良。他使用稀硫酸作电解液,解决了电池极化问题,制造出第一个不极化,能保持平衡电流的锌铜电池,又称丹聂尔电池,如图 6-4 所示。

此后,又陆续有去极化效果更好的本生电池和格罗夫电池等问世。但是这些电池都存在电压随使用时间延长而下降的问题。

1860 年,法国的普朗泰发明出用铅做电极的电池。这种电池的独特之处是,当电池使用一段时间后,电压下降时,可以给它通以反向电流,使电池电压回升。因为这种电池能充电,可以反复使用,所以称为"蓄电池"。

然而,无论哪种电池都需在两个金属板之间灌装液体,因此搬运很不方便,特别是蓄电池所用液体是硫酸,在挪动时很危险。因此,同在 1860 年,法国的雷克兰士

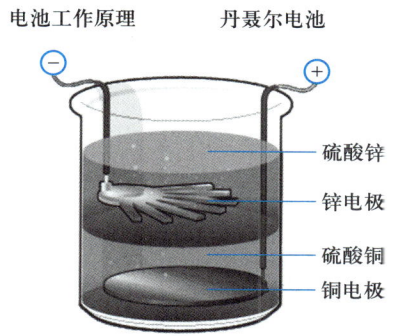

电池工作原理　　丹聂尔电池

硫酸锌
锌电极
硫酸铜
铜电极

图 6-4　丹聂尔电池装置图

(George Leclanche)发明了世界广泛使用的电池(碳锌电池)的前身。它的负极是锌和汞的合金棒(锌-伏特原型电池的负极,经证明是作为负极材料的最佳金属之一),而它的正极是以一个多孔的杯子盛装着碾碎的二氧化锰和碳的混合物。在此混合物中插有一根碳棒作为电流收集器。负极棒和正极杯都被浸在作为电解液的氯化铵溶液中。此系统被称为"湿电池"。

雷克兰士制造的电池虽然简陋但却便宜,所以一直到 1880 年才被改进的干电池取代。负极被改进成锌罐(即电池的外壳),电解液变为糊状而非液体,基本上这就是现在我们所熟知的锌锰电池。1887 年,英国人赫勒森发明了最早的干电池。干电池的电解液为糊状,不会溢漏,便于携带,因此获得了广泛应用。至此,电池的发展如雨后春笋,层出不穷,如铁镍电池、镍镉电池、碱性电池、锂离子电池、太阳能电池等。

6.2　电池的结构与原理

6.2.1　原电池的基本原理

氧化还原反应伴随有电子的转移。根据物理学基本知识,我们知道,当电子发生转移时,会产生电流;那么,是否可以通过氧化还原反应来获得电流呢?丹聂尔电池能够直观地说明通过氧化还原反应可以获得电流。

金属锌置换铜离子的反应是典型的氧化还原反应。将锌棒放在硫酸铜($CuSO_4$)溶液中,很快就观察到红色的金属铜不断地沉积在锌棒上,$CuSO_4$ 溶液由蓝色逐渐变浅;与此同时,Zn 逐渐溶解。在这一过程中,Zn 与 $CuSO_4$ 溶液直接接触,电子由 Zn 原子直接转移给 Cu^{2+},发生了 Zn 的氧化反应和 Cu^{2+} 的还原反应。其离子方程式为

$$Zn(s) + Cu^{2+}(aq) \longrightarrow Zn^{2+}(aq) + Cu(s)$$

如果上述反应的电子没有形成定向流动,那么反应的化学能就转变为热能,该反应放热为 $218.7\ kJ \cdot mol^{-1}$。

如果设法把上述氧化还原反应设计成两个半反应来进行,如图 6-5 所示装置,将锌和锌盐溶液作为一个半电池,铜和铜盐溶液作为另一个半电池,外电路用导线接通,两个半电池用盐桥(常用含有琼脂的氯化钾饱和溶液装入 U 形管中制成)连接起

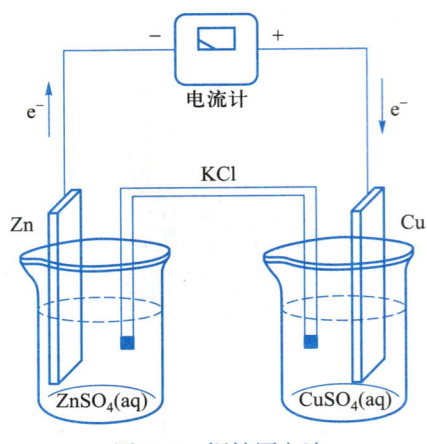

图6-5　铜锌原电池

来,在导线中间接一个电流计,便可看到指针发生偏转,证明有电子从 Zn 棒流向 Cu棒,此时反应中的化学能转变为电能。这种借助于氧化还原反应将化学能直接转变为电能的装置就叫原电池。

在原电池中,给出电子的电极为负极,接收电子的电极叫正极。在负极上发生氧化反应,在正极上发生还原反应。在 Cu–Zn 原电池中,锌是负极,铜是正极。原电池正、负极发生的电子反应如下:

负极:$Zn \longrightarrow Zn^{2+} + 2e^-$　(氧化反应)

正极:$Cu^{2+} + 2e^- \longrightarrow Cu$　(还原反应)

这种分别在负极或正极上进行的氧化反应或还原反应,称为电极反应。若将以上两式相加,即可获得整个原电池所发生的氧化还原反应,称为电池反应。

$Zn + Cu^{2+} \longrightarrow Zn^{2+} + Cu$　(电池反应)

6.2.2　原电池的符号和组成

根据 IUPAC 规定,一个实际的原电池可用符号来表示,称为电池符号。例如,上述 Cu–Zn 原电池的符号为

$$(-)Zn \mid Zn^{2+}(c_1) \parallel Cu^{2+}(c_2) \mid Cu (+)$$

在电势符号中,负极半电池写在左边,如 Zn 及其产物 Zn^{2+} 构成负极半电池写在左边,正极半电池写在右边,如 Cu^{2+} 及其产物 Cu 构成正极半电池写在右边,导体(如 Zn、Cu)总是写在电池符号的两侧。以单垂实线"∣"表示相与相之间的界面,以双垂虚线"∥"表示盐桥。溶液应注明浓度,气体应注明分压。

从以上铜、锌半电池中可以看到,每个半电池中都有高氧化数的氧化型物质,如 Zn^{2+}、Cu^{2+},还有低氧化数的还原型物质,如 Zn 和 Cu。两者之间的关系为

$$氧化型 + ze^- \longrightarrow 还原型$$

在每个半电池中,氧化型物质与相应的还原型物质构成一组氧化还原电对,简称电对,通常以"氧化型∣还原型"来表示电对。例如,上述锌半电池和铜半电池的电对

分别为 $Zn^{2+}|Zn$ 和 $Cu^{2+}|Cu$。

显然，一个氧化还原反应中，至少有两个电对，即氧化剂电对和还原剂电对，其中氧化剂电对中氧化型是氧化剂，而还原剂电对中还原型是还原剂。

从理论上讲，任何一个能自发发生的氧化还原反应，都可以通过某种装置组成原电池。例如亚锡离子与铁离子之间的反应：

$$Sn^{2+} + 2Fe^{3+} \longrightarrow Sn^{4+} + 2Fe^{2+}$$

这是一个能够自发进行的氧化还原反应。如果要将其设计为一个原电池，就需要在一个烧杯中加入含有 Fe^{3+} 和 Fe^{2+} 的溶液，在另一个烧杯中加入含有 Sn^{2+} 和 Sn^{4+} 的溶液。然后在两个烧杯中分别插入铂片作为电极（铂和石墨这类固态导体只起导电作用，不参与氧化还原反应，称为惰性电极）；再用盐桥、导线等连接起来就可以构成原电池，这时整个回路中会有电流产生。对应的电极反应分别为

负极：$Sn^{2+} \longrightarrow Sn^{4+} + 2e^-$　（氧化反应）

正极：$Fe^{3+} + e^- \longrightarrow Fe^{2+}$　（还原反应）

其中，负极半电池电对为 $Sn^{4+}|Sn^{2+}$，正极半电池电对为 $Fe^{3+}|Fe^{2+}$。由于在这两个电对中没有金属导体，因此需要外加一个惰性电极，在上述原电池中采用的是铂电极，所以原电池符号可以表示为

$$(-)Pt|Sn^{2+}(c_1),Sn^{4+}(c_2)\|Fe^{3+}(c_3),Fe^{2+}(c_4)|Pt(+)$$

某种金属与它的离子，同种金属不同氧化态的离子，都可以构成氧化还原电对。它们所构成的电极分别称为金属-金属离子电极与金属离子电极。此外，非金属单质及其相应离子也可以构成电对，例如，$H^+|H_2$、$O_2|OH^-$、$Cl_2|Cl^-$ 等，这一类电极称为非金属-非金属离子电极。还有一类电极，在金属外面覆盖着它的难溶盐，然后浸在含有该难溶盐的负离子溶液中，构成金属-金属难溶盐电极，如 $AgCl|Ag$、$Hg_2Cl_2|Hg$ 等。

所有的原电池都是由两个电极构成的，总体来说，构成原电池的电极可分为四类，如表6-1所示。

表6-1　构成原电池的四类电极

电极类型	电极符号（做正极）	氧化型 + ze^- $\longrightarrow$ 还原型
金属-金属离子电极	$Zn^{2+}\|Zn$ $Cu^{2+}\|Cu$	$Zn^{2+} + 2e^- \longrightarrow Zn$ $Cu^{2+} + 2e^- \longrightarrow Cu$
非金属-非金属离子电极	$Cl^-\|Cl_2\|Pt$ $OH^-\|O_2\|Pt$	$Cl_2 + 2e^- \longrightarrow 2Cl^-$ $O_2 + 2H_2O + 4e^- \longrightarrow 4OH^-$
金属离子电极	$Fe^{3+},Fe^{2+}\|Pt$ $Sn^{4+},Sn^{2+}\|Pt$	$Fe^{3+} + e^- \longrightarrow Fe^{2+}$ $Sn^{4+} + 2e^- \longrightarrow Sn^{2+}$
金属-金属难溶盐电极	$Cl^-\|AgCl\|Ag$ $Cl^-\|Hg_2Cl_2\|Hg\|Pt$	$AgCl + e^- \longrightarrow Ag + Cl^-$ $Hg_2Cl_2 + 2e^- \longrightarrow 2Hg + 2Cl^-$

6.2.3 电极电势

在原电池构成的电路中有电流通过,说明两个电极之间存在电势差,这与有水位差(或者压力差)存在时,水就会自然流动一样。既然原电池两极间存在电势差,那么构成原电池的两个电极就各自具有不同的电极电势,也就是原电池中电流的产生是由于两个电极的电势不同所致的。原电池两极的电势差称为电动势,用 E_{MF} 表示。

$$E_{MF} = E_{(+)} - E_{(-)}$$

原电池的电动势可以用电压表或电位差计来测量。而对于单电极的电势,其绝对值尚无法确定,但是可以比较不同电极的相对电势大小。为了比较不同电极的电势大小,一般采用标准氢电极(简写为 SHE)作为比较的基准,就像海拔高度选用海平面作为比较标准一样。将其他电对的电极电势与标准氢电极做比较,就可以确定其余电对的电极电势。

1. 标准氢电极

标准氢电极的构造如图 6-6 所示。在 25 ℃下,将镀有一层蓬松铂黑的铂片(镀铂黑的目的是增加电极的表面积,促进对气体的吸附,以有利于与溶液达到平衡)放入氢离子浓度为 1.0 mol·L^{-1} 的酸溶液中,不断地通入氢气并保持其压力为 100 kPa,氢气为铂黑所吸附,被氢气饱和了的铂片就像由氢气构成的电极一样,氢气与溶液中的氢离子间构成了氢电极电对 H$^+$ | H$_2$,其电极反应为

$$2H^+(1.0 \ mol \cdot L^{-1}) + 2e^- \longrightarrow H_2(100 \ kPa)$$

在上述条件下,规定标准氢电极的电极电势为零,即 $E^{\ominus}(H^+ | H_2) = 0$ V。电极电势通常以符号 E(氧化型 | 还原型)表示,单位为伏特,符号为 V。E 右上角的"$\ominus$"表示标准状态,指电极中各物质均处于热力学的标准状态,即离子浓度为 1.0 mol·L^{-1},气体压力为 100 kPa 时的状态,此时的电极电势称为标准电极电势。

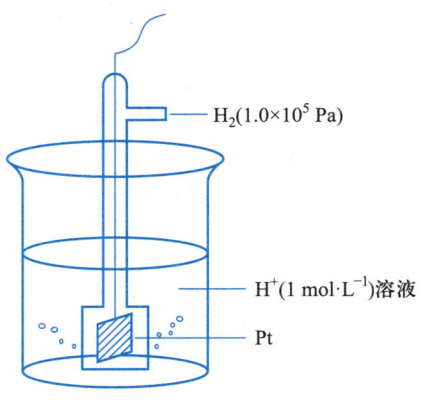

图 6-6　标准氢电极的构造示意图

2. 标准电极电势

在电化学的实际应用中,半电池(即电对)的标准电极电势是非常有用的,可以通过实验的方法进行测定。即在标准状态下,将待测电极与标准氢电极组成原电池,用电压表测定此电池的电动势,并确定正、负极,从而就可以推算出待测电极的标准电极电势。例如,将金属 Zn 置换稀硫酸中的 H^+ 的氧化还原反应设计成原电池:

$$Zn + 2H^+(aq) \longrightarrow Zn^{2+}(aq) + H_2$$

对应两个电极的反应分别为

$$负极:Zn \longrightarrow Zn^{2+} + 2e^-$$
$$正极:2H^+ + 2e^- \longrightarrow H_2$$

将上述两个电对组装成原电池,由电压表可测得此原电池的标准电动势 $E_{MF}^{\ominus} = 0.7618\ V$。则根据

$$E_{MF}^{\ominus} = E_{(+)}^{\ominus} - E_{(-)}^{\ominus}$$

可得

$$E^{\ominus}(Zn^{2+}\,|\,Zn) = E^{\ominus}(H^+\,|\,H_2) - E^{\ominus} = 0\ V - 0.7618\ V = -0.7618\ V$$

各电对的标准电极电势数据可查阅相关的化学手册,根据这些数据,理论上可以将任意两个电对组成原电池,其中电极电势高的电极为正极,电极电势低的电极为负极,两个电极的标准电极电势之差为原电池的标准电动势 $E_{MF}^{\ominus}$。

3. 饱和甘汞电极

在实际应用中,氢电极由于对使用条件要求十分严格,既不能用在含有氧化剂的溶液中,也不能用在含汞或砷的溶液中。因此,在实际应用中往往采用更方便的电极作为参比电极的替代。

最常用的参比电极就是饱和甘汞电极,其构造如图 6-7 所示。

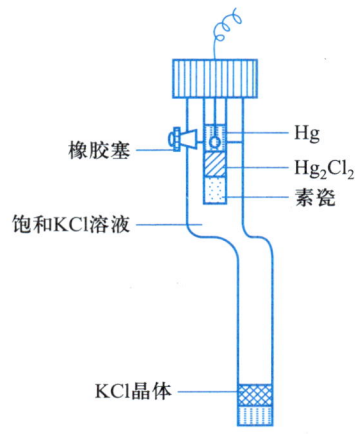

图 6-7　饱和甘汞电极的构造示意图

饱和甘汞电极由 Hg、甘汞(Hg_2Cl_2)和 KCl 饱和溶液构成,其电极反应为

$$Hg_2Cl_2 + 2e^- \longrightarrow 2Hg + 2Cl^-$$

以标准氢电极为基准,可测得饱和甘汞电极的电极电势为 0.2415 V。此外,常用的参比电极还有氯化银电极、饱和硫酸铜电极等。

4. 标准电极电势表

根据 IUPAC 规定,通常我们使用电极的还原电势。所谓还原电势是指在构成的原电池中,待测电极作为正极,发生还原反应所测得的电极电势,其电极电势反应通式可写为

$$氧化型 + ze^- \longrightarrow 还原型$$

从上述的讨论我们知道,锌电极 $E^{\ominus}(\text{Zn}^{2+}\,|\,\text{Zn}) = -0.7618$ V,铜电极 $E^{\ominus}(\text{Cu}^{2+}\,|\,\text{Cu}) = 0.3419$ V,这两个电极构成的原电池一旦接通,负极金属锌失去电子,而正极溶液中 Cu^{2+} 得到电子,这说明标准电极电势小的还原型 Zn 比标准电极电势大的还原型 Cu 失去电子的倾向大,或者说标准电极电势大的氧化型 Cu^{2+} 比标准电极电势小的氧化型 Zn^{2+} 得到电子的倾向大。一般来说,氧化型物质得到电子倾向越大,其氧化能力越强,还原型物质失去电子倾向越大,其还原能力越强。

应当注意,这里所说的还原能力或氧化能力是相对的,例如,Cu 失去电子的倾向虽然比 Zn 小得多,但把它与标准电极电势更大的 Ag 相比,Cu 失去电子的倾向比 Ag 大。若由它们构成原电池,Cu 就变为输出电子的负极,即

$$(-)\,\text{Cu}\,|\,\text{Cu}^{2+}(1.0\ \text{mol}\cdot\text{L}^{-1})\,\|\,\text{Ag}^{+}(1.0\ \text{mol}\cdot\text{L}^{-1})\,|\,\text{Ag}(+)$$

综上所述,一个电对的标准电极电势越小,其还原型物质的还原能力越强,而其相应的氧化型物质的氧化能力越弱;相反,一个电对的标准电极电势越大,其氧化型物质的氧化能力越强,而其相应的还原型物质的还原能力越弱。据此,可以利用标准电极电势的大小,判断氧化型物质的氧化能力或还原型物质的还原能力的强弱。

例如,从标准电极电势表中我们可以获知,$E^{\ominus}(\text{F}_2\,|\,\text{F}^-) = 3.053$ V,是所有电对中数值最大的,说明在氧化型物质中,F_2 的氧化能力最强,是最强的氧化剂;而 $E^{\ominus}(\text{Li}^{+}\,|\,\text{Li}) = -3.040$ V,数值最小,说明在还原型物质中,Li 是还原能力最强的还原剂,当然这也是锂离子电池电压高的原因所在。

6.3 常见的电池

将化学能直接转变成电能的装置称为化学电源(化学电池)。由于它所提供的电源具有稳定可靠、没有噪声、携带使用方便、对环境适应性强、工作范围广等独特优点,因而被广泛应用在各个领域。理论上,任何自发的氧化还原反应都可装置成化学电源,但作为具有实用价值的电池,在制造时,必须考虑电池的体积、质量、电压、放电容量、寿命、操作情况及价格等因素的影响。

6.3.1 电池的分类

电池的分类有不同的方法,大体上可分为三种:

第一种是按电解液种类划分。主要包括:碱性电池、酸性电池和有机电解液电

池等。

碱性电池是电解质主要以氢氧化钾水溶液为主的电池,如碱性锌锰电池(俗称碱锰电池或碱性电池)、镉镍电池,氢镍电池等。

酸性电池主要以硫酸水溶液为介质,如锌锰干电池、海水电池等。

有机电解液电池主要是以有机溶液为介质的电池,如锂电池、锂离子电池等。

第二种是按工作性质和贮存方式划分。主要包括一次电池、二次电池、燃料电池、贮备电池等。

一次电池又称原电池,是不可充电、无法重复使用的电池,如碳锌电池、碱性电池、糊式锌锰电池、扣式电池(扣式锌银电池、扣式锂锰电池、扣式锌锰电池)、锌空气电池、锂原电池等。

二次电池,即可充电电池,也称为蓄电池,如镉镍电池、氢镍电池、锂离子电池、铅酸电池等。

燃料电池是使燃料与氧化剂反应直接产生电流的一种原电池。它与其他电池不同,不是把还原剂、氧化剂物质全部贮存在电池内,而是在工作时,不断地从外界输入,同时把电极反应产物不断排出电池。因此,燃料电池是名副其实地把能源中燃料燃烧反应的化学能直接转化为电能的"能量转换器",如氢氧燃料电池、血糖燃料电池等。

贮备电池是电池贮存时不直接接触电解液,直到电池使用时,才加入电解液的电池,如镁海水电池。

第三种是按电池所用正、负极材料划分。包括锌系列电池,如锌锰电池、锌银电池等;镍系列电池,如镉镍电池、氢镍电池等;铅系列电池,如铅酸电池等;锂系列电池,如锂离子电池、锂锰电池等;二氧化锰系列电池,如锌锰电池、碱锰电池等;空气(氧气)系列电池,如锌空电池等。

目前,电池分类普遍采用第二种方式。下面分别对一次电池、二次电池和燃料电池加以介绍。

6.3.2 一次电池

一次电池是利用化学反应得到电流,放电完毕后不能再重复使用的电池,也称作原电池。其中若电解质不流动(如糊状),则称为干电池。

1. 锌锰干电池

锌锰干电池包括酸性锌锰干电池和碱性锌锰干电池。

酸性锌锰干电池是 19 世纪 60 年代由法国人勒克兰谢(Leclanche)发明的,故又称为勒克兰谢电池或炭锌干电池,其结构示意图如图 6-8 所示。

在其结构中,锌外壳作为负极,并经汞齐化处理,使表面性质更为均匀,来减少对锌的腐蚀,提高电池的储藏性能。以 NH_4Cl、$ZnCl_2$ 等糊状混合物作为电解液,用多孔纸板包裹,使之与锌电极隔开。MnO_2 作为正极,碳棒仅起导电作用,为惰性电极。酸性锌锰干电池可用下式表示:

$$(-)Zn \mid ZnCl_2, NH_4Cl \mid MnO_2 \mid C(+)$$

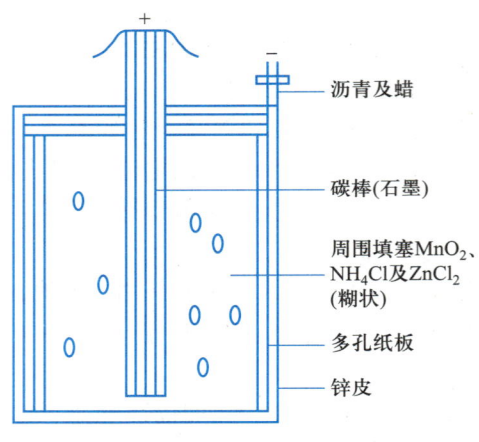

图 6-8 锌锰干电池结构示意图

干电池放电时,其反应如下:

负极:$Zn(s) \longrightarrow Zn^{2+}(aq) + 2e^-$

正极:$2MnO_2(s) + 2NH_4^+(aq) + 2e^- \longrightarrow Mn_2O_3(s) + 2NH_3(aq) + H_2O(l)$

酸性锌锰干电池在正极反应中生成的 NH_3 会吸附在碳棒上,造成极化,会导致电池电动势下降。所以在使用较长时间后,电池的电压会出现明显下降。另外,由于金属锌是两性的,可以与水和氯化铵作用,生成 $Zn(OH)_2$ 和 $Zn(NH_3)_2Cl_2$,消耗锌而自放电,因此这种电池不宜长期存放。

酸性锌锰干电池具有如下特点:① 开路电压为 1.55~1.70 V;② 原材料丰富,价格低廉;③ 型号多样 1 号—5 号;④ 携带方便,适用于间歇式放电场合。缺点是:在使用过程中电压不断下降,不能提供稳定电压,且放电功率低,比能量小,低温性能差,在−20 ℃即不能工作。所以在高寒地区只能使用碱性锌锰干电池。

碱性锌锰干电池是指用氢氧化钾(KOH)代替上述酸性锌锰干电池中的电解液,负极锌也由原来的锌片变为锌粉。这种设计保证了电池内发生化学反应时没有气体生成,内电阻降低,电池容量变大,寿命增长,放电电流较普通锌锰干电池也有大幅度提高,可在温度低至−40 ℃时工作。适用于电动玩具、剃须刀、录放机、照相机等高功率电器,同时也避免了酸性锌锰电池长期存放由于自放电而漏液的问题。

2. 锌汞电池

锌汞电池也是一类干电池,其结构示意图如图 6-9 所示。它是以锌汞齐为负极,氧化汞(HgO)和碳粉(导电材料)为正极,含有饱和氧化锌和氢氧化钾的糊状物为电解质组成的电池。其电池符号可用下式表示:

$$(-)Zn \mid Zn(OH)_2 \mid KOH(糊状,含饱和 ZnO) \mid HgO \mid Hg \mid C(+)$$

放电时的电极反应为

负极:$Zn(汞齐) + 2OH^-(aq) \longrightarrow Zn(OH)_2(s) + 2e^-$

正极:$HgO(s) + H_2O(l) + 2e^- \longrightarrow Hg(l) + 2OH^-(aq)$

锌汞电池的特点是电动势和工作电压较稳定,整个放电过程中电压基本保持在

1.34 V左右。锌汞电池可制成纽扣形状,称为纽扣电池,用作助听器、心脏起搏器、手表、微型收音机等微型电器中的电源。

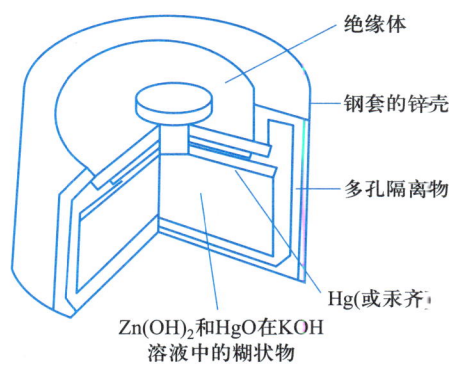

图 6-9　锌汞纽扣电池结构示意图

3. 锂一次电池

锂一次电池(primary lithium battery)是一种高能化学原电池,俗称锂电池。以金属锂为负极,固体盐类或溶于有机溶剂的盐类为电解质,金属氧化物或其他固体、液体氧化剂为正极活性物。锂电池是这一类以使用金属锂为负极材料的化学电源的总称。

锂电池有很多系列,主要取决于其正极活性物质。常见的有锂–铬酸银电池、锂–二氧化锰电池、锂–硫化铜电池、锂–氟化碳电池等。下面简单介绍锂–铬酸银电池。

锂–铬酸银电池是以锂为负极材料,以铬酸银为正极材料,以含高氯酸锂的碳酸丙烯酯为电解液的一种采用有机电解质的新型电池。其电极反应如下:

负极:$Li(s) \longrightarrow Li^+(aq) + e^-$

正极:$Ag_2CrO_4(s) + 2Li^+(aq) + 2e^- \longrightarrow 2Ag(s) + Li_2CrO_4(s)$

这种电池的优点是单位体积所含能量高,体积小,稳定性好,能长期储存,可用于微电流工作的各类仪器设备中。

4. 锌空气电池

锌空气电池(zinc air battery)是用活性炭吸附空气中的氧或纯氧作为正极活性物质,以锌为负极,以氯化铵或苛性碱溶液为电解质的一种原电池,又称锌氧电池。

锌空气电池包括中性和碱性两个体系。此类电池原料丰富、价格低廉,但只能在小电流下工作,而且容易受环境湿度影响,使用期短,可靠性差,不能在密封状态下使用。其电极反应如下:

负极:$Zn(s) + 2OH^-(aq) \longrightarrow ZnO(s) + H_2O(l) + 2e^-$

正极:$O_2(g) + 2H_2O(l) + 4e^- \longrightarrow 4OH^-(aq)$

6.3.3　二次电池

二次电池是指在放电后借助外加直流电源实现电池中的电化学反应逆向进行,使电池重新恢复到放电前的状态的一类电池。这类电池可以重复使用,其电解质可以为酸性溶液或碱性溶液,分别称为酸性蓄电池或碱性蓄电池。

二次电池是一类用途十分广泛的化学电源,主要有铅蓄电池、镍镉电池、镍氢电池和锂离子电池等。

1. 铅蓄电池

铅蓄电池(Lead storage battery)采用硫酸作电解液,故又称铅酸蓄电池。铅蓄电池由正极板群、负极板群、电解液和容器等组成,其结构示意图如图 6-10 所示。

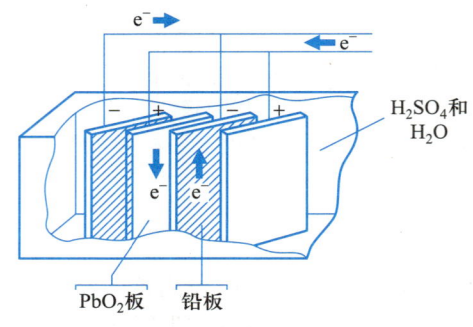

图 6-10　铅蓄电池结构示意图

该电池是由两组栅状铅板作为电极,在栅格间充满 PbO 与 H_2O 的糊状物。充电时,将极板浸入盛有稀硫酸的耐酸槽中,使两组极板分别和直流电源的负极和正极相连如图 6-11(a)所示。这时进行电解,两极反应如下:

阴极(A 极):$PbSO_4(s) + 2e^- \longrightarrow Pb(s) + SO_4^{2-}(aq)$

阳极(B 极):$PbSO_4(s) + 2H_2O(l) \longrightarrow PbO_2(s) + 4H^+(aq) + SO_4^{2-}(aq) + 2e^-$

充电时总反应式:$2PbSO_4 + 2H_2O(l) \longrightarrow Pb(s) + PbO_2(s) + 2H_2SO_4(aq)$

这样,随着电流通过,$PbSO_4$ 在 A 极变成蓬松的金属铅,在 B 极上变成黑褐色的二氧化铅,而溶液中有 H_2SO_4 生成,硫酸的浓度增加。

蓄电池放电时,电子沿导线由 A 极流向 B 极,如图 6-11(b)所示。放电时两极反应为:

负极(A 极):$Pb(s) + SO_4^{2-}(aq) \longrightarrow PbSO_4(s) + 2e^-$

正极(B 极):$PbO_2(s) + 4H^+(aq) + SO_4^{2-}(aq) + 2e^- \longrightarrow PbSO_4(s) + 2H_2O(l)$

电池反应:$Pb(s) + PbO_2(s) + 2H_2SO_4(aq) \longrightarrow 2PbSO_4(s) + 2H_2O(l)$

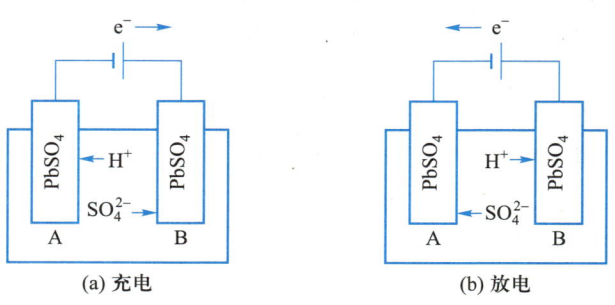

(a) 充电　　　　　　(b) 放电

图 6-11　铅蓄电池充放电示意图

蓄电池在放电时的两极反应,即为充电时两极反应的逆反应。两者可用一个方程式表示:

$$2PbSO_4(s)+2H_2O(l) \underset{\text{放电}}{\overset{\text{充电}}{\rightleftharpoons}} Pb(s) + PbO_2(s) + 2H_2SO_4(aq)$$

但这样表示只是为了便于理解蓄电池工作的原理,并不表示这是一个可逆反应的平衡体系。因为在同一蓄电池中充电和放电过程是不可能同时发生的。

上述反应表示,蓄电池放电时硫酸的浓度减小。因此铅蓄电池放电的程度也可用测定硫酸密度的方法来判断。一般说来,硫酸的密度下降到约 1.1 g·cm^{-3} 时就需充电,硫酸密度增大到 1.38 g·cm^{-3} 时,标志着充电过程已完成。

铅蓄电池的使用历史最早,较为成熟,并且价廉。它的缺点是太笨重、抗震性差、易溢出酸液等。因此人们不断努力加以改进,如用硅胶吸附或用固体酸制成可改善其使用性能。

铅酸蓄电池自 1859 年由普兰特发明以来,至今已有 160 多年的历史,技术十分成熟,是全球上使用最广泛的化学电源。尽管近年来镍镉电池、镍氢电池、锂离子电池等新型电池相继问世并得以应用,但铅酸蓄电池仍然凭借大电流放电性能强、电压特性平稳、温度适用范围广、单体电池容量大、安全性高和原材料丰富且可再生利用、价格低廉等一系列优势,在绝大多数传统领域和一些新兴的应用领域,占据着牢固的地位。

2. 镍镉电池

镍镉电池是开发比较早的一种碱性蓄电池,可用下式表示:

$$(-)Cd \mid KOH(1.19 \sim 1.21 g \cdot cm^{-3}) \mid NiO(OH) \mid C(+)$$

放电时两极反应为

负极:$Cd(s) + 2OH^-(aq) \longrightarrow Cd(OH)_2(s) + 2e^-$

正极:$2NiO(OH) + 2H_2O(l) + 2e^- \longrightarrow 2Ni(OH)_2(s) + 2OH^-(aq)$

电池反应　$Cd(s) + 2NiO(OH)(s) + 2H_2O(l) \longrightarrow 2Ni(OH)_2(s) + Cd(OH)_2(s)$

充电反应为上述反应的逆反应。

镍镉电池电动势约为 1.3 V,内阻小,电压平稳,反复充放电次数多,使用寿命长,且能在低温下工作,故小到电子手表、袖珍电子计算器,大到矿灯、飞机、火箭乃至卫星,都用到镍镉电池。但由于镍镉电池中镉在电池废弃后会造成环境污染,不少国家已禁止使用,取而代之的是性能更为优越的镍氢电池。

3. 镍氢电池

镍氢电池是以新型贮氢材料(MH)—镍钛或镍镧合金材料作为负极,以镍镉电池用的氧化高镍作为正极,以 KOH 水溶液为电解液制备的电池,可下式表示:

$$(-) \begin{matrix} Ti-Ni \\ (La-Ni) \end{matrix} \bigg| H_2 \mid KOH \mid HiO(OH) \mid C(+)$$

镍氢电池的充放电原理如图 6-12 所示。充放电时的反应为

负极:$M + H_2O + e^- \underset{\text{放电}}{\overset{\text{充电}}{\rightleftharpoons}} MH + OH^-$

正极：$Ni(OH)_2 + OH^- \xrightleftharpoons[\text{放电}]{\text{充电}} NiO(OH) + H_2O + e^-$

电池反应：$Ni(OH)_2 + M \xrightleftharpoons[\text{放电}]{\text{充电}} NiO(OH) + MH$

在电池中,充电时 MH 作为阴极,电解 KOH 水溶液得到氢原子,被电极表面吸附并扩散到合金中形成金属氢化物,实现储氢。放电时 MH 作为负极放出氢原子,在电极表面被氧化,失去电子生成水,实现放氢。

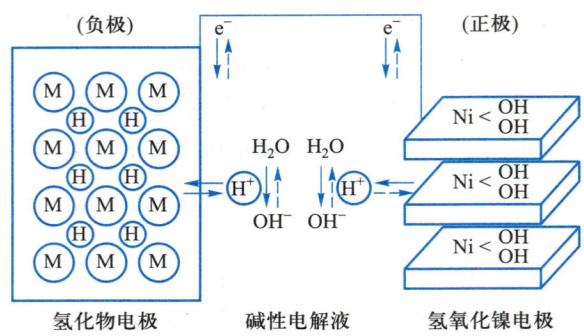

图 6-12　镍氢电池充放电原理示意图

镍氢电池有许多独特的优点:能量密度高,是镍镉电池的 1.5～2 倍;可快速大电流充放电;低温性能好;无记忆效应;无毒,无环境污染;不使用贵金属;循环寿命长等。其电压与镍镉电池相当。自 20 世纪 90 年代日本、美国将其投放市场以来,发展极为迅速。作为电极材料的储氢合金的主要成分,镍和稀土金属是我国丰产金属,原材料取材方便、价格低廉,因此,我国发展镍氢电池更具有国际竞争力。

4. 锂离子电池

在锂离子电池中,电池正、负极材料为 Li^+ 嵌入化合物。正极采用锂化合物 $LiCoO_2$、$LiNiO_2$、$LiMn_2O_4$、$LiFeO_2$、$LiWO_2$ 等,负极采用锂-碳层间化合物 Li_xC_6 等,电解质为溶解性锂盐 $LiPF_6$、$LiAsF_6$ 等有机溶剂。在充、放电过程中,Li^+ 在两个电极间往返嵌入和脱嵌,所以又形象地被称为"摇椅电池"。锂离子电池符号可用下式表示:

$$(-)C_n \,|\, LiClO_4 \sim EC+DEC \,|\, LiMO_2(+)$$

充放电时的反应为

负极：$C_n + xLi^+ + xe^- \xrightleftharpoons[\text{放电}]{\text{充电}} Li_xC_n$

正极：$LiMO_2 \xrightleftharpoons[\text{放电}]{\text{充电}} Li_{1-x}MO_2 + xLi^+ + xe^-$

电池反应：$LiMO_2 + C_n \xrightleftharpoons[\text{放电}]{\text{充电}} Li_{1-x}MO_2 + Li_xC_n$

式中,M＝Co、Ni、Fe、W 等,EC、DEC 为碳酸烷基酯类溶剂。

锂离子电池的能量密度高,是镍镉电池的 2～3 倍,镍氢电池的 1～2 倍;工作电压高(约为 4.0V),是镍镉、镍氢电池的 3 倍;体积小,比镍氢电池小 30%;质量轻,比镍氢电池轻 50%;且无记忆效应、无环境污染,寿命长,是 21 世纪发展的理想能源。

锂离子电池自1990年问世以来,便迅速在便携电子设备、电动汽车等众多领域展示了广阔的应用前景,使锂离子电池的研究和开发形成世界性的浪潮。美国等少数国家已经开发出锂聚合物电池。从液态电解质锂离子电池到固态聚合物锂离子电池的出现,无疑是锂离子电池发展中的一次飞跃。目前,我国许多科研单位也先后开展了锂离子电池材料及锂离子电池的研究,并已生产出产品。例如2022年,我国宁德时代新能源科技股份有限公司储能电池出货量达全球第一,被世界经济论坛评为"灯塔工厂"。

6.3.4 燃料电池

燃料电池是以还原剂(如氢气、甲醇等)为负极反应物质,以氧化剂(如氧气、空气等)为正极反应物质设计的电池。为了使燃料电池便于进行电极反应,要求电极材料兼具有催化剂的特性,可用多孔碳、多孔镍和铂、银等贵金属作电极材料。电解质则有碱性、磷酸、熔融碳酸盐、固体氧化物电解质以及高聚物电解质离子交换膜等。

与前面介绍的电池不同的是,燃料电池不是把氧化剂、还原剂物质全部储藏在电池内,而是在工作时不断从外界输入氧化剂和还原剂,同时将电极反应物不断排出电池。因此,它的重要意义在于它属于一种发电装置,能不断地将燃料直接转变为电能。

燃料电池技术自1839年格罗夫(Grove)发表世界上第一篇关于燃料电池的报告至今已有180多年的历史,近40年来发展迅猛。继氢氧碱性燃料电池(AFC)的发明并在宇宙飞船上成功应用之后,燃料电池又经历了供地面上使用的第一代磷酸盐燃料电池(PAFC),第二代熔融碳酸盐燃料电池(MCFC),现在已经发展到第三代高温固体氧化物电解质燃料电池(SOFC)。这期间,质子交换膜燃料电池(PEMFC)也取得了显著进展,甲醇直接氧化燃料电池(MDFC)再度兴起,生物燃料电池也正在探索。下面以氢氧碱性燃料电池为例说明其工作原理。

这种燃料电池常用30%~50%(质量分数)的KOH为电解液,燃料是氢气,氧化剂是氧气,负极材料是多孔镍电极或多孔碳电极,正极材料是氧化镍覆盖的多孔镍电极或多孔碳电极,如图6-13所示。电池符号可用下式表示:

$$(-)C\,|\,H_2(p)\,|\,KOH(aq)\,|\,O_2(p)\,|\,C(+)$$

电极反应为

负极:　　　　　$2H_2(g)+4OH^-(aq)\longrightarrow 4H_2O(l)+4e^-$

正极:　　　　　$O_2(g)+2H_2O+4e^-\longrightarrow 4OH^-(aq)$

可见,燃料电池是从燃料与氧化剂的反应直接产生电,不像常规发电设备那样从化学能转变为电能的中间转化过程存在固有的能耗。常规发电设备的最高能量转换效率不超过40%,而燃料电池的能量转换效率可以高达75%。

另一方面,与传统发电相比较,由于燃料电池自身不需要用水冷却,可以减少传统发电带来的水体热污染;燃料电池在发电过程中的主要产物是水,对环境无污染,而且其发电时噪声很小。所以说燃料电池是一种环保型的清洁能源。

然而燃料电池的成本还很高,暂时还不能取代常规发电系统。随着科学技术向前发展,对燃料电池研究的深入,新型燃料电池将会不断地创造出来,可以肯定地说,燃料电池是一个发展前景十分广阔的领域。

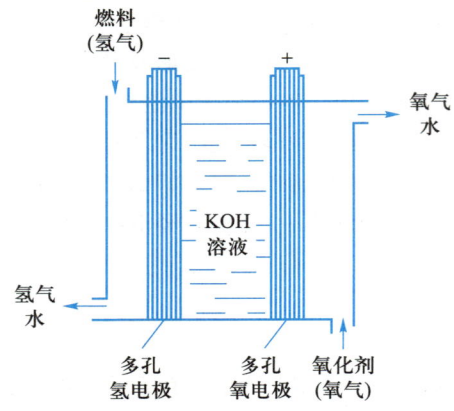

图6-13　氢氧燃料电池示意图

6.4　新兴电池

6.4.1　太阳能电池

太阳能电池工作原理的基础是半导体PN结的光伏效应(photovoltaic effect)。光伏效应指当物体受到光照时,物体内的电荷分布状态发生变化而产生电动势和电流的一种效应。当太阳光或其他光照射半导体的PN结时,就会在PN结的两边出现电压,叫作光生电压,如图6-14所示。

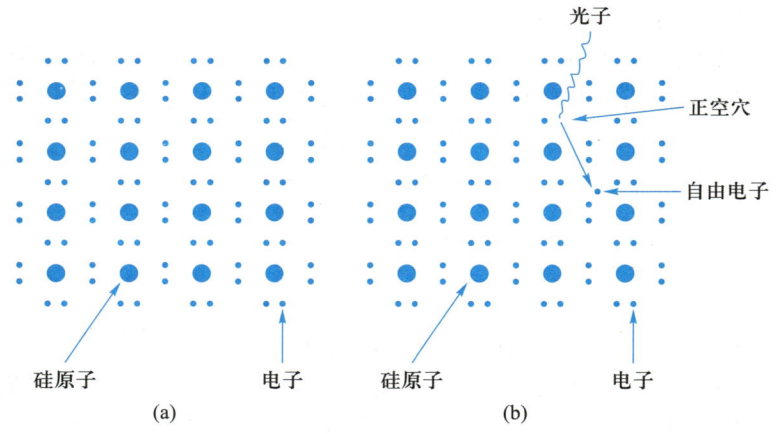

(a)　　　　　(b)

图6-14　硅半导体中光诱导电子的释放示意图

太阳能电池一般根据所用材料分为传统太阳能电池和新型太阳能电池。其中传统太阳能电池主要包括硅太阳能电池、无机化合物薄膜太阳能电池、染料敏化太阳能电池;新型太阳能电池主要包括有机太阳能电池、量子点(QD)太阳能电池和钙钛矿太阳能电池。在太阳能电池中,硅太阳能电池是发展最成熟的,在应用中居主导地位。

传统的高效硅太阳能电池由于硅材料纯化与器件制备过程复杂,虽然已经发展了数十年,价格仍然非常昂贵,大大限制了其商业化进程。而其他化合物半导体(碲化镉、铜铟镓硒等)等第二代太阳能电池及其薄膜化技术的发展,有效降低了电池的综合成本。随着更加高效低成本的第三代新型太阳能电池的兴起,太阳能电池正迎来它的黄金发展契机,在解决全球能源危机方面也必将展示重要的应用前景。

钙钛矿材料太阳能电池作为光伏器件领域中的后起之秀,自 2009 年被发现以来,凭借成本低、柔性好等优点,受到了人们的广泛关注。曾被《科学》(*Science*)期刊评为 2013 年的十大突破性科技进展之一。在过去的十年里,钙钛矿电池的研究发展迅猛,其光电转化效率已从初始的 2.2% 迅速飙升至超过 20%,接近硅基太阳能电池的水平。因此钙钛矿太阳能电池有望在光伏领域发挥更为重要的作用。

 科研进展

2022 年,南京大学谭海仁教授课题组和英国牛津大学学者运用涂布印刷、真空沉积等技术,在国际上首次实现了大面积全钙钛矿叠层光伏组件的制备,开辟了大面积钙钛矿叠层电池的量产化、商业化的全新路径。经国际权威第三方测试机构认证,该组件稳定的光电转换效率高达 21.7%,该工作被最新一期的《太阳电池世界纪录表》收录,相关成果刊发于国际权威学术期刊 Science。

6.4.2 全钒液流电池

钒电池全称为全钒氧化还原液流电池(vanadium redox battery,缩写为 VRB),是一种活性物质呈循环流动液态的氧化还原电池。与传统电池不同,作为储能装置的钒电池,它通过电解液的充放电进行能量的转换。钒电池测试系统示意图如图 6-15 所示,由外部循环的电解液和单电池组成,通过外部泵头调节电解液流量。单电池主要由石墨电极板、隔膜和外部支撑组成。电池运行中,V^{2+}、V^{3+}、VO^{2+}、VO_2^+ 四种价态钒离子通过化合价的变化进行充放电过程,整个钒电池形成工作回路,离子交换膜作为质子导通的通道。

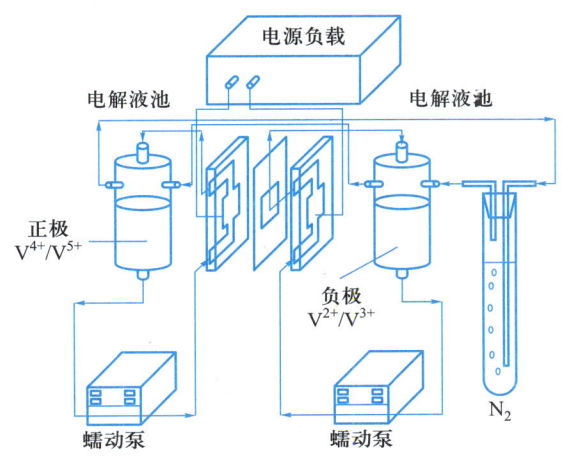

图 6-15 钒电池测试系统示意图

与其他化学电源相比,钒电池具有明显的优越性,主要优点如下:功率大、容量大、效率高、寿命长、响应速度快、可瞬间充电、安全性高、成本低、选址自由度大,可全自动封闭运行,无污染等。

日前,钒电池已经列入国家"863计划"备选项目。

6.4.3　电化学电容器

随着科学技术的发展,人类生活环境的提高,对能源的要求也越来越多样化,也要求储能设备具有更高的能量密度和功率密度,来替代或者辅助当前使用的电池。对电动汽车发展的要求更促进了对新型储能设备的研制。

电化学电容器(electrochemical capacitor,EC)又称作超大容量电容器(ultracapacitor)和超级电容器(supercapacitor)。它是一种介于传统电容器和电池之间的新型储能器件。与传统的电容器相比,电化学电容器具有更高的比容量;与电池相比,电化学电容器具有更高的比功率,可瞬间释放大电流,充电时间短,充电效率高,循环使用寿命长,无记忆效应和基本免维护等优点。因此,它在移动通信、消费电子产品、电动交通工具、航空航天等领域具有很大的潜在应用价值。

图6-16是电化学电容器的基本结构示意图。电化学电容器主要由电极、隔膜与集流体组成。根据电化学电容器储存电能的机理的不同,可以将它分为双电层电容器(double electric layer capacitor)和赝电容器(pesudocapacitor)。

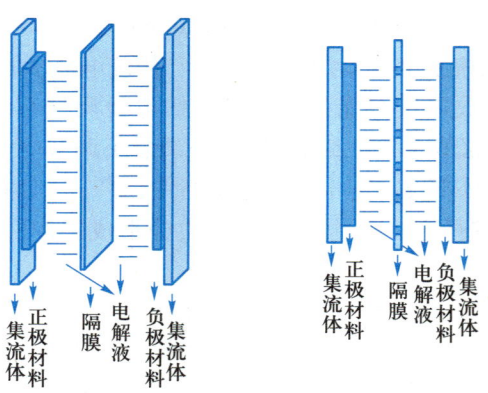

图6-16　电化学电容器的基本结构示意图

双电层电容器是利用电极和电解质之间形成的界面双电层来储存能量的一种新型电子元件。当电极和电解液接触时,由于库仑力、分子间力或者原子间力的作用,固液界面出现稳定的、符号相反的两层电荷,称为界面双电层。双电层电容器电极通常由具有高比表面积的多孔炭材料组成。

赝电容也称法拉第准电容,是在电极表面或体相中的二维或准二维空间上,电活性物质进行欠电位沉积,发生高度可逆的化学吸附、脱附或氧化还原反应,产生和电极充电电位有关的电容。赝电容不仅在电极表面,而且可在整个电极内部产生,因而可获得比双电层电容更高的电容量和能量密度。在相同电极面积的情况下,赝电容可以是双电层电容量的 10~100 倍。目前赝电容电极材料主要为一些金属氧化物和导电聚合物。

电化学电容器当前最受关注的是作为电动汽车的能源。电动汽车的关键部分是蓄电池，可以作为电动汽车动力能源的有铅酸电池、镍氢电池、锂离子电池以及燃料电池等。普通电池虽然能量密度高，行驶里程长，但是存在充电时间长、无法大电流充电、工作寿命短等不足。与之相比电化学电容器比功率大，充电速度快，输出功率大，刹车再生能量回收效率高。超大容量电容器具有 10 万次以上的循环寿命，安全可靠，在 -40~50 ℃温度范围内可以正常工作。由于超大容量电容器的寿命是普通化学电池的 100 倍以上且彻底免维护，使用超大容量电容器作为动力源的城市交通电动汽车综合运营成本大大低于采用电池作为动力源的电动汽车。目前世界各国都在开发电动汽车，主要倾向是开发混合电动汽车，用电池为电动汽车的正常运行提供能量，而加速和爬坡时可以用超大容量电容器来补充能量，另外，用超大容量电容器来存储制动时产生的再生能量。完全用超大容量电容器作为主电源的电动汽车，目前正成为各国科学家积极追求的目标，也对我国相关领域的研究者提出更高的挑战。

6.5　废旧电池的处理

6.5.1　废旧电池的危害

21 世纪以来环境污染逐渐加重，其中废旧电池以极小体积产生了大范围污染，从而对环境造成了危害。

电池中含有许多重金属元素，如镉、铬、镍、锰、汞等，当废旧电池被遗弃后，电池的外壳会慢慢腐蚀，其中的重金属物质会逐渐渗入水体和土壤，造成污染。

重金属污染的最大特点是它在自然界不能降解，只能通过净化作用，将污染消除。例如重金属铅离子对土壤、水源的污染是一种短期危害，但对生态环境的危害却是潜在的、长期性的危害。这是因为土壤具有一定的孔隙，对有机物或含碳、氧、磷、硫等化合物进行降解后，可生成无毒或低毒物质，表现出一定的自净能力，但是汞、铅、镉等重金属进入环境后，却不易被降解，会长期蓄积在土壤中，破坏自然的自净能力，使土壤成为污染物的"储存库"，最终降低土壤肥力，在这样的土壤中种植农作物，重金属会被植物根系吸入植物体内，引起农作物减产和质量问题等。在土中的重金属还会不断迁移到相邻的环境介质中，被雨水冲刷后渗透到深层土壤，并随地下水进入江河水源，人一旦饮了这种水，就会出现多系统多器官的慢性损害。

例如在自然界中废旧电池的汞会慢慢从电池中溢出来，进入土壤或水源，再通过农作物进入人体，损伤人的肾。在微生物的作用下，无机汞可以转化成甲基汞，聚集在鱼类的体内，人食用了这种鱼后，甲基汞会进入人的大脑细胞，使人的神经系统受到严重破坏，重者会发疯致死。

一节一号电池能使 1 m² 的土地失去利用价值，一粒纽扣电池能污染 60 万升水（一个人一生的用水量）。据有关资料报道，全球的镉污染有 50% 来自废旧电池的污染,长期饮用被镉污染的水,会发生骨质改变和贫血,典型表现是全身骨骼酸痛。

此外,铬会引起胃肠道溃疡和损伤;镍有致癌倾向,还可导致心肌损伤;铅被摄入后不易排泄,高血铅会导致儿童行为异常和低智商;锰虽为人体所需的微量元素,但吸收过多会引起中毒;汞可通过血脑屏障进入中枢神经,造成神经紊乱甚至性格改变等。因此,人们把一节节的废旧电池说成是"污染小炸弹"。正是由于废旧电池对人类造成的巨大危害,我们意识到废旧电池回收不足的严重性,因此对废旧电池处理迫在眉睫。

6.5.2　废旧电池的回收处理

目前,废旧电池通行的处理方式大致有三种:固化深埋、存放于废矿井和回收利用。前两者一般是将废旧电池运往专门填埋场与废矿井填埋,但这种做法花费较大,而且还会造成对环境的破坏和对资源的浪费。因此,加强对废旧电池的回收处理具有战略意义。世界上很多国家已经开展了对废旧电池的回收利用,回收利用方法主要分为三种。

第一种:热处理。这种方法是将废旧电池磨碎后送往炉内加热,从中提取挥发出的汞;当温度更高时,贵重金属锌也会被蒸发为气态实现回收;剩余的铁和锰熔合后成为炼钢所需的锰铁合金。瑞士的巴特列克公司采取的方法就是热处理法,该工厂一年可加工 2000 吨废旧电池,可获得 780 吨锰铁合金、400 吨锌合金及 3 吨汞。

第二种:湿处理。除铅蓄电池外,由于各类电池均溶解于硫酸,因此可以借助离子树脂从溶液中提取各种金属,用这种方式获得的原料比热处理方法纯净,而且电池中包含的各种物质有 95% 都能提取出来。德国 Duesenfeld 回收公司在文德堡的工厂就采用了湿法冶炼工艺。

此外,为加强对废旧电池的管理,德国实施了废旧电池回收管理新规定。规定要求消费者将使用完的干电池、纽扣电池等各种类型的电池送交商店或废品回收站回收,商店和废品回收站必须无条件接收废旧电池,并转送生产厂家进行处理。据估计,德国平均每人每年要消耗 10 节电池,合计约 30000 吨,大量丢弃的废旧电池对土壤环境的破坏是严重的。据德国环境部统计,德国每年回收带有毒性的镍镉电池只有 1/3,而 2/3 的电池被作为生活垃圾处理,每年流入环境中的汞约 8 吨、镍400 吨、镉 400 吨。

第三种:真空热处理法。这种方法主要适用于含汞的电池,将废旧电池在真空中加热,使汞迅速蒸发回收,然后将剩余原料磨碎,用磁铁提取金属铁,再从余下粉末中提取镍和锰。但由于现在一次电池已不含汞,所以原来采用这种处理方法的工厂业务也发生了转化,例如日本野村兴产株式会社的主要业务是关于一次性废旧电池处理和废荧光灯处理,该公司每年收购的废旧电池达 13000 吨,占日本全国废旧电池的 20%,收集的方式是 93% 通过民间环保组织收集,7% 通过各厂家收集。过去该公司主要回收废旧电池中的水银,通过高温(600~700 ℃)焚烧炉焚烧使水银变为蒸气收集,但现在日本国内电池已不含汞,所以其业务就改为回收电池的中的其他重金属原料,并进行二次产品的开发制造,例如回收锂离子电池中利润可观的钴。

6.5.3 我国废旧电池的处理现状与发展

我国是世界第一电池生产大国,年产量 200 余亿只,其中绝大多数是一次电池,一次电池对环境的危害主要是电池中汞的泄漏对土壤和地下水的污染。

为解决上述问题,我国采用了从源头推进电池的"无汞化"处理方案。中国轻工总会、国家环保总局、国家质量技术监督局等 9 个部委局于 1997 年 12 月 31 日联合发布了《关于限制电池产品汞含量的规定》,要求到 2002 年 1 月 1 日禁止在国内生产和经销汞含量大于电池重量 0.025% 的电池,到 2006 年 1 月 1 日禁止在国内生产和经销汞含量大于电池重量 0.0001% 的碱性锌锰电池。资料显示,自电池的"限汞令"发布之后,我国电池企业积极革新生产工艺、改进原料配方,目前正规电池生产企业生产的电池已经基本实现无汞。

所以,对于已经"无汞"的一次电池,按照国家现行垃圾分类标准,属于"其他垃圾",不属于"有害垃圾",因此废弃时可随生活垃圾一同丢弃,垃圾分类时可以直接投入其他垃圾桶中。

但是随着移动通信事业的发展,新能源汽车爆发式的增长,也带来了一个新的问题,即动力电池污染。

动力电池的回收利用主要有两种途径:一是电池的梯次利用;另外一种是再生利用。梯次利用是将退役的动力电池进行筛选,选择其中性能较好的电池在其他领域进行再次使用,如图 6-17 所示;再生利用是将废旧动力电池通过拆解、提炼金属等方式进行资源化处理,回收有价值的再生资源。

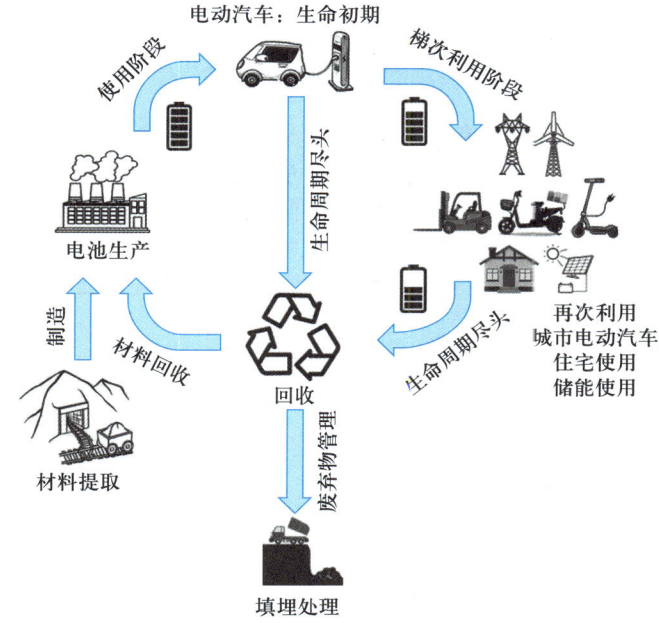

图 6-17 动力电池的梯次利用

2018 年 7 月,我国工业和信息化部发布《新能源汽车动力蓄电池回收利用溯源管理暂行规定》,提出建立"新能源汽车国家监测与动力蓄电池回收利用溯源综合管理平台",这是我国开展动力电池溯源管理的第一步。平台实施效果显著,截至 2022 年 12 月底,收录的新能源汽车数量已超过 1200 万辆。平台的建立实现了我国对动力电池的数据化管理,为推动建立动力电池循环经济奠定了良好基础。

2019 年 12 月,《新能源汽车废旧动力蓄电池综合利用行业规范条件(2019 年本)》发布,行业内企业自愿申报,工业和信息化部从布局与选址、技术、工艺、能耗等方面对业内企业进行综合评估。截至 2022 年 12 月底,已累计发布了四批次符合条件的企业名单,共计 88 家,其中第四批次企业数量为 41 家,占比达 47%。

经过多年发展,我国废旧动力电池回收行业涌现了一大批行业领先企业。例如,广东邦普循环科技有限公司(简称邦普循环)成立于 2005 年,一直从事锂资源的回收业务。2013 年,宁德时代收购邦普循环 52.88% 股份,协同打造"电池生产—使用—梯次利用—回收与资源再生"的产业生态。目前邦普循环已成为国内最大的废旧动力电池综合回收利用企业之一,企业公开资料显示,其 2021 年废旧动力电池回收量占全国总量的 50%,电池原材料出货量占全国的 46%。这些企业在能源安全和绿色化学领域取得了一定成绩。

思考题与习题

1. 在原电池的结构中,电极和电解液都是其重要组成部分,请以碱性氢氧燃料电池为例,对其结构进行分析。并查阅资料,讨论为什么要使用多孔镍电极或多孔碳电极作为惰性电极?

2. 请思考饱和甘汞电极和标准甘汞电极有什么区别? 为什么在实验室中通常采用饱和甘汞电极而不是标准甘汞电极作为参比电极? 这种电极的使用能给我们带来哪些便利?

3. 请结合生活实际,举 2~3 个例子说明哪些电池属于一次电池,哪些电池属于二次电池? 这两类电池在使用时有哪些注意事项?

4. 锂电池和锂离子电池有哪些相似之处和不同点,请结合生活实际,并查阅资料谈一谈,在我们的日常生活中,有哪些地方用的是锂电池? 哪些地方用的是锂离子电池?

5. 虽然太阳能发电比化石燃料发电的价格要高,但作为可再生能源,太阳能发电是实现环境清洁电力的重要途径。目前,利用光电效应实现由太阳能转化为电能的钙钛矿电池是其中非常重要的研究方向,请查阅资料,了解钙钛矿电池研究最新进展,提出此类电池能够实现商业应用的前景和展望。

材料是人类赖以生存和发展的物质基础。人类的一切活动都离不开材料,人类使用材料的历史就是人类社会的发展史。从上古的石器时代、公元前的青铜器时代、铁器时代、陶器时代,至 18 世纪的钢时代,20 世纪以后的硅时代、高分子材料时代,到如今的新材料时代,历史的发展充分证明,材料与人类社会的发展密切相关,材料在人类社会的发展中具有不可替代的作用和地位。

20 世纪 70 年代,人们把材料、信息、能源作为当代社会文明的三大支柱;20 世纪 80 年代,又把新材料、信息技术、生物技术作为新技术革命的重要标志;到了 21 世纪,新材料技术又被国际上定义为六大通用高技术领域之一,这充分说明材料的重要性。事实证明,材料对推动科学技术的发展十分重要,没有半导体材料的发展,就不可能有今天的计算机技术;没有高强度、耐高温材料的发展,就不会有今天的航空航天技术。很多国家都把材料作为优先发展的领域,因为材料是一切科学技术发展的先导和物质基础。可以说,每一种新材料的发现、开发和利用,都会推动科学技术的发展,给人类社会带来巨大的变化。

材料学就是研究材料的制备或加工工艺、材料结构与材料性能三者之间相互关系的科学,这门学科研究的内容与化学密切相关,所以本章将从化学学科的角度对材料加以介绍。

7.1 材料简介

7.1.1 材料的定义和发展史

材料是经过某种加工后具有一定组成、结构和性能,适合于某种用途的物质,因此功能性是材料所具有的突出特征。有的材料可以从自然界直接获得,如黏土、木材、棉花、煤炭等;有的材料可以通过人工合成的方法得到,如铝合金、陶瓷、碳纤维、光纤、工程塑料等。

纵观人类利用材料的历史,可以发现世间万物都是由形形色色的材料构筑而成的。迄今为止,人类使用材料的历史已经历经七个时代,如表 7-1 所示。

表 7-1　人类使用材料的历史

公元前 10 万年	石器时代
公元前 3000 年	青铜器时代
公元前 1000 年	铁器时代

续表

公元元年	陶器时代
公元 1800 年	钢时代
公元 1950 年	硅时代
公元 1900 年	新材料时代

公元前 10 万年，人类开始利用石料制造各种狩猎和农耕工具。在新石器时代后期，人类学会使用黏土烧制陶器，在寻找石器过程中认识了矿石，并在烧陶生产中发展了冶铜术。公元前 3000 年，铜合金出现了。大约在公元前 1500 年，人类开始使用铸铁，从而开创了铁器时代。随着高温烧制技术的发展，人类又发现一些陶器由于高温导致局部熔化而变得更加坚硬，从而完全改变了陶器多孔与渗透的缺点而成为瓷器，这是陶器发展历程的一次重大飞跃。

到 19 世纪，人类发现钢铁在高温下也可以具有高强度，并制造了以钢铁为主体结构的蒸汽机。钢铁工业成为产业革命的重要内容和物质基础，极大地丰富了人类社会的物质文明，引起了第一次产业革命。19 世纪中叶，铜、铅、锌等金属广泛地应用于人们的生产生活，铝、镁、钛等金属也相继问世并得到应用。直到 20 世纪中叶，金属材料在材料工业中一直占有主导地位。伴随着钢时代的发展，电子技术也得到了极大的发展。20 世纪中叶，随着以硅、锗等半导体材料为基础的信息技术的高速发展，人类进入了硅材料时代。另外，人工合成高分子材料问世。先后出现尼龙、聚乙烯、聚四氟乙烯等塑料，以及维尼纶、合成橡胶、功能高分子材料等。经过几十年的发展，高分子材料就与有上千年历史的金属材料并驾齐驱，并在年产量的体积上超过了钢，成为国民经济、国防尖端科学和高科技领域不可缺少的材料。

进入 20 世纪 90 年代，人类不断地发展和研制新材料，这些新材料具有传统材料所不可比拟的优异性能与独特优势，是发展航天、信息、能源、生物、海洋开发等高新技术的重要基础，也是整个科学技术进步的突破口，并给社会带来了有目共睹的进步，人类从此进入了新材料时代。

最轻材料——
飞行石墨

目前，世界上的传统材料已有几十万种，而新材料的品种正以每年大约 5% 的速度增长，人们往往用材料的发展和应用水平来衡量一个国家国力的强弱、科学技术进步的程度和人们生活水平的高低。材料不管在过去、现在还是将来都必然是一切科学技术，尤其是高新技术发展的先导和支柱。

 7.1.2　材料的分类

材料数目繁多，因此对其进行科学分类就显得格外重要。为了便于研究和应用，可以按化学成分、生产过程、结构与性能特点，将材料分为三大类，即金属材料、无机非金属材料和有机高分子材料。三大材料相互交叉、互相融合，一起构成现代工程材料的三大支柱。由三大类材料中任意两种或两种以上复合而成的材料称为复合材料。实际上，某一类材料中的不同材料也可构成复合材料，如铝板与铜板可通过爆炸复合

成铝铜层叠复合材料等。

1. 金属材料

金属材料是以金属元素或以金属元素为主构成的具有金属特性的材料的统称,包括纯金属、合金、金属间化合物和特种金属材料等。由于在元素周期表百余种化学元素中,金属元素大约占 80%,因此金属材料是现代社会用量最大、使用最广泛的工程材料。

金属材料包括钢铁材料(黑色金属)和非铁(有色)金属材料两大类。其中黑色金属是工业上对铁、铬和锰的统称,也包括这三种金属的合金,由于这三种金属都是冶炼钢铁的主要原料,所以被统称为黑色金属材料。

有色金属材料是指三种黑色金属以外的所有金属及合金。其中,铝、铜合金应用最为广泛,钛、钒、钴、锆、铋等在电子、原子能和宇航领域中具有特殊用途。

2. 无机非金属材料

无机非金属材料是以某些元素的氧化物、碳化物、氮化物、卤化物、硼化物以及硅酸盐、铝酸盐、磷酸盐、硼酸盐等物质组成的材料,主要包括陶瓷、水泥、玻璃及其他非金属矿物材料等。

3. 有机高分子材料

有机高分子材料又称为有机高聚物或有机聚合物,是以高分子化合物为基本组分,加入适当助剂后经过一定加工而制成的材料,包括塑料、橡胶、纤维等。

有机高分子材料的分类有很多种。如果根据组成高分子材料的高分子化合物的来源,可将其分为天然高分子材料和人工合成高分子材料。其中,天然高分子材料有蚕丝、羊毛、天然橡胶以及存在于生物组织中的淀粉、蛋白质等。人工合成的各种高分子材料包括塑料、合成橡胶及合成纤维等。如果根据组成高分子材料的高分子化合物的主链结构,则可将其分为碳链高分子材料、杂链高分子材料和元素高分子材料。若依据高分子化合物的热性质,又可将其分为热塑性高分子材料和热固性高分子材料。

4. 复合材料

F.L.Matthews 和 R.D.Rawlings 认为,复合材料是由两个或两个以上组元组成的混合物,并应满足以下三个条件:① 组元含量大于 5%;② 复合材料的性能显著不同于各组元的性能;③ 通过各种方法混合而成。

复合材料与一般材料的简单混合有着本质区别,它既保留原组成材料的重要特色,又通过复合效应获得原组分所不具备的性能。可以通过材料设计使原组分的性能相互补充并彼此关联,从而获得更优越的性能。复合材料主要由基体相和增强相两部分组成。按基体材料的不同可以分为树脂基、金属基、陶瓷基等复合材料,目前使用较多的是树脂基复合材料;按增强材料的种类和形态可以分为纤维增强、颗粒增强和层叠增强复合材料等,其中纤维增强复合材料的应用较为广泛。

7.2 金属材料

7.2.1 金属材料简介

人类文明的发展和社会的进步同金属材料关系十分密切。继石器时代之后出现的青铜器时代、铁器时代,均以金属材料的应用为其时代的显著标志。

自古至今,在工业生产和日常生活中应用的绝大部分金属材料都是由两种或两种以上元素组成的。例如:钢铁中一般都含有 Fe、C、Si、Mn、Cr、S、P 等元素;黄铜合金主要由 Cu、Zn 元素组成。通常将基本上由一种金属元素组成的物质称为纯金属,并且按照纯度的不同分为工业纯金属和化学纯金属。纯金属是应用现代科学技术才能大量生产制备的,现代技术已能制出纯度高达 99.999% 的纯金属。但金属无论纯度如何高,总是不可避免地含有杂质元素。因此,从理论上和应用上,很难将其和合金截然分开。广义上讲,"金属"是包括合金在内的。

金属材料具有很多优异的特性,如良好的延展性、导电导热性等。这是因为金属原子外层电子少,容易失去。当金属原子相互靠近时,其外层价电子脱离原子成为自由电子,为整个金属所共有,即电子的公有化,它们在整个金属内部运动,形成电子"海洋",金属阳离子和自由电子之间的相互作用形成的键称为金属键。

利用金属键理论可解释金属所具有的各种特性:金属内原子面之间发生相对位移后仍旧保持着金属键结合,所以金属具有良好的延展性;在外加电场作用下,自由电子可在金属中定向运动,形成电流,显示良好的导电性;固态金属中,不仅阳离子的振动可传递热能,而且电子的运动也能传递热能,故金属比非金属具有更好的导热性;金属中的自由电子可吸收可见光的能量、被激发跃迁到较高能级,因此金属不透明。当它回到原来的能级时,将吸收的能量重新辐射出来,故使金属具有不同颜色的金属光泽。

金属材料还具有其他材料体系所不能完全取代的独特的性质和使用性能。例如,金属有比高分子材料高得多的模量,有比陶瓷高得多的韧性以及具有磁性等优异的物理性能。在可以预见的将来,金属材料仍将占据材料工业的主导地位,这种情况在发展中国家尤其如此。金属材料还在不断推陈出新,许多新兴金属材料应运而生,涌现了许多新型高性能金属材料。金属材料正在向着高功能化和多功能化方向发展。

7.2.2 新型金属材料

1. 非晶态合金

非晶态是指物质内部结构中原子呈长程无序排列的一种状态,具有非晶态结构的合金称为非晶态合金,又称为金属玻璃。一般认为,非晶态仅存在于玻璃、聚合物等非金属领域。这类非晶态物质既可以由熔融(液态)物质在冷却过程中不发生结晶而形成,也可以由物质原子通过气相沉积、离子束混合、机械合金化或强变形等方法获得。

目前,非晶态物质在自然界中占据了很大比例,从传统氧化物玻璃、卤化物玻璃和硫属化合物玻璃,到非晶态半导体,再到非晶态合金,非晶态材料已经成为支撑现代经济的一类重要工程材料,它们对经济和社会的发展起着举足轻重的作用,除了人们日常生活中大量采用的玻璃材料外,在高科技领域,非晶态物质已大量用于光通信、激光、光集成、新型太阳能电池、高效磁性和输电材料。

20 世纪 50 年代,人们从电镀膜上了解到非晶态合金的存在。1960 年,美国加州理工学院 Duwez 小组发明了使用喷枪来急冷金属液体的快速淬火技术。利用这种快凝淬火,可达到 $10^5 \sim 10^6$ K·s^{-1} 的冷却速度。在这一冷却速度下,$Au_{75}Si_{25}$ 金属熔体越过结晶相的成核和生长而形成非晶态合金,这是世界上首次报道的非晶态合金相关研究。

20 世纪 70 年代后,人们对非晶合金进行了大量的研究工作,发现很多金属合金体系能形成非晶态。此后,随着熔体快淬技术被迅速拓展和完善,大量非晶态合金被发现。到 20 世纪 80 年代,由于利用连续铸造工艺制备的商用产品获得了成功,非晶合金的研究达到了一个高峰,并在变压器铁芯和磁传感器方面获得了广泛应用。

非晶态合金或金属玻璃合金与传统氧化物玻璃不同,合金中原子的结合是金属键,而不是共价键,所以许多与金属相关的特性被保留下来,例如,非晶韧性好、不透明,而不是像氧化物那样很脆且透明。从某种意义来说,非晶态结构是无缺陷的,而不是像晶体材料那样有位错和晶界等。相反,我们也可以认为非晶态合金所具有的无定形结构是连续的缺陷,因为其中每处都没有正常晶体材料那样的周期性。

目前世界上已进行的研究与开发工作结果表明,与传统晶态合金材料相比,块体非晶合金材料在多项使用性能方面具有十分明显的优势,主要表现包括:

(1) 更为优异的力学性能。例如 Mg 基非晶合金的强度从最初的 600 MPa,发展到了目前的 800 MPa,Cu 基合金的强度超过了 2000 MPa,特别是 Co-Fe-Ta-B 合金的强度达到了 5000 MPa。目前已开发出的 Zr 基非晶合金的断裂韧性可达 60 MPa·m$^{1/2}$ 以上,是目前已发现的最为优异的穿甲弹芯材料之一。

(2) 良好的加工性能。例如在玻璃转变温度附近,La-Al-Ni 非晶态合金的延伸率可轻易达到 15000%,其他一些块体非晶合金材料在塑性变形过程中也显示了不同程度的超塑性,因此在实际中可针对不同的用途对块体非晶合金材料方便地进行各种微米甚至纳米级精密加工。

(3) 更为优异的抗多种介质腐蚀的能力。晶态金属材料中,典型的耐腐蚀材料是不锈钢,但不锈钢在含有侵蚀性离子(如氯离子等)的溶液中,一般会发生一定程度腐蚀。与之相比,Fe-Cr-Mo-B-P 非晶的耐腐蚀性比常规不锈钢高 10000 倍,因此可在一些更为恶劣的环境下长期使用。

(4) 优良的软磁、硬磁以及独特的膨胀特性。非晶态合金结构无序,不存在磁各向异性,因而易于磁化。例如,Fe 基非晶的饱和磁化强度达到 1.5 T 以上。当一些块体非晶合金材料经过后续热处理成为纳米晶合金后,能够显示出更为优异的磁性能,可作为传统材料的优秀替代品。

正是由于以上优异的物理、化学、力学性能及精密成型性,块体非晶合金在航空航天器件、精密机械、信息等领域都显示出重要的应用价值,已经引起了物理、化学和材料科学各领域科技工作者的广泛重视。

2. 形状记忆合金

形状记忆合金(shape memory alloy,SMA)的特征可以描述为材料在较低温度下受到外力变形,外力去除后,仍保持其变形后的形状,加热到某一临界温度以上后,材料又自动恢复到原来的初始形状,似乎对以前的形状保持了记忆。形状记忆合金具有的能够记住其原始形状的功能称为形状记忆效应(shape memory effect,SME)。形状记忆合金作为一种特殊的新型功能材料,是集感知与驱动于一体的智能材料,因其功能独特,可以制作小巧玲珑、高度自动化、性能可靠的元器件而备受瞩目,并获得了广泛应用。

在金属中发现形状记忆效应最早可追溯到 20 世纪 30 年代。1938 年,美国的 Greningerh 和 Mooradian 在 Cu-Zn 合金中发现了马氏体的热弹性转变。随后,苏联的 Kurdiumov 对这种现象进行了研究。1951 年,Chang 和 Read 在 Au-Cd 合金中用光学显微镜也观察到这一变化,这是最早观察到金属形状记忆效应的报道。数年后,Burkhart 在 In-Ti 合金中观察到同样的现象。然而在当时,这些现象的发现只被看作个别材料的特殊现象而未能引起人们足够的兴趣和重视。直到 1963 年,美国海军武器实验室的 Buehler 等人发现等原子比 Ti-Ni 合金具有优良的形状记忆功能,并成功研制出具有实用价值的形状记忆合金“Nitinol”,形状记忆合金才引起了人们的广泛兴趣,对形状记忆合金的研究从此进入了一个新的阶段。

1969 年,美国宇航员乘坐的“阿波罗”11 号登月舱所使用的无线通信天线即为 Ni-Ti 合金制造。人们在室温下将合金丝切成许多小段后弯曲成天线的形状,之后将小段合金丝焊接固定成工作状态再压成小团状,装进登月舱带上太空。登月后,在阳光照射下,达到该合金的转变温度 77 ℃,天线自动张开,呈巨大的半球状。

20 世纪 80 年代初,科研工作者突破了 Ti-Ni 合金研究中的难点。从此以后,形状记忆合金开始广泛应用于生产、生活的各个领域。在各国申请的有关形状记忆合金的技术专利已逾万件,投入市场付诸应用的实例已有上百种。同时,随着智能材料、智能机构研究的兴起,又将形状记忆合金的应用推向了更广泛的领域。迄今为止,已生产的 10 多个系列 50 多个品种的形状记忆合金已广泛应用于电子、机械、能源、医疗、航空航天、汽车、家电和建筑等各个行业。

迄今发现具有形状记忆效应的合金系已达 20 余种,大致可以分为 Ti-Ni 系、铜系、铁系。考虑到实际应用,要求形状记忆合金的弯曲量大、塑性高,因此已得到实际应用的还仅局限于 Cu-Zn-Al 合金和 Ti-Ni 合金。前者价格较低,受到人们青睐;后者价格较贵,但性能优良,特别是与人体有一定的生物相容性。由近等原子比 Ni-Ti 合金制成的多种医疗器械,如接骨器、管腔支架、先心介入器件和牙齿正畸丝等已经在临床应用中展现出了良好的治疗效果。但是,近年来的许多研究表明 Ni-Ti 合金在人体生理环境腐蚀作用下会溶出镍离子,而镍离子具有致敏性、细胞毒性和致癌性。如果能够研制出新型生物安全型形状记忆合金(不含 Ni 等有毒元素)作为 Ni-Ti 合金

形状记忆合金——血管支架

的替代材料,将彻底解决植入体存在的生物安全风险,并对其他生物医用金属材料的研究和发展起到一定的推动作用。2000 年以来,以生物安全型 Ti-Nb 合金为代表的新型钛合金已经逐渐成为生物医用形状记忆合金领域的重点研究方向。

7.2.3 金属的腐蚀和防护

金属腐蚀是指金属材料与其所处环境介质发生化学或电化学作用而引起的材料的破坏及性能恶化。金属腐蚀的破坏不像地震、海啸、台风那样在短暂瞬间内造成巨大灾害,而是无时无刻不在静悄悄地吞噬金属,由此造成的年损失远远超过水灾、火灾、风灾等损失的总和。数据显示,全世界每分钟就有一吨钢腐蚀成铁锈,每年因腐蚀而报废的金属材料约占当年金属生产量的 1/10,我国每年因受腐蚀而不能回收利用的钢铁达 1000 多万吨。不仅如此,因腐蚀造成的间接损失者如停工减产、物料流失、环境污染甚至危害人体健康造成严重事故等比腐蚀本身的直接损失还要大很多。因此,研究金属材料的腐蚀规律并采取有效的防护措施是极其重要的。

一般而言,绝大多数的金属都是经过耗能的冶炼过程,从矿石(化合物)转变为单质形态的。除了金、铂、钯、铱等极少数贵金属外,几乎所有的金属无不处于热力学不稳定状态。发生腐蚀时,金属的界面上发生了化学或电化学多相反应,释放出能量,使金属离子转入氧化状态,即返回到先前稳定的自然矿物态。因此,可以说金属腐蚀是冶炼过程的逆过程。例如,铁常以 Fe_2O_3 形式存在于赤铁矿的矿石中,而 Fe_2O_3 也是铁的腐蚀产物——铁锈的成分,即其冶炼前的自然状态。伴随着腐蚀过程的进行,包括金属材料和腐蚀介质在内的整个腐蚀体系的热力学自由能都会降低,这就是腐蚀过程进行的驱动力。

金属的腐蚀如果按腐蚀过程分,包括化学腐蚀和电化学腐蚀;按金属腐蚀破坏的形态和腐蚀区的分布,主要有全面腐蚀和局部腐蚀;还有按腐蚀的环境条件把腐蚀分为高温腐蚀和常温腐蚀,干腐蚀和湿腐蚀等。

影响金属腐蚀的因素一般包括:

(1)气相湿度和金属腐蚀的临界相对湿度。

空气中氧气始终是充分供给的,腐蚀反应的速率主要取决于水分出现的机会,如果达到或超过某一相对湿度时,锈蚀便很快发生与发展,一般来说,钢铁生锈的临界相对湿度约为 75%。例如在靠近海边的地区,夏季空气湿度比较大的时候,钢铁生锈的速率要比空气湿度较小的内陆地区快得多。

(2)空气中污染性物质的影响:常见的有 SO_2,CO_2,Cl^- 尘等,它们大都是酸性气体。

(3)温度的影响:环境温度及其变化影响金属表面水分凝聚及电化学腐蚀反应速率。

(4)酸碱盐的影响:主要表现在影响水膜电解质浓度和 H^+ 浓度,从而加速腐蚀。

(5)生产过程中的一些影响因素:如人体汗液、金属切削液、洗涤液、油污等均会加速腐蚀。

腐蚀破坏的形式种类很多,在不同环境条件下引起的金属腐蚀的原因不尽相同。为了减缓腐蚀破坏及其损伤,根据金属腐蚀的原因不同选择不同的防护措施,通过改变某些作用条件和影响因素控制腐蚀过程是可以实现的。由此发展起来的方法、技术和相应的工程实施方案逐渐成为防腐蚀工程技术，主要有改善金属的本质，把被保护金属与腐蚀介质隔开，或对金属进行表面处理，改善腐蚀环境以及电化学保护等。在实践中常用的是以下几类防护技术：

（1）合理选材：根据不同介质和使用条件，选用合适的金属材料和非金属材料；

（2）介质处理：包括除去介质中促进腐蚀的有害部分（例如锅炉给水的除氧）、调节介质的 pH 及改变介质的湿度等；

（3）阴极保护：利用电化学原理，将被保护的金属设备进行外加阴极极化降低或防止腐蚀；

（4）阳极保护：对于钝化溶液和易钝化的金属组成的腐蚀体系，可采用外加阳极电流的方法，在腐蚀介质中使其阳极极化至稳定的钝化区以降低金属的腐蚀；

（5）添加缓蚀剂：向介质中添加少量能阻止或减慢金属腐蚀的物质以保护金属；

（6）金属表面覆盖层：在金属表面喷、衬、镀、涂上一层耐蚀性较好的金属或非金属物质以及将金属进行磷化、氧化处理，使被保护金属表面与介质机械隔离而降低金属腐蚀；

（7）合理地防腐设计及改进生产工艺流程，以减轻或防止金属腐蚀。

每种防腐蚀措施，都具有应用范围和条件，使用时要注意。对某一种金属有效的措施，在另一种情况下就可能无效，甚至是有害的。例如阳极保护只适用于金属在介质中易于阳极钝化的体系。如果不造成钝化，则阳极极化不仅不能减缓腐蚀，反而会加速金属的阳极溶解。

因此，对于一个具体的腐蚀体系，究竟采用哪种防腐蚀措施，应根据腐蚀原因、环境条件、各种措施的防腐效果、施工难易以及经济效益综合考虑，不能一概而论。

7.3　无机非金属材料

7.3.1　无机非金属材料简介

无机非金属材料主要指各种金属元素与非金属元素形成的无机化合物和非金属单质材料，是除金属材料和有机高分子材料以外的所有材料的统称。

无机非金属材料的化学组成质点间的结合力主要为离子键、共价键或离子-共价键。金属氧化物主要是离子键结合，化学键强度极高。这类材料具有稳定的结构，熔点高、强度高、硬度高、脆性大、热膨胀系数小。离子晶体固态绝缘，熔融后可导电。由于这些键的特点，例如高键能和强极性等，赋予这一大类材料以高熔点、高强度、耐磨损、耐腐蚀及抗氧化的基本属性和宽广的导电性、导热性、透光性以及良好的铁电性、铁磁性和压电性等特殊性能。

无机非金属材料的名目繁多，用途各异，目前尚没有统一而完善的分类方法。通常把它们分为传统无机非金属材料和新型无机非金属材料两大类。传统无机非金属材料是工业和基本建设所必需的基础，主要包括陶瓷、玻璃、水泥、耐火材料、多孔材料如沸石分子筛和碳素材料如石墨、焦炭、炭黑等。

新型无机非金属材料是 20 世纪中期以后发展起来的具有特殊性能和用途的材料。随着科学技术的发展和进步，越来越多的新型无机非金属材料被研究出来。它们是现代新技术、新产业、传统工业技术改造、现代国防和生物医学所不可缺少的物质基础，主要有先进陶瓷、非晶体材料、人工晶体、无机涂层和无机纤维等。

无机非金属材料优异的性能及广泛的应用，使其成为现代高新技术产业发展的支柱，尤其在微电子、光电子、空间技术和先进制造技术等领域占有非常重要的地位。例如，微电子技术就是在单晶硅材料和外延薄膜技术及集成电路技术的基础上发展起来的；高温结构陶瓷及陶瓷基复合材料的研制成功彻底改变了传统无机非金属材料脆性大且不耐冲击的特点，已作为具有高强度的韧性材料用于制造各种切削刀具、热机部件、耐磨损及耐腐蚀部件。无机非金属材料极大地推动了汽车、机械、化学等传统工业产品的改造升级，提高了产业的经济效益和社会效益。

7.3.2　传统无机非金属材料

1. 沸石分子筛

沸石是自然界中存在一种天然硅铝酸盐，具有筛分分子、吸附、离子交换和催化作用。人工合成的沸石又被称为沸石分子筛，因具有规整的孔道结构、较强的酸性和高的水热稳定性而广泛应用于催化、吸附和离子交换等领域中，并起着不可替代的作用。

天然沸石最早发现于 1756 年。19 世纪中期，人们对天然沸石的微孔结构及其在吸附、离子交换等方面的性能有了进一步的认识。直到 20 世纪 40 年代，以 Barrer R M 为首的化学家才成功地模仿出了天然沸石的生成环境，在水热条件下合成出首批低硅铝比的沸石分子筛，为 20 世纪直至 21 世纪分子筛工业和科学的大踏步发展奠定了基础。我国于 1959 年成功地合成出 A 型和 X 型分子筛。随后又合成出 Y 型分子筛和丝光沸石，并迅速投入到工业生产中。随着生产的不断发展，沸石分子筛的应用范围越来越广，在 20 世纪 50 年代，沸石分子筛主要是用于各种气体的干燥、分离及纯制，从 60 年代开始，沸石分子筛作为石油加工的催化剂和催化剂的载体，获得日益广泛的应用。目前沸石分子筛已成为石油炼制和石油化工工业中最重要的吸附与催化材料。

根据孔道尺寸分类，孔径小于 2 nm 的称为微孔；孔径在 2~50 nm 的称为介孔（或称中孔）；孔径大于 50 nm 的称为大孔。具有规则微孔孔道结构的物质称为微孔化合物或分子筛，沸石就是一种具有晶态结构的典型微孔固体材料，有规则而均匀的孔道结构和很高的比表面积。由于具有很好的离子交换性能、较好的热稳定性和水热稳定性、高的酸碱度，沸石分子筛一经成功合成即被广泛应用于石油化工的关键过程中，带来了石油化工领域革命性的变革。

分子筛是无机微孔晶体材料中最重要的家族，在 2001 年国际分子筛协会（IZA）结构委员会出版的第五版分子筛骨架类型图集中收集的分子筛的骨架结构类型共有 133 种，截止到 2003 年 8 月分子筛的骨架结构一共有 145 种。它们主要包括硅（锗）酸盐、磷（砷）酸盐以及两者同构的骨架类型。

有序而均匀的孔道结构是多孔材料的共同特征,包括孔道的大小、形状、维数、走向和孔壁的组成及性质。这使得分子筛具有很好的性能及应用。以 ZSM-5 型分子筛为例,其骨架结构如图 7-1 所示。ZSM-5 组成的硅铝比可在 10 和全硅之间变化,铝含量的增加能够提升骨架结构的酸性,同时骨架中酸的类型、位点等都可通过合成进行调控。因此当 ZSM-5 作为催化剂使用时,分子在其孔道中的扩散、吸附与解吸、反应、中间体与产物的生成等性能上必然会产生差异。ZSM-5 型分子筛作为一种良好的择形催化剂,大量应用于石油炼制以及石油化学工业中。

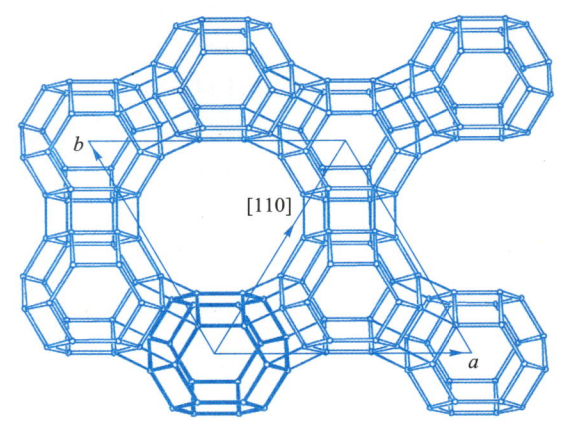

图 7-1　ZSM-5 型分子筛的骨架结构

分子筛与多孔材料半个世纪以来一直围绕着多孔物质的三大传统应用领域需要: ① 吸附材料,用于工业与环境上的分离与净化、干燥领域;② 催化材料,用于石油加工、石油化工、煤化工与精细化工等领域中大量的工业催化过程;③ 离子交换材料,大量应用于洗涤剂工业、矿场与放射性废料与废液处理,等等。这些都是分子筛与多孔材料久用不衰且至今尚在发展的原因。

2. 碳材料

碳材料的发展历程可分为三个阶段,1960 年以前称为传统碳材料时代,主要有金刚石、石墨、活性炭和炭黑。1960 年到 1985 年为新型碳材料时代,代表性的材料主要有碳复合材料、碳纤维、玻璃碳、热解碳以及高密度各向同性石墨。1985 年以后,随着纳米科学技术以及表征技术的进步,进入纳米碳材料时代,最具代表性的材料主要有富勒烯、碳纳米管和石墨烯。

碳位于化学元素周期表的第六位,核外电子排布为 $1s^2 2s^2 2p^2$。根据杂化轨道理论,碳原子在与其他原子结合时,其最外层价电子 $2s^2 2p^2$ 会发生不同形式的杂化,最常见的杂化方式为 sp^3,sp^2,sp 杂化,如图 7-2 所示。

当发生 sp^3 杂化时,生成 4 条杂化轨道,彼此互相远离,轨道之间的夹角为 109.5°,4 个外层电子分居其中,在与其他原子结合时,形成 σ 键。在碳的同素异形体中,金刚石中的碳原子采用的就是 sp^3 杂化,如图 7-3 所示。因此金刚石中的 C—C 键均为 σ 键,化学键强度高,其莫氏硬度可达到 10,是非常好的研磨材料,在高精度机械加工领域有着重要的应用。

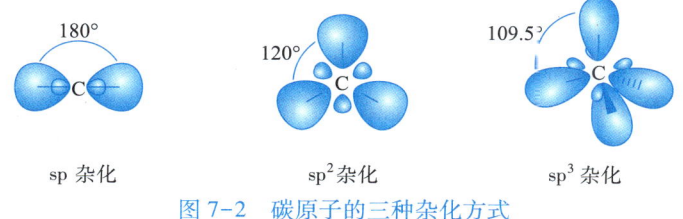

sp 杂化   sp² 杂化   sp³ 杂化

图 7-2 碳原子的三种杂化方式

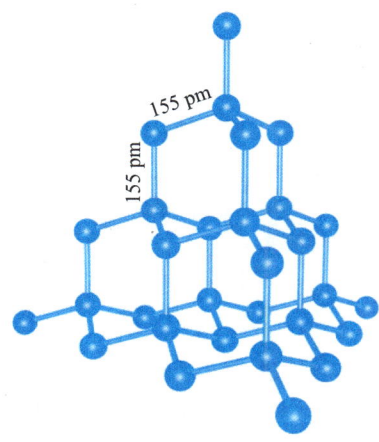

图 7-3 金刚石中碳的杂化方式

当发生 sp² 杂化时,生成 3 条杂化轨道,轨道之间的夹角为 120°,剩余一条轨道垂直于杂化轨道所在平面,每条轨道中各有一个电子。石墨口的碳原子采用的就是 sp² 杂化,因此石墨能够形成夹角为 120° 的平面结构,如图 7-4 所示。同时由于垂直于分子所在平面的轨道中还有一个电子,这些轨道还能够形成大 π 键,电子在其中可以自由移动,因此石墨还可以导电。所以在很多电池中石墨都可以用作惰性电极。

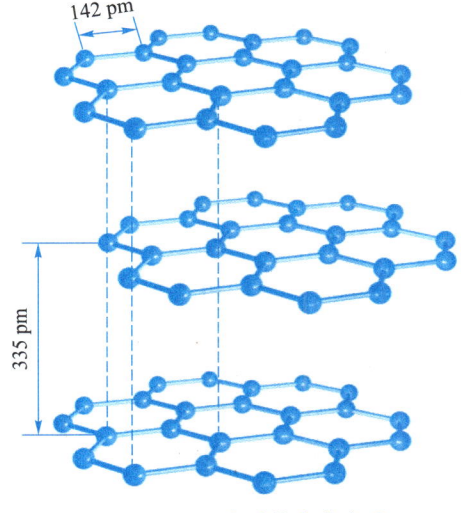

图 7-4 石墨中碳的杂化方式

单层石墨就是石墨烯（graphene），是一种只有一个碳原子厚度的二维材料。石墨烯一直被认为是假设性的结构，无法单独稳定存在，直至 2004 年，英国曼彻斯特大学物理学家安德烈·海姆和康斯坦丁·诺沃肖洛夫，在实验室成功地从石墨中分离出石墨烯，而证实它可以单独存在，两人也因"在二维石墨烯材料的开创性实验"，共同获得 2010 年诺贝尔物理学奖。

当发生 sp 杂化时，两条杂化轨道在一条直线上，夹角为 180°。线型碳（carbyne 或 linear carbon）就是以这种形式成键的碳单质。1968 年首次在自然界中发现，后来又在陨石和宇宙粉尘中发现这种线型碳分子。线型碳和金刚石一样，具有极高的硬度，可达钢的 100 倍，是世界上硬度最高的物质之一。

此外，在富勒烯和碳纳米管中，碳的杂化方式介于 sp^2 杂化和 sp^3 杂化之间，

这是因为，富勒烯是一类具有笼型结构的碳单质，以 C_{60} 为例，如图 7-5 所示。

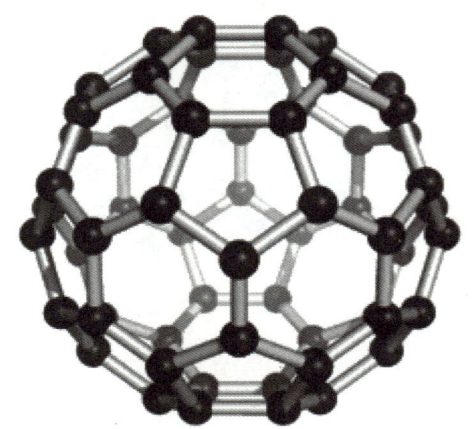

图 7-5　C_{60} 的结构

C_{60} 的外形酷似足球，C_{70} 的外形像橄榄球，富勒烯家族的其他分支也具有封闭的圆球形和椭球形外形，这与建筑师巴基敏斯特富勒设计出来的由五边形和六边形构成的圆形屋顶结构极为相似，因此又被称为巴基球、巴基敏斯特富勒烯，简称富勒烯。

富勒烯由于其独特的结构而呈现出独特的性能，在超导、微电子、光电子学和电池等领域有着广泛的应用前景。尤其是近年来对合成水溶性富勒烯衍生物方面的突破和成功，克服了富勒烯固有的疏水性，大大加速和扩展了 C_{60} 及其衍生物在生物方面的应用范围，在 C_{60} 及其衍生物对人体免疫缺陷病毒（HIV）和细菌的抑制、致使 DNA 裂解、除去自由基和对生物膜的双重作用等方面均取得新进展。

碳纳米管又名巴基管，是 1991 年日本 NEC 公司电子显微镜专家饭岛澄男在高分辨透射电子显微镜下检验石墨电弧设备中产生的球型碳分子时发现的。

碳纳米管的管身可看作由石墨烯组成，管的两端则由半个巴基球与之结合，是一种具有特殊结构的一维量子材料。与石墨相似，碳纳米管也具有优良的导电性能，此外，也是所有已知最结实、刚度最高的材料之一。它是良好的热导体，只要在复合材料中掺杂微量的碳纳米管，该复合材料的热导率就可以得到很大的改善。因此，碳纳米

饭岛澄男及其发现的碳纳米管结构

管在物理、化学、信息技术、环境科学、材料科学、能源技术、生命及医药科学等领域均具有广阔的应用前景。

7.3.3 新型无机非金属材料

1. 光导纤维

将光子作为信息载体,即用光纤通信代替电缆和微波通信是 20 世纪通信技术的重大进步。20 世纪 70 年代,低损耗的熔石英和长寿命半导体激光器的研制成功,使得光纤通信成为可能。

光纤是高透明电介质材料制成的非常细(外径为 125~200 μm)的低损耗导光纤维,它不仅具有传输从红外到可见光区域的光的功能,而且也具有传感功能。光纤本身由纤芯和包层构成,纤芯由高透明固体材料制成,纤芯外面的包层主要使用折射率较低的石英玻璃等制成,如图 7-6 所示,这样构成了能导光的玻璃纤维——光纤,光纤的导光能力取决于纤芯和包层的性质。

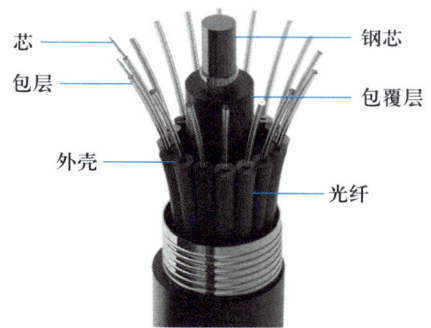

图 7-6 彩图

图 7-6 光导纤维结构示意图

光导纤维与其他材料相比有很多独特的性能,首先是有良好的传光性能,每单位长度的衰减较低;光纤的第二个特性是频带宽。这是因为光纤传输的是光,但光的频率特别高,现在所用的光频率在 $10^{14} \sim 10^{15}$,比微波高五个数量级。光的频率越高,所能够容纳的带宽越宽;而其他传输手段只能传输频率低得多的电磁波,即使能够把光送入其他的传输线,也由于损耗大而没有实用价值,这是光纤传输能够传输大量信息的根本原因;光纤的第三个特性是它本身就是一个敏感元件,即光在光纤中传输时,光的特性如振幅、相位、偏振态等将随检测对象变化而相应变化。光从光纤射出时光的特性得到调制,通过对调制光的检测便能感知外界的信息,这是光纤在光纤通信领域外的应用。

用光纤取代传统的通信电缆,可以有效减少金属的使用。例如每公里光缆能够节省铜 1.1 吨,铅 2~3 吨。目前,全世界已经铺设海底光缆 40 万公里,这一长度相当于绕地球 10 圈。

光导纤维在医学上还可用于食道、直肠、胃等部位的内窥镜探查;在国防领域制成纤维光学潜望镜,装备在潜艇、坦克和飞机上,用于准确侦查复杂地形和深层屏蔽的敌情等,可以说,光纤的应用领域日益扩展,已经深入人类社会的多个方面。

2. 先进陶瓷

在无机非金属材料中,陶瓷是应用历史最悠久、应用范围最广泛的一类材料。它具有高熔点、高硬度、高耐磨性、耐氧化等优点,其应用已延伸到各个工程技术领域。

现代陶瓷或称先进陶瓷,是从传统陶瓷技术脱胎而来的。它沿用了传统陶瓷工艺思路,但和传统陶瓷的主要区别在于所用原料的差异,前者是采用人工合成的原料,后者则采用天然原料。先进陶瓷博取先进科学技术的成就,对陶瓷的工艺、理论、显微结构和性能之间的关系做系统的科学研究,自成学科。它作为材料科学的一员,既有材料问题的共性,又有其独特的个性。

先进陶瓷材料按功能可分为结构陶瓷和功能陶瓷两大类。

结构陶瓷是指用于各种结构部件,主要利用其力学、热学及机械性能,通常指强度、塑性、韧性、蠕变、弹性、硬度、抗疲劳等,因而又称为高温结构陶瓷。这类陶瓷主要应用在特殊冶金领域,如熔炼纯 Pt、Pd、原子能反应堆领域的陶瓷核燃料、吸收中子控制棒等;可用于火箭、导弹领域的雷达天线保护罩、发动机燃烧室内壁、探测红外线透过窗口等;在磁流体发电领域,可用作电极材料等;在高温模具领域,可用作飞机工业的燃气涡轮内叶片等方面。

功能陶瓷是指那些可利用电、磁、声、光等功能性质或其耦合效应以实现某种使用功能的先进陶瓷,也称为电子陶瓷。然而,随着社会的不断进步,人们对材料的使用要求日益提高,功能陶瓷也需要承担一定载荷,并很可能需要具有一定的强度要求和在耐外界冲击等苛刻环境下使用,于是提出沿用结构陶瓷中的强化与增韧机理以改进功能陶瓷的力学性能。通过在结构陶瓷当中添加功能性组分,也逐渐开发了它的光、电、磁等方面的应用。此外,利用日益完善的陶瓷制备技术,通过精确控制结构陶瓷制备过程,发现某些结构陶瓷本身就是很好的性能材料,因此便衍生了结构功能一体化的概念,这也是当前陶瓷材料发展的重要方向之一。

3. 超导材料

当某些材料被冷却到一定温度下,电流通过时这些材料出现零电阻,同时其内部成为完全抗磁性的物质,这种具有超导电性的材料称为超导材料。

通常状态下任何物质都有电阻。物质就导电性而言可分为导体、半导体和绝缘体。超导体的零电阻与常导体的零电阻在本质上不同。常导体的零电阻是指理想晶体没有电阻,自由电子可以不受抑制地运动。从理论上讲,随着温度的降低,常导体的电阻会渐变为零。但是实际上,由于金属原子的热运动、晶体缺陷和杂质等因素,会使得晶体的周期受到破坏、电子发生散射,因而产生一定的电阻,所以即使温度降为零,常导体的电阻也不会为零。与之相对的,超导体的零电阻是指温度下降到一个临界值时,电阻跃变为零。

当超导体进入超导态时,超导体内的磁力线将全部排出体外,磁感应强度为零。因此,超导体无论是在磁场中冷却到某温度,还是先冷却到某一温度再通以磁场,只要进入超导状态都会出现完全抗磁性,不被磁场所吸引。

超导现象首先是荷兰物理学家海克·卡莫林·昂内斯（Heike Kamerlingh Onnes）于 1911 年研究水银低温电阻时发现的。在他的实验中，当温度降到 4.2 K 时，水银的电阻突然下降到零。此后，人们相继在单元素金属、多元素合金、过渡金属氧化物、有机高分子材料中发现了超导现象。1986 年铜氧化物超导体临界温度达到 35 K，整个科技界受到了极大的鼓舞，并掀起了探索、研究高温超导的热潮。此后，科学家将超导体的临界温度提高到 160 K，远超过了液氮温度（77 K），这是超导发展的历史上具有里程碑意义的研究成果。

高温超导材料自发现以来，在材料、物理、电力等领域的研究迅速开展，成为推动超导研究的巨大动力，科学家认为，21 世纪的超导技术如同 20 世纪的半导体技术一样，将对人类的生活产生积极而深远的影响。

未来高温超导材料可能在如下领域有所应用。例如超导电缆，目前高压输电线的能量损耗高达 15%，随着大城市用电量的日益增加，常规高压输电电缆受其容量限制难以满足需求，而超导电缆的输电损耗低、载流能力大、体积小，电力能够几乎无损耗地输送给用户，其输电损耗将比常规电缆降低 20%～70%，可极大地降低输电成本，节约能源以缓解能源紧张的压力。

此外，超导材料也可用于储能领域。超导电磁储能是将电网的交流电转换为直流电，直流电在超导线圈中建立磁场，超导开关将磁体线路短路，电流在线圈中循环流动电能转为磁能储存。超导储能具有低损耗、响应快、储能效率高和供电品质好的特点，在电力及供电系统领域，具有广阔的发展前景。

此外，在交通领域，还能够实现超导磁悬浮。磁悬浮技术因无机械接触，因此在交通上备受青睐，这一技术最早应用于磁悬浮列车上，投入使用的有以德国为首的常导磁悬浮列车、以日本为首的低温磁悬浮技术及 2000 年底在中国试验成功的高温超导块体磁悬浮列车等。

 科研进展

2023 年 4 月 4 日，据中央广播电视总台中国之声《新闻超链接》报道，近日，由中车长春轨道客车股份有限公司自主研制的国内首套高温超导电动悬浮全要素试验系统完成首次悬浮运行，运行速度可达 600 km/h 及以上，标志着我国在高温超导电动悬浮领域实现重要技术突破。

7.4 有机高分子材料

高分子材料从古至今一直是与人类生产生活密切相关的一种材料。天然高分子如棉、麻、丝等自从古代就被人们发现并利用。15 世纪时，美洲玛雅人就已经学会使用天然橡胶做容器、雨具等生活用品。19 世纪 40 年代初，进入天然高分子化学改性阶段，出现半合成高分子材料。例如，美国人查尔斯·固特异（Charles Goodyear）发明了天然橡胶的硫化，使其特性由硬度低、遇热发黏、遇冷发脆变为坚韧而富有弹性，大大提高了天然橡胶的实用价值。之后，人们又逐渐发明了硝化纤维、赛璐珞、人造纤维等高分子制品。

人工合成的高分子从 20 世纪初开始出现。1907 年，列奥·亨德里克·贝克兰

（Leo Hendrik Baekeland）合成出人类历史上第一个合成高分子——酚醛树脂，标志着合成高分子材料应用的开始。在这之后的相当长的一段时间内，人们一直把高分子化合物看作小分子之间相互聚集而成的"有机胶体"。直到 1920 年，赫尔曼·施陶丁格（Hermann Staudinger，1953 年诺贝尔化学奖获得者）在其发表的论文中明确提出高分子的概念，之后又经过了 10 多年的学术争论，现代高分子的概念才得到绝大多数科学家的认可。在此之后，随着相关理论体系的研究、建立和完善，高分子化学和工业蓬勃发展，大量的新聚合物不断被合成出来。

时至今日，高分子材料几乎涉及了所有的重大新技术，包括合成血管与皮肤，信息的显示、储存与修复，高温超导材料，人造康复植入件等。同时，高分子产品也在人们的经济与生活中占据着越来越重要的地位，在支撑人类社会并推动其发展上起着至关重要的作用。

7.4.1　有机高分子化合物简介

高分子又称大分子，一般是指相对分子质量大于 10^4，链长度在 $10^3 \sim 10^5$ 甚至更大的分子。这些分子尽管相对分子质量很大，但其化学组成并不复杂，在微观上还是由共价键连接成的单个分子。我们一般将相对分子质量低于 1000 的分子称为低分子，而相对分子质量介于 1000 到 10000 之间的分子称为低聚物或齐聚物（oligomer）。高分子化合物与低分子化合物的根本区别在于相对分子质量大小的不同。

通常在实际应用中，"高分子（大分子）"和"聚合物"这两个名词是通用的，但是有些科学家提出，这两个词之间还是存在一定的差别。聚合物"polymer"这个单词起源于希腊语词根"poly"和"meres"，意思分别是"许多"和"部分"，因此"polymer"指的是具有许多相同结构的单元通过化学键连接而成的大分子。而高分子"macromolecule"一词意思为"巨大的分子"（giant molecule），指的是那些由众多原子或者原子团以共价键结合而成的相对分子质量超过 10000 的化合物。因此可以说，"macromolecule"包含了"polymer"，"macromolecule"可以用来描述诸如 DNA 和蛋白质这些起源于多种结构单元的大分子，而"polymer"只用于描述像聚乙烯这样由重复的乙烯单元组成的较为单一结构的大分子。然而，这种详细的区分在实际中并不常用。所以在之后的讨论中，我们仍然将"高分子"和"聚合物"视为同义词。

高分子通常是由一种或多种单体通过聚合反应生成，所谓单体是指那些能够形成高分子的低分子原料。从小分子单体变为大分子聚合物的过程称为聚合，通过聚合，简单的基本结构单元能够通过共价键连接成大分子，类似一条长链。例如，聚氯乙烯的单体就是氯乙烯，其分子结构如下：

$$\cdots\cdots \left[\begin{array}{c} H\ \ H \\ |\ \ \ | \\ -C-C- \\ |\ \ \ | \\ H\ \ Cl \end{array} \right] \left[\begin{array}{c} H\ \ H \\ |\ \ \ | \\ -C-C- \\ |\ \ \ | \\ H\ \ Cl \end{array} \right] \left[\begin{array}{c} H\ \ H \\ |\ \ \ | \\ -C-C- \\ |\ \ \ | \\ H\ \ Cl \end{array} \right] \cdots\cdots$$

上式中高分子的骨架由相连成链的碳原子组成，称为主链。其中 $-CH_2CH-$
$\qquad\qquad\qquad\qquad\qquad\qquad\qquad\qquad\qquad\ \ |$
$\qquad\qquad\qquad\qquad\qquad\qquad\qquad\qquad\qquad\ \ Cl$

是高分子链上化学组成和结构均可周期性重复的最小单位,称为重复结构单元,在高分子物理学中也称为链节。重复单元的数目常用 n 来表示。

高分子的结构式可利用重复单元的结构和数目来简单表示,例如聚氯乙烯的结构式可简写成 $\mathrm{-\!(CH_2CH)\!-}_n$,从氯乙烯合成聚氯乙烯的聚合反应式可写为
$$\mathrm{Cl}$$

$$n\mathrm{H_2C}\!=\!\mathrm{CH} \longrightarrow \mathrm{-\!(CH_2CH)\!-}_n$$
$$\mathrm{Cl} \qquad\qquad \mathrm{Cl}$$

聚合物中结构单元的数目称为聚合度,用 DP 或 X 表示,它是表示高分子相对分子质量大小的一个重要指标。如果用 M_r 表示高分子的相对分子质量,用 M_0 表示结构单元的相对分子质量(对于多种单体形成的聚合物,则为平均相对分子质量),用 DP 表示聚合度,则三者的关系为

$$M_r = DP \cdot M_0 \quad 或 \quad DP = M_r/M_0$$

通过上式可以计算某些高分子的相对分子质量或聚合度。

在高分子结构中,除了主链之外,往往还有侧基、端基等。侧基或侧链是指连接在主链原子上的原子或原子团,也称支链。高分子的两端都有端基,端基的结构通常与结构单元有所不同。因在大分子中端基与整个分子相比只占有很少一部分,对高分子物理性能的影响甚微,而且有的高分子在合成时并不能确切地知道其端基组成,所以在高分子的结构式中常常略去端基不计。

7.4.2　有机高分子化合物的分类

高分子化合物的种类繁多,分类方法也有很多,可按主链结构、性能与用途、来源、合成方法等分类。

1. 按高分子的主链结构分类

以有机化合物为基础,根据高分子化合物的主链结构可将高分子分为碳链高分子、杂链高分子和元素高分子三类。

(1)碳链高分子(carbon chain polymer),其分子主链完全由碳原子以共价键相连,它们大多数由加聚反应制得。绝大多数烯类和二烯类单体经加聚反应形成的高分子都属于这一类,如聚乙烯、聚丙烯、聚丁二烯等。

(2)杂链高分子(hetero chain polymer),其分子主链中除碳原子外,还含有氮、氧、硫、磷等杂原子,并以共价键相连接。很多常见的工程塑料都是杂链高分子,如尼龙-66、聚甲醛等。

(3)元素有机高分子(element macromolecule),其分子主链中没有碳原子,而是由硅、硼、铝、氮、氧、硫、磷等原子形成主链,但与主链相连的侧基却由含有碳、氢、氧的有机基团(如甲基、乙基、乙烯基等)构成,因此元素有机高分子兼具无机高分子和有机高分子的特性,其中最典型的例子就是硅橡胶(聚硅氧烷)。

此外,主链上不含碳原子,侧链上也不含有机基团的高分子,称为无机高分子,如

聚二硫化硅,此类高分子不在本章讨论范围内。

2. 按高分子材料的性能和用途分类

根据高分子材料的性能和用途,常将高分子分为六大类:塑料(plastic)、橡胶(rubber)、合成纤维(synthetic fiber)、涂料(coating)、黏合剂(adhesive)和功能高分子(functional polymer)。其中前三种产量最大,应用最广,通常称为三大合成材料。涂料和黏合剂是从塑料衍生而来的。功能高分子则是高分子科学新兴的和最具发展潜力的一类材料,这类材料并不着眼于聚合物的机械性能,而是着眼于聚合物所具有的特定的物理、化学、生物性能等。

3. 按高分子的来源分类

按高分子的来源,高分子可分为天然高分子、人造高分子和合成高分子。

天然高分子是指自然界中天然存在的高分子,我们平时衣食住行所必需的棉花、蚕丝、淀粉、蛋白质、天然橡胶等都是天然高分子。

人造高分子是将天然高分子进行化学处理后重新合成的高分子,如黏胶纤维、硝酸纤维素等。

合成高分子是由小分子化合物用化学方法合成得到的化合物。我们日常生活中使用的聚乙烯塑料和尼龙纤维等都是用化学方法制备而成的合成高分子。高分子材料研究的主要对象是合成高分子和人造高分子。

4. 按聚合反应机理和聚合反应类型分类

在 20 世纪 30 年代高分子研究的早期,根据聚合物和单体元素组成和结构的变化,聚合反应被分为加成聚合反应(加聚)和缩合聚合反应(缩聚)两种。单体经加成反应的聚合过程称为加聚反应(addition polymerization),形成的聚合物称为加聚物,其结构单元的化学式与其单体的分子式相同,相对分子质量是单体相对分子质量的整数倍。缩聚反应(condensation polymerization)通常是官能团间的反应,两种化合物的官能团之间发生缩合反应,以化学键将二者连接起来,根据官能团种类的不同,同时还有水、醇、氨、氯化氢等小分子副产物产生,形成的聚合物称为缩聚物,其结构单元的化学式与单体的分子式不同,相对分子质量也不再是单体相对分子质量的整数倍。

随着聚合反应的深入研究,上述形式上的分类已经不能适合越来越多的聚合反应。20 世纪 50 年代,根据聚合反应机理和动力学,聚合反应被分为链式聚合和逐步聚合两大类,对应的聚合物称为链式聚合物和逐步聚合物。链式聚合需要活性中心,聚合过程由链引发、链增长、链终止等基元反应组成。通过链式聚合得到的聚合物大分子几乎是瞬间生成的,体系转化率随反应时间的增加而增大,产物一般不具有再聚合的能力。大部分加聚反应属于链式聚合反应。

逐步聚合是逐步进行的聚合反应,每一步反应的速率常数和反应的活化能数值相近。反应早期,大部分单体很快聚合成二、三、四聚体等低聚物,然后低聚物之间再进行聚合反应,分子质量逐步增大。因此,聚合物的分子质量随反应时间增加而增大,而反应的转化率则在反应初期就已达到较高的值。由于产物含有多个官能团,因此聚合产物一般具有再聚合的能力。大部分缩聚反应属于逐步聚合反应。

此外,还可以按聚合物的化学结构特征分类,将其分为聚酯、聚酰胺、聚氨酯、聚醚等,在此就不多加介绍了。

7.4.3　有机高分子化合物的命名

1. 习惯命名

长期以来,高分子化合物没有统一的命名法,往往按照习惯根据单体或重复单元的结构来命名,有时也采用商品名称或俗名。

最常用的习惯命名法是参照高分子单体进行命名。对于由一种单体合成的高分子,常直接在对应的单体名称之前加"聚"字。例如,聚苯乙烯(polystyrene, PS)的名字来源于其单体苯乙烯(styrene),类似的还有聚乙烯、聚丙烯酸甲酯等。这种命名法使用方便,又能把单体原料来源标明,因此应用广泛。

但是这种命名法有时候也容易产生混淆。如聚己内酰胺和聚6-氨基己酸虽由不同单体合成,但却是同一种聚合物(尼龙-6)。又如聚乙烯醇这个名称名不符实,因为乙烯醇不能稳定存在,是一个假想的单体,聚乙烯醇实际上是由聚乙酸乙烯酯经醇解而得到的。

对于由两种单体合成的共聚物,通常取两种单体名称的简称,加后缀"树脂""橡胶""共聚物"等。例如,苯酚甲醛树脂(简称酚醛树脂)即由苯酚和甲醛聚合而成;醇酸树脂由甘油和邻苯二甲酸酐聚合而成;乙烯丙烯橡胶(简称乙丙橡胶)由乙烯和丙烯聚合而成;丁苯橡胶由丁二烯和苯乙烯聚合而成。

另外还可按照高分子的结构特征来命名。如聚酰胺以酰胺键为特征,类似的有聚酯、聚氨基甲酸酯(简称聚氨酯)、聚碳酸酯、聚醚、聚酰亚胺等。这些名称都分别代表一类聚合物,具体品种另有区分。如聚酰胺家族中有聚己二酰己二胺,别称为聚酰胺-66(尼龙-66);聚己内酰胺,别称为聚酰胺-6(尼龙-6)等。

习惯命名中还有一种简单而被普遍采用的方式,即使用商品名称。我国习惯以"纶"作为合成纤维的词尾,如涤纶(聚对苯二甲酸乙二醇酯)、锦纶(聚酰胺纤维,锦纶66就是聚酰胺-66)、氯纶(聚氯乙烯纤维)、氨纶(聚氨酯纤维)、氟纶(聚四氟乙烯纤维)等。聚酰胺常用其商品名的译名尼龙(Nylon)。其他商品名还有特氟隆(Teflon,聚四氟乙烯)、赛璐珞(Celluloid,硝酸纤维素)等。

另外聚合物的俗名或英文名称简写也广泛使用。俗名如有机玻璃(聚甲基丙烯酸甲酯)、电木(酚醛树脂)、电玉(脲醛树脂)、人造象牙(三聚氰胺)等,英文名称如PE(polyethylene,聚乙烯)、PP(polypropylene,聚丙烯)、PS(polystyrene,聚苯乙烯)、PMMA(polymethyl methacrylate,聚甲基丙烯酸甲酯)、PET(polyethylene terephthalate,聚对苯二甲酸乙二醇酯)等。

2. IUPAC 命名

随着高分子科学的高速发展,新型高分子不断涌现,习惯命名法体系在科学上缺乏严谨性,不能充分反映出高分子的结构,有时还可能引起歧义和混乱。1972 年,国际纯粹与应用化学联合会(IUPAC)制定了以高分子的结构重复单元为基础的系统命名法。

IUPAC 命名按如下步骤进行:首先确定重复单元的结构;排好重复单元中次级单元的次序,按有机化合物标准命名法对重复单元命名;最后加上前缀"聚",即成为聚合物的名称。

表 7-2　一些聚合物的结构重复单元和 IUPAC 命名

习惯命名	结构重复单元	系统命名
聚乙烯	$—CH_2—$	聚亚甲基
聚异丁烯	$—CH_2—\overset{\underset{\mid}{CH_3}}{\overset{\mid}{C}}—CH_3$	聚(1,1-二甲基乙基)
聚氯乙烯	$—CH_2—\overset{\mid}{\underset{Cl}{CH}}—$	聚(1-氯代乙烯)
聚苯乙烯	$—CH_2—CH—$ 苯基	聚(1-苯基乙烯)
聚甲基丙烯酸甲酯	$—CH_2—\overset{CH_3}{\underset{COOCH_3}{C}}—$	聚[1-(甲氧基羰基)1-甲基乙烯]
聚甲醛	$—O—CH_2—$	聚(氧化亚甲基)
聚酰胺-66	$—NH(CH_2)_6NH—\overset{O}{C}(CH_2)_6\overset{O}{C}—$	聚(亚氨基六亚甲基亚氨基己二酰)
聚酰胺-6	$—NH(CH_2)_6\overset{O}{C}—$	聚[亚氨基(1-氧代六亚甲基)]
聚对苯二甲酸乙二醇酯	$\overset{O}{C}$-苯-$\overset{O}{C}—OCH_2CH_2O—$	聚(氧化乙烯氧化对二苯甲酰)

从表 7-2 可以看出,IUPAC 命名体系比较严谨,但是与习惯命名相比较为烦琐。若聚合物组成和结构复杂,IUPAC 名称会因为过长而不便于使用,因此实际应用中并不广泛。

7.4.4　有机高分子化合物的结构和性能

高分子化合物具有许多特性,如塑性、弹性、机械性能、电绝缘性、化学稳定性等,都与高分子化合物的结构有着密切的关系。

　　高分子化合物按其结构可分为线型和体型两大类。线型结构是许多链节连成长链,其长度往往是直径的几万倍。它是卷曲的、呈不规则的线团状,也可带支链。如果分子链与分子链之间被许多链节"交联"起来,即可得到体型结构的高分子化合物。如图 7-7 所示。

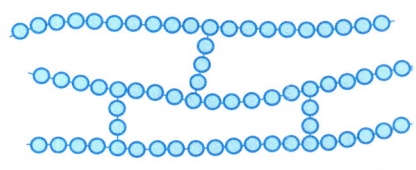

图 7-7　具有体型结构的高分子化合物

　　线型高分子化合物除了分子链可以运动外,分子链中相邻两链节(以单键相连)可以保持一定的键角而自由旋转,如图 7-8 所示。高分子化合物结构中每一个单键均可在一定程度上自由旋转,所以,一个分子链的空间形状是在不断变化的。由于分子链长,再加上每个链节都可以作内旋转,因而使大分子一般处于卷曲状态,好似一个不规则的线团。人们把高分子链中各单键能自由旋转,并使高分子链有强烈卷曲倾向的特性称为链节的柔顺性。链节的柔顺性对高分子化合物的物理性能有着重要的影响。

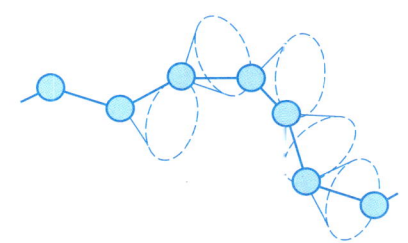

图 7-8　线型高分子化合物分子链的旋转

　　高分子化合物按其固体结构形态可分为晶体和非晶体(又称为无定形体)两种。晶体所含分子是按一定的方向排列,而非晶体的分子排列是没有规则的。同一高分子化合物可以兼具晶形和无定形两种形态。

　　无定形高分子化合物没有固定的熔点。根据温度的不同,可以呈现出三种不同的物理形态,即玻璃态、高弹态和黏流态。

　　当温度较低时,由于分子热运动和链节的自由旋转都很小,高分子化合物变成如同玻璃体样的硬块,叫作玻璃态。常温下的塑料就是处于这种形态。

　　当温度升高到一定程度时,分子动能增加,链节可以自由转动,但高分子化合物的整个分子还是不能移动。此时,在很小的外力作用下,会发生形变,当外力去除后,它又恢复到原来的形状,表现出很高的弹性,所以此温度下的高聚物的形态叫作高弹态。常温下的橡胶就是处于这种形态。

　　当温度继续升高时,分子动能增加,不仅链节能运动,而且整个分子链都可以自由运动,此时物质呈现流动状态,但这种流动状态不同于低分子物质的液态,由于高分子链较长,多呈卷曲状,又常常带有支链,分子间互相纠缠,流动时表现很黏滞,故称为黏流态。较高温度下的塑料就是处于这种形态。

　　高分子化合物可以在改变温度的情况下由上述的一种物理形态转变为另一种形

态。例如,天然橡胶在室温下呈高弹态,若升高至一定温度后可转变为黏流态,若降低至一定温度后则可转变为玻璃态。又如,聚乙烯在室温时呈玻璃态,若升高一定温度后可出现高弹态,继续升高温度则可转变为黏流态。这三种非晶态都没有一定的相变温度,而是在一定的温度区域内连续变化的。

对于低分子物质来说,晶体内粒子按一定的方向有序地排列。高聚物的分子,因为分子链长,又是卷曲的不规则线团,所以不能排列为整齐的形状。但是由于分子链间的作用力,当温度降低或把它们拉伸时,可使各分子链的链节有些地方可以排得整齐。在高聚物中把部分排列整齐的地方称为结晶状态。所以高聚物的结晶也叫部分结晶。

高聚物的电绝缘性是决定高聚物能否作为电绝缘材料使用的依据。高聚物内部一般没有自由电子和离子,因此对直流电来说,绝大多数具有良好的电绝缘性,例如,聚乙烯、聚四氟乙烯等都是优良的绝缘材料。但对交流电来说,高聚物的极性基团或极性链节会随电场方向发生周期性的取向而可以导电,例如,带有极性基团的聚氯乙烯、聚酰胺等电绝缘性不强。

高分子化合物的电绝缘性有其不利的一面,当用高分子化合物制成纺织品或薄膜时,由于摩擦起电以及静电传导不出去而逐渐积累,结果使纺织品易于沾污物,甚至引起静电放电,严重时还可能造成燃烧事故。在有易燃易爆气体和液体的场合,如果使用塑料管道、橡胶传送装置等有时会因摩擦产生静电,引起火花,导致易燃气体和液体的着火和爆炸。

上述静电现象会给生产带来不良的影响。在生产实际中可通过选择适当材料或通过减少接触面积、压力和相互摩擦速度等方法来减少静电的产生。

高分子化合物中由于含有 C—C、C—H、C—O 等牢固的共价键,含有活泼基团的较少,所以它们的化学性质一般还是较稳定的。许多高分子化合物可以制成耐热、耐酸、耐碱和耐其他化学试剂的优良器材。但有些高分子化合物在长期使用过程中,由于在空气中受到光、热、辐射线、氧、酸、碱等作用,可能发生化学反应。高聚物的化学反应可归为链的交联(简称交联)和链的裂解(简称裂解)两类反应。反应后高聚物的性质变脆硬或变黏软,失去原来的弹性或机械强度,统称为老化。

老化是高聚物的主要缺点,是一个复杂的化学过程,它涉及高分子化合物本身的结构和工作条件等因素。目前认为大分子的裂解是引起老化的主要原因。

由于交联而发生老化时,高聚物分子通过侧链或主链上的反应基团相互作用,在分子链之间形成化学键,产生体型结构,使高聚物失去弹性,变硬变脆,出现龟裂。

由于裂解而发生老化时,高聚物分子链断裂,使高聚物变软变黏,以致丧失机械强度。这两个过程有时会同时发生。防止和减慢高聚物的老化,对延长高聚物的使用寿命来说是非常重要的。

目前,采取防老化措施大致有包括改性、添加防老剂和表面处理。

7.4.5 几种重要的有机高分子化合物

1. 工程塑料

塑料,是指以合成树脂或化学性质改性高分子化合物为主要成分,添加某些具有特定用途的加工助剂（如填料、增塑剂、其他添加剂等），在一定条件下可塑化成型为一定形状，在常温下具有相当力学强度的材料和制品。塑料是高分子材料最主要的品种之一，与传统材料相比，塑料具有金属的坚硬、木材的轻便、玻璃的透明以及陶瓷的耐腐蚀性。

从应用角度来看，塑料可以分为通用塑料和工程塑料两大类。

通用塑料是指综合性能较好、力学性能一般、产量大（约占塑料总产量的80%）、应用范围广泛、价格低廉的一类塑料材料，主要用于杂货、包装、农用等方面，为非结构材料。

工程塑料是指在工程上应用的塑料，要求具有某些类似金属的性能，能承受一定的外力作用，具有较高的机械强度和尺寸稳定性以及在高温、低温下仍能保持其优良性能。例如聚甲醛、聚酰胺（尼龙）、聚碳酸酯、ABS树脂、有机玻璃和聚四氟乙烯等，见表7-3。

表7-3　几种重要的工程塑料

名称及其单体	性能	用途
聚甲醛 单体：甲醛 HCHO	拉伸强度较高、吸水性低、尺寸稳定性良好、耐磨性好、摩擦系数低、耐有机溶剂性能好	制造各种齿轮、轴承、凸轮、阀门、管道、螺帽、泵叶轮、鼓风机叶片、配电盘、化工容器等
尼龙1010 单体：癸二胺 $H_2N(CH_2)_{10}NH_2$ 癸二酸 $HOOC(CH_2)_8COOH$	具有优良的机械强度和自润滑性，耐磨、耐疲劳、耐油。但吸水性较强，尺寸稳定性有效期、刚性和导热性差	制造各种轴承、齿轮、凸轮、泵叶轮、风扇叶轮、密封圈、输油管、储油容器等
聚甲基丙烯酸甲酯（有机玻璃） 单体：2-甲基丙烯酸甲酯	具有极好的透光性，可透过90%以上的日光和73%的紫外线，机械强度较高，电绝缘性能好，有一定耐热性（140 ℃开始软化），耐酸、碱，易溶于丙酮及二氯乙烷等有机溶剂中，耐磨性差	制造具有一定透明度和强度的零件和物品，如油标、油环、窥镜，飞机、船舶、汽车的座窗和仪器、仪表部件，电气绝缘材料等
聚四氟乙烯（简称F-4） 单体：四氟乙烯 $CF_2\!=\!CF_2$	具有很高的耐热性和耐寒性，长期使用温度范围为 $-195\sim250$ ℃，具有优异的化学稳定性，在高温下，浓酸、浓碱或强氧化剂（包括"王水"）均不与它作用，与大多数有机溶剂不起作用，具有突出的低摩擦系数和优越的电绝缘性能，但刚性差，强度低，工艺复杂	制造高温环境中工作的各种化工设备、零件、多种无油润滑活塞环、减摩自润滑零件，高频电缆、电容器线圈，外科手术上用作代用血管、人工心肺装置等

续表

名称及其单体	性能	用途
ABS 树脂 单体:丙烯腈(A)CH_2= CH—CN 丁二烯(B)CH_2= CH—CH = CH_2 苯乙烯(S)CH_2= CH	有优良的冲击强度,耐热,表面硬度高,尺寸稳定,耐化学性及电性能良好,易于成型和机械加工,表面可镀铬,耐酸、碱及无机盐	制造齿轮、泵叶轮、电机、电视机外壳、仪表盘、蓄电池槽、小轿车车身、电器零件等
聚碳酸酯 单体:双酚A(即4,4′-二羟基二苯丙烷) 光气($COCl_2$)或碳酸二苯酯	具有优异的抗冲击强度和尺寸稳定性,有良好的电性能和耐气候性,透明、综合性能优良,成型精度很高	制造齿轮、轴承、涡轮、齿条、蜗杆、凸轮、滑轮、铰链、螺杆、螺帽,可用来代替金属(特别是有色金属)及合金,用于超音速飞机零件的制造等

2. 合成橡胶

橡胶是指具有显著高弹性的一类高分子化合物。一般橡胶在-40~80 ℃的温度范围内具有弹性,某些特殊橡胶在-100 ℃低温和200 ℃高温时还能保持高弹性。橡胶有优良的弹缩性、良好的储能能力和耐磨、隔音、绝缘等性能,广泛用于制作密封件、减震件、传动件、轮胎和电线等制品。

橡胶可分为天然橡胶和合成橡胶两大类。

天然橡胶主要是三叶橡胶树流下的白色乳浆经凝固、压片、干燥等工序制成的生胶,橡胶的质量分数在90%以上,其主要化学成分是顺式异戊二烯和反式异戊二烯的聚合物,具有很好的加工性和机械性能,但在耐候性、耐臭氧性、耐油性、耐溶剂性、阻燃性等方面,天然橡胶表现并不理想。

合成橡胶是人们以石油、天然气、煤炭或农副产品为初始原料采用化学方法人工合成的一种性能类似或超过天然橡胶的新型有机高分子弹性体。合成橡胶在医疗、航空工业等很多领域都有着广泛的应用,现在的合成橡胶的总产量已经超过天然橡胶的一倍,主要品种有丁苯橡胶、氯丁橡胶、丁腈橡胶、硅橡胶和氟橡胶等,其中产量最大的是丁苯橡胶,约占合成橡胶的50%。几种橡胶的结构、性能和用途见表7-4。

表7-4 几种橡胶的结构、性能和用途

名称	结构	性能	用途
丁苯橡胶	$\left[\!\!\left. CH_2CH = CHCH_2CHCH_2 \right.\!\!\right]_n$	耐热、耐磨、电绝缘性比天然橡胶好,但弹性、抗拉强度和黏着力不如天然橡胶	制造轮胎、传送带、密封配件、电绝缘材料、胶管等

续表

名称	结构	性能	用途
氯丁橡胶	$\left[CH_2-CH=CH_2\right]_n$ 中一个CH带有Cl	耐油、耐气候、耐臭氧的性能好,机械性能与天然橡胶相似,但弹性、耐寒性较差	制造耐油制品、化工设备防腐衬里、海底电缆、胶管等
丁腈橡胶	$\left[CH_2-CH=CH-CH_2-CH_2-CH\right]_n$ 末端CH带有CN	耐油、耐磨、耐热、耐酸、耐碱,气密性好,但弹性、耐寒性、电绝缘性较差	制造特殊耐油制品,汽车轮胎,工业垫圈、运输带及耐热橡胶制品
硅橡胶	$\left[Si-O\right]_n$ Si上带有两个CH_3	优良的电绝缘性和很高的耐热性、耐寒性和耐氧化性,但机械强度低,耐油性差	制造电绝缘材料及衬垫密封,耐高温、低温和耐臭氧制品
氟橡胶	分子结构中含有氟原子的橡胶的总称	具有高度的热稳定性和化学稳定性,使用温度范围宽,耐高真空,但耐寒性差,加工性能不好	制造飞机零件,高真空设备及宇宙飞行器中最重要的橡胶部件等

3. 合成纤维

　　纤维是以形状来定义的合成材料,它指的长度比本身直径大 100 倍以上的均匀、线条状或丝状的高分子材料,通常纤维被分为天然纤维和化学纤维两类。

　　天然纤维直接从自然界得到,如棉花、动物的毛、蚕丝、麻等。化学纤维包括人造纤维和合成纤维两类。人造纤维是对天然纤维的改性,如黏胶纤维、醋酸纤维和硝化纤维等,通常也被称为人造棉、人造毛、人造丝等。合成纤维是以石油、天然气等为原料,由小分子化合物通过聚合反应合成,通过纺丝、后加工而制得的纤维。常见的合成纤维有涤纶、尼龙、腈纶等。

　　合成纤维内部结构的最大特点是线型结构,链较直,支链少,链的排列也比较整齐,分子中都含有极性基团,有利于定向排列,构成局部结晶区。在结晶区内分子间的作用力较大,保证了纤维的强度。分子排列不整齐的部分则构成了局部无定形区,在无定形区内分子链仍可自由旋转,使纤维柔软而富有弹性。

　　合成纤维起始于煤化工、电石工业。在 20 世纪 50—60 年代,世界石化工业的发展给合成纤维的发展带来了新的生机,为合成纤维提供了充足的基本原料,使之从单一的品种发展成为不同用途的多个品种。在短短的几十年间,世界合成纤维的产量已接近天然纤维,成为纺织工业的重要原料。目前世界合成纤维产量已超过 4100 万吨,远远高于天然纤维的数量。表 7-5 列出几种常用合成纤维的性质与用途。

表 7-5　几种常用合成纤维的性质与用途

名称	单体	重要性质	主要用途
涤纶(又名的确良或聚酯纤维)	对苯二甲酸乙二醇脂	强度好、电绝缘性强、成型后形状稳定、不皱、耐酸、耐光,但吸水率低、染色性差	做电绝缘材料、耐酸滤布、高空降落伞等
腈纶(又名人造羊毛或聚丙烯腈纤维)	丙烯腈	质轻、强度大、保暖性好、耐光、耐热、耐湿、耐化学药品、不怕虫蛀,但耐磨性差、易吸灰尘	做幕布、帐篷、军用帆布、炮衣、滤布、防酸布,与毛混纺作衣料、毛线、毛毯等
维纶(又名维尼龙或聚乙烯醇纤维)	乙烯醇缩甲醛	吸湿性好,强度大、耐酸、耐碱、耐光、易洗、易干、不会霉蛀,但不如涤纶挺括	做工业滤布、工作服、轮胎帘子线、渔网,代替棉花做衣料
绵纶-66(又名尼龙-66 或聚酰胺纤维)	己二酸己二胺	强度大、质轻软、耐磨、有弹性、不霉蛀、耐油、耐海水,但不耐酸、透气性差	做轮胎帘子线、传动带、绳索、渔网、降落伞、潜水衣以及织物、袜子等
丙纶(又名聚丙烯)	丙烯	强度大、耐磨性仅次于绵纶、耐腐蚀性好,但耐光性和染色性差	做缆绳、滤布、渔网、工作服等
氯纶(又名聚氯乙烯)	氯乙烯	耐化学腐蚀性好、保暖性强、难燃、耐晒、耐磨,但耐热性差、难染色	做滤布、工作服、地毯、衣料等

7.5　复 合 材 料

7.5.1　复合材料简介

随着现代科学技术的迅猛发展,特别是航空、航天、能源、建筑、交通和军事等领域中尖端科学技术的突飞猛进,对工程材料提出了越来越高、越来越严、越来越多的要求,而且有些要求之间甚至是相互矛盾的。在这种情况下,传统单一的材料,如金属材料、高分子材料和无机非金属材料已不能完全满足这种多样化的要求。为了克服单一材料的局限性,各种高性能复合材料应运而生。与此同时,人们对材料的研究也逐步摆脱了过去单纯靠经验的摸索方法,转向按预定性能设计新材料。

复合材料是由两种或两种以上物理性能、化学性能、力学性能和加工性能不同的材料,通过一定的方式而形成的一种多相固体材料。复合材料的组分一方面保持了各自的相对独立性,另一方面复合材料的性能却不是各种组分性能的简单加和,而是有着重要的改进,充分发挥各组成材料的特点,弥补了单一材料的不足。

在复合材料中,通常有一相为连续相,称为基体。还有一相以独立的形态分布在整个连续相中,称为分散相,与连续相相比,分散相的性能优越,会使材料的性能显著增强,故常称为增强材料。

从上述的定义中可以看出,复合材料既可以是一个连续相与一个分散相的复合,也可以是两个或者多个连续相与一个或多个分散相在连续相中的复合。复合材料具有结构可设计性,实现各组分间的"取长补短""协同作用"。复合材料的最终性能取决于所选用的单一材料的性能、相互的比例、分布的方式和界面结构等。通过优化设计、选择和调整各单一材料的组分、分布、比例、界面结构,以及合理的复合制备技术,可制备出具有优异综合性能、性能范围广的新材料,满足各种特殊的需求。

自然界中许多物质都可看成复合材料。例如木材、竹子便是纤维素(抗拉强度高)和木质素(起黏结纤维素作用)组成的复合材料;用泥土与麦秸复合制成的土坯是最原始的建筑用复合材料;用水、沙、石和水泥组合而成的混凝土是土木、建筑工程不可缺少的复合材料。复合材料比一般的钢材、高分子材料的比强度、比模量要高很多,用复合材料做出的构件,质量轻、强度高、刚性大,是一种理想的结构件。复合材料产品制造工艺多数是最终成型,制造出的产品,不需进行机械加工,生产效率更高,制造成本更低。

复合材料的种类繁多,目前尚无统一的分类方法,按增强相形状可分为三类:纤维增强复合材料、层合增强复合材料和颗粒增强复合材料。按基体相材料类型也可分为三类:树脂基复合材料、金属基复合材料、陶瓷基复合材料。

如果从发展的历史来看,复合材料一般可以分为早期复合材料和现代复合材料。

早期复合材料的历史较长,例如古人将稻草加入泥中建造房屋,已具有现代复合材料的萌芽。现代复合材料发展了80多年,越来越受到人们的重视。国外对复合材料的研究、开发起步较早,1940年美国首次使用玻璃纤维增强不饱和聚酯树脂,制备出了玻璃钢。玻璃钢是复合材料的典型代表,也是应用最广泛的复合材料。随着科学技术的发展,玻璃纤维及其制品已不能满足某些特殊场合的需求,如瞬间高温、高强度、高模量、特殊腐蚀介质等,人们在1960—1970年间研制了许多新型纤维与晶须,如碳纤维、硼纤维、芳纶纤维以及碳化硅晶须、氧化铝晶须等。用这些纤维增强了的树脂基复合材料,以其密度低、强度高、弹性模量高、线膨胀系数小和耐多种介质腐蚀等特点,被广泛应用于航天、航空、汽车制造和建筑领域。

随着对材料性能要求的日益苛刻,上述复合材料在刚度和耐热性能方面往往难以满足需要,如纤维增强的树脂基复合材料长期使用温度一般低于350 ℃,为适应高技术发展的要求,近些年来正在迅速开发研究适于高温工作的纤维(晶须)、颗粒增强的金属基和陶瓷基复合材料。

目前研制成功的适于400~1200 ℃温度下使用的,由各种高性能增强体增强的金属基复合材料,与树脂基复合材料相比,不仅具有较高的耐高温性能、不燃烧性、不吸湿和耐老化特性,而且具有高的导热性和抗辐射等功能。复合材料所用的基体也从铝、镁金属发展到钛、铜、锌、铅、铁基金属和金属间化合物。这类纤维或颗粒增强的金属基复合材料已用来制造航天飞机、汽车上的多种结构件,同时可应用于电子、仪表、光学仪器等领域。

7.5.2　复合材料的组成和性能

复合材料主要由基体材料和增强材料组成,现分别加以简单介绍。

1. 基体材料

(1)聚合物复合材料基体　是指以有机聚合物制成的基体,作为复合材料基体的聚合物种类很多,主要为热固性树脂、热塑性树脂及橡胶。

(2)金属基复合材料　是指以金属为基体制成的复合材料,如铝基复合材料等。常用的金属基体可分为铝基、镁基、铜基、钛基、高温合金、金属间化合物(Nb_3Al、$NiAl$、Ti_3Al 等)基以及难熔金属(Ta、Nb、W 等)基等。金属基一般起着固结增强物、传递和承受力、热、电的作用。

(3)无机非金属基复合材料　陶瓷基是指以陶瓷材料为基体制成的复合材料。陶瓷脆性大、抗热震性能差,对裂纹、气孔和夹杂物等细微的缺陷很敏感。近年来,材料科学家发现,向陶瓷中加入颗粒、晶须等构成陶瓷基复合材料,可以大大改善陶瓷的韧性,提高强度和弹性。

陶瓷基复合材料已被用作航空燃气涡轮发动机的热端部件、大功率内燃机的增压涡轮、固体发动机燃烧室与喷管部件以及完全代替金属制成车辆用发动机、石油化工领域的加工设备和废物焚烧处理设备等。

碳基复合材料是指基体为碳、石墨化的树脂碳或化学气相沉积碳的复合材料,通常其增强相为碳纤维,即碳/碳复合材料。

在无机凝胶材料基复合材料中,研究和应用最多的是纤维增强水泥基复合材料。它是以水泥净浆、砂浆或混凝土为基体,以纤维为增强材料组成的。纤维增强水泥复合材料的品种较多,按所用纤维种类有石棉纤维、纤维素纤维、钢纤维、玻璃纤维等多种类型。

2. 增强材料

(1)玻璃纤维　玻璃纤维是由含有各种金属氧化物的硅酸盐在熔融状态下以极快的速度拉丝而成。根据玻璃纤维单丝直径的不同,可将玻璃纤维分成粗纤维(直径在 30 μm 以上)、初级纤维(直径为 20~30 μm)、中级纤维(直径为 10~20 μm)、高级纤维(直径为 3~10 μm)和超细纤维(直径小于 4 μm)。一般 5~10 μm 的纤维作为纺织原料使用,10~20 μm 的纤维用作无捻粗纱、无纺布、短切纤维毡等。

(2)碳纤维　碳纤维是由有机纤维经固相反应转变而成的纤维状碳,是无机非金属材料,不属于有机纤维。但从制法上看,它又异于普通的无机纤维。碳纤维性能优异,不仅质量轻、比强度高、比模量大,而且其耐热性高、化学稳定性好。碳纤维具有非常优良的 X 射线透过性及阻止中子穿透性,还可赋予复合材料导电性和导热性。以碳纤维为增强材料的复合材料具有比钢强、比铝轻的特性,是目前最受重视的高性能材料之一,在航空航天、军事、工业、体育器材等许多方面有着广泛的用途。

(3) 硼纤维 硼纤维是一种将硼元素通过高温化学气相沉积法沉积在钨丝表面制成的高性能增强纤维。硼纤维具有良好的力学性能,强度高、模量高、密度小。在室温下,硼纤维的化学稳定性好,表面具有活性,不需要处理就能与树脂进行复合。硼纤维也是制造金属复合材料最早采用的高性能纤维,用硼纤维/铝复合材料制成的航天飞机主舱框架强度高、刚性好,取得了十分显著的效果,也有力地促进了硼纤维金属基复合材料的发展。

(4) 碳化硅纤维 碳化硅(SiC)纤维是以碳化硅为主要组分的一种陶瓷纤维,这种纤维具有良好的耐高温性能及高强度、高模量和化学稳定性,主要用于增强金属和陶瓷,制备耐高温的金属或陶瓷基复合材料。SiC 纤维的制备方法主要有化学气相沉积法和烧结法(有机聚合物转化法),但碳化硅纤维虽然性能优异,但价格昂贵,所以尚未广泛应用。

(5) 芳纶纤维 芳纶纤维是指聚芳酰胺纤维,国外商品牌号叫作凯芙拉(Kevlar),我国称为芳纶纤维。目前,芳纶纤维总产量的 43% 用于轮胎的帘子线,31% 用于复合材料,17.5% 用于绳索类和防弹衣,8.5% 用于其他。

复合材料通过将基体材料与增强材料的复合,实现了各组分间的协同作用,在以下几方面表现出优异的性能。

(1) 比强度和比模量高。复合材料具有比其他材料高得多的比强度(抗拉强度与密度之比)和比模量(弹性模量与密度之比)。比模量高说明材料轻、刚性大。许多动力结构和设备不但要求材料的强度高,还要求质量轻,采用比强度和比模量高的材料,可大大提高动力设备的效率。

(2) 良好的抗疲劳性能。疲劳是材料在循环应力作用下的性质。多数金属的疲劳限度是拉伸强度的 40%~50%,而碳纤维增强复合材料可达 70%~80%。例如,金属疲劳时,裂纹沿拉力方向迅速扩展而造成断裂,裂纹扩展的总趋势是不改变的。然而在应力状态下,纤维增强复合材料的裂纹扩展方向要改变,裂纹尖端的应力状态也发生变化,在一定程度上阻止了裂纹的扩展。增强相与基体间的界面也能有效地阻止疲劳裂纹的扩展。

(3) 减振性能好。工程上有许多机械和设备,在工作过程中振动问题十分突出,如飞机、汽车及各种动力机械。当外加载荷的频率与结构自振频率相同时,将产生严重的共振现象,共振会严重威胁结构的安全运行,有时会酿成灾难性事故。

因为复合材料为多相体系,大量的界面对振动有反射吸收作用,减振能力强,且自振频率高,不易产生共振,所以振动波在复合材料中衰减快,碳纤维复合材料的减振速度比钢快,即振幅衰减到零的时间比钢短。

(4) 高温性能好。一般铝合金在 400 ℃ 时,弹性模量大幅度降低至接近于零,强度也显著下降。而碳纤维增强铝合金制成的复合材料在此温度下强度和模量基本不变,为高温状态下工作的零件开辟了选材新途径。

7.5.3 复合材料设计和应用实例

1. 纤维增强复合材料

（1）玻璃纤维增强复合材料 玻璃钢是近几十年来发展迅速的一种复合材料,是纤维增强塑料的一个品类。它是以玻璃纤维及其制品作为增强材料,以合成树脂作基体材料制备而成的。根据所使用的树脂品种不同,玻璃钢可以分为聚酯玻璃钢（以不饱和聚酯为基体）、环氧玻璃钢（以环氧树脂为基体）、酚醛玻璃钢（以酚醛树脂为基体）等。

用作增强材料的玻璃纤维是由熔融的玻璃经快速拉伸、冷却所形成的纤维,其主要成分是 SiO_2 和 Al_2O_3。目前,玻璃纤维产量的 70% 都用来制造玻璃钢。

玻璃钢制品

玻璃钢材料具有基体树脂所无法比拟的优异性能,例如材料的整体性、高机械性能、耐冲击性能、耐腐蚀性能、良好的介电性能和尺寸稳定性能以及材料的耐久性等等,这使得玻璃钢材料在各个领域,均获得了广泛的应用。

例如,玻璃钢的相对密度在 1.5~2.0,只有碳钢的 1/5~1/4,但二者的拉伸强度却接近,玻璃钢的强度可以与高级合金钢相比。因此,在航空、火箭、宇宙飞行器、高压容器以及其他需要减轻自重的制品应用中,具有广泛应用价值。

此外,玻璃钢的热导率低,只有金属的 1/1000~1/100,是优良的绝热材料。在瞬时超高温情况下,玻璃钢是理想的热防护和耐烧蚀材料,可以保护宇宙飞行器在 2000 ℃以上承受高速气流的冲刷,所以玻璃钢也可用于航空航天领域。

我国玻璃钢工业经过多年来的发展,已在国民经济各个领域中取得了成功的应用,例如采用玻璃钢制造各种小型汽艇、救生艇、游艇,以及汽车制造业等,节约了不少钢材,在经济建设中发挥了重要的作用。

当然,玻璃钢也存在一些缺点,刚性差、易变形、长期耐温性差,也易老化等,这都需要在今后的研究中不断加以改善。

（2）碳纤维增强复合材料 碳纤维增强材料与不同基体组成的材料称为碳纤维增强复合材料。与玻璃纤维相比较,碳纤维具有更高的弹性模量,是玻璃纤维的 4~6 倍,碳纤维的抗拉强度也略高于玻璃纤维,耐高温性能也更加优异。

根据需求的不同,基体材料既可以选用有机高分子材料,如环氧树脂、酚醛树脂和聚四氟乙烯等;也可以选用金属材料和无机非金属材料,如陶瓷、碳、水泥等。

例如,碳纤维增强树脂基复合材料具有高强度、高模量、轻质、耐腐蚀、综合性能优异等诸多优点,可使汽车的质量减轻 30%~60%,被誉为汽车轻量化的"王者之材",已经成为汽车轻量化进程中不可或缺的重要材料。

碳纤维增强的热塑性树脂基复合材料具有吸收电磁波的隐身功能,可避过雷达的追踪,是高性能结构材料,是制造先进战斗机、侦察机的理想隐身材料。

目前国内外比较成熟的碳纤维增强陶瓷材料是碳纤维增强碳化硅材料。用碳纤维增强陶瓷可有效地改善韧性,改变陶瓷的脆性断裂形态,同时阻止裂纹在陶瓷基体中的迅速传播和扩展。因其具有优良的高温力学性能,在高温下服役不需要额外的隔热措施,因而在航空发动机、可重复使用航天飞行器等领域具有广泛应用。

碳/碳复合材料是碳纤维增强碳基复合材料的简称,它是由碳纤维或织物、编织物等增强碳基复合材料与树脂碳、沉积碳等其他各类碳组成。这种完全由人工设计、制造出来的纯碳元素构成的复合材料具有许多优异性能,除具备高强度、高刚性、尺寸稳定、抗氧化和耐磨损等特性外,还具有较高的断裂韧性和低塑性。特别是在高温环境下,此类材料强度高、不熔不燃,这是其他材料无法与其比拟的。因此广泛应用于导弹弹头,固体火箭发动机喷管以及飞机刹车盘等高科技领域。

(3)硼纤维增强复合材料　硼纤维是一种强度、刚度均比碳纤维高的纤维。制造硼纤维的方法是把硼制成三氯化硼气体,再与氢气混合,加热到 1200 ℃ 以上,三氯化硼与氢气发生如下反应:

$$2BCl_3 + 3H_2 \longrightarrow 2B\downarrow + 6HCl$$

生成的硼沉积在直径为 10 μm 的钨丝上,就可得到直径为 100 μm 左右的硼纤维。

硼纤维除用作结构材料外,还用作高温材料,但由于其价格昂贵,生产工艺复杂,直径较粗,弯曲半径小,使其应用受到一定限制。

硼纤维增强复合材料是以硼纤维为增强材料的树脂基复合材料,常用树脂有环氧树脂等。硼纤维增强复合材料的强度好,耐高温,因此广泛用于航空工业做结构材料和耐高温材料。

2. 层合增强复合材料

层合增强复合材料是由两层或两层以上不同材料复合而成的,目的是得到集合各层优点的性能更好的材料。用层合法增强的复合材料可使强度、刚度、耐磨、耐腐蚀、绝热、隔音、减轻自重等若干性能分别得到改善。常见的复合材料有以下两种。

(1)双层金属复合材料　双层金属复合材料是将性能不同的两种金属,用胶合或者熔合铸造、热压、焊接、喷涂等方法复合在一起以满足某种性能要求的材料。最简单的双层金属复合材料是将两块具有不同热膨胀系数的金属板胶合在一起。

不锈钢-普通钢复合钢板,合金钢-普通钢复合钢板,就是典型的层合金属复合材料。

(2)夹层复合材料　夹层复合材料是性能完全不同的表面材料与芯材复合而成的一种材料。芯材与面材通过胶合剂牢固结合。通常选用薄而强度高的材料做面材,可以是金属、塑料和增强材料;芯材选用材质轻、强度低,又具有一定刚度和厚度的板材或异形材料,如铝、玻璃纤维、泡沫塑料和胶合板等。

夹层复合材料应用很广,其中非结构材料主要用作装饰(车船及室内装饰)及家具等。而夹层结构复合材料主要用于飞机上的某些结构件,如机翼、翼尖、舵面等,火车车厢,运输容器,发动机罩以及隔音、绝缘耐热板等。

3. 颗粒增强复合材料

颗粒增强复合材料是一种或多种材料的颗粒均匀分散在基体材料内所组成的

材料。

　　陶瓷粒子与金属基体构成的粒子增强金属复合材料又被称为金属陶瓷。这种复合材料的特点是,用韧性好的金属把具有耐热性好、硬度高但不耐冲击的陶瓷相黏结在一起,从而弥补了各自缺点,突出各自优点,使材料获得良好的复合效果。

　　除金属陶瓷外,还有石墨-铝合金颗粒复合材料。这是在铝液中加入颗粒状石墨并悬浮于铝合金中,浇得的铸件具有优良的减摩消振性能和较小的密度,是一种新型的轴承材料。

　　复合材料发展速度很快,它的品种和应用正在不断地扩大,上面仅介绍了几种常用的复合材料,还有更多更新的复合材料新品种正在等待人们去开发。

思考题与习题

　　1. 解释下列现象:

　　(1) 和锌棒接触能防止铁管道的腐蚀;

　　(2) 纱窗上铁丝相交处生锈最严重。

　　2. 在铁被腐蚀的电池中,若铁块上两点的差别仅是氧的分压不同,其中一点氧的分压为 100 kPa,另一点氧的分压为 1.00 kPa,则这两点之间的电势差是多少?

　　3. 合金主要有哪些种类?

　　4. 当聚四氟乙烯的相对分子质量为 33000 时,其聚合度为多少?

　　5. 每一种新材料的发现、开发和利用,都会推动科学技术的发展,都会给人类社会带来巨大的变化。对这句话你是如何理解的?

第 8 章 　　　　　　　　　　　　　　　　药物化学

人类文明经历 5000 多年的发展历程,药物的发现和使用始终伴随其中。从人们对草药、矿石等天然药物的利用,到现代社会化学家们设计、合成大量的药物化学品,药物对减轻病痛,治愈疾病,保障人类身体健康,延续寿命起到了十分重要的作用。

在中国古代,很早就有关于中医药物和药方的记载。《神农本草经》是现存最早的中药学专著,成书于汉代。这部书首次提出了在中医理论中非常重要的"君臣佐使"方剂论,是我国早期临床用药经验的第一次系统总结,全书共分 3 卷,记载了 365 种药物,被誉为中药学的奠基之作。

大约在公元前 1500 年,印度人也编撰了《梨俱吠陀》(Rig-Veda),其中提到了药用植物,并提及麻风病、结核病等,是印度医学的起源。

近百年来,化学学科在发现和设计具有特定疗效的新化合物并将其发展成有用的药物过程中,起到了非常重要的作用。新药的开发和研制都属于药物化学研究范畴,药物化学(medicinal chemistry)就是建立在化学学科的基础上,包含生物学、医学和药学内容的一门学科。医药化学工作者们利用化学原理制成了许多新药,用于人类的疾病诊治和健康保健。可以说药物和化学密切相关,医药水平的提高依赖于化学学科的发展。

目前,临床上使用的处方药和非处方药种类繁多,其中既有天然药物,如各类植物药;也有化学合成药物,如非甾体抗炎药、磺胺类药等。在本章内容中我们将重点介绍化学合成药物,并围绕化学与药物的关系,介绍化学学科在药物研究中所发挥的作用,让大家了解现代药物设计的方法和理念,使大家在认识药物的同时,学会正确使用药物。

8.1　药物的发现与利用

8.1.1　无机药物的贡献及发展

古今中外都有使用矿物作为药物的历史,在所有中医著作中,《本草纲目》收载的矿物类药最多,包括土部药物 61 种、金石玉部药物 161 种,总计 222 种。这些药物有的是金属元素药,有的是含杂质的天然无机化合物,有的则是经过制备或人工合成的无机物。

金就是《本草纲目》金石部的一种药物,《抱朴子》中也早有记述。金在古代被用作镇静安神、长生之药,近代也曾有英国学者将金制备成胶体金治疗类风湿性关节炎,硫代苹果酸金等一价金的化合物作为抗炎药物也被用于风湿病的治疗。

我国药典中记载的安宫牛黄丸是一种用于治疗中风昏迷及脑炎、脑膜炎、脑出血等的中药丸剂,具有清热解毒、镇静开窍等功效,又被称作"开窍丸"。安宫牛黄丸通常用 0.1 μm 左右厚度的金箔包裹,金箔的使用一方面可以更好地保存药物,另一方面金箔本身也是一种药材,能起到镇心安神以及解毒的功效,与安宫牛黄丸一起服用,可以在一定程度上增强安宫牛黄丸的药效,使治疗效果更佳。

银主要用作安神、止惊悸。据李时珍考证,银就是汉代初期《尔雅》中所提到的白金。银膏的使用最早是在《唐本草》中,主要成分是银汞合金,可以用于补牙齿缺落。银膏至今仍有沿用,但是其组成有了较多的改进。与之相比,欧洲使用汞齐合金治疗龋齿是在公元 1810 年以后,比公元 659 年成书的《唐本草》晚了近 1200 年。

近代研究发现银离子还有很强的杀菌作用,人类曾广泛应用硝酸银($AgNO_3$)等作为眼科用药,磺胺嘧啶银也是外科良好的消炎药,这些已都收录在药典中。

从 20 世纪后半叶开始,在认识了无机化合物分子的多样性问题、活性与毒性的矛盾等问题的基础上,许多以金属为基础的无机药物成功地应用于临床,无机药物研究逐渐成为世界范围的热点。例如,顺铂(顺-二氯二氨合铂)就是一种含金属铂的抗癌药物,其分子式如图 8-1 所示。

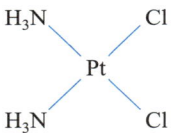

图 8-1　抗癌药物——顺铂的分子式

顺铂具有抗癌谱广、作用性强等优点,在治疗睾丸癌、卵巢癌、子宫癌、膀胱癌等领域疗效显著。但顺铂用于治疗癌症具有一定的毒性,会引起副作用,因此需要不断寻找毒性较小而临床效果与顺铂相近的药物。

迄今为止,各国科学家已合成并检验了数千种与顺铂结构或性质相近的金属配合物。以碳铂为代表的第二代抗癌铂配合物,以二氯茂钛为代表的第三代抗癌金属配合物都已经被研制成功,现在这一领域的研究仍在继续进行。顺铂作为无机金属配合物抗癌药物的代表,它在临床上的成功推动了抗癌金属配合物差不多半个世纪的研究,而且经久不衰。

蒙脱石是一种无机非金属矿物,主要成分是硅铝酸盐,属于层状结构,具有吸附、离子交换和催化等性能。它的商品名称叫"思密达",是一种治疗胃肠消化紊乱的无机药物,也是此类药物发展史上的一个里程碑。

蒙脱石的层间是可扩展的,这使得它具有对于底物的适应性,能够结合和"囚禁"微生物以及各种分子和离子,甚至能够通过它的表面特性改变这些致病因素的致病作用。蒙脱石治疗疾病的机理提示我们,与有机药物不同,无机药物的分子结构决定的只是基本药理作用,其高级结构能够最终决定药效。

目前,正在进行临床试用的无机药物不在少数。特别值得提起的有以下几种。

(1)有类胰岛素作用的钒化合物。1899 年,法国两位医生发现糖尿病患者服用钒酸钠后,尿糖减少。但胰岛素问世后,钒不再受到重视。20 多年来,随着对钒化合物的研究逐渐深入,临床医生也关注起钒化合物的类胰岛素作用。与胰岛素相比,此类化合物具有很多优点,例如可以口服,不会造成低血糖,钒与骨结合后缓慢释放,所以表现长效。这些都是相当有潜力的性质。但此类化合物的应用依然存在一些问题,例如毒副作用等,这些都有待在后续研究中加以解决。

（2）铈的化合物在治疗烧伤中的作用。铈在元素周期表中位于镧系,由于三价铈的半径与 Ca^{2+} 半径接近,因此可以替代生物分子中的钙,三价铈的化合物表现出较强的抗凝血能力,被用作抗血栓药物。而硝酸铈（Ⅲ）还具有抑菌、杀菌和防腐作用,因此被广泛用于烧伤创伤的治疗,与使用硝酸银治疗的患者相比,具有危及生命的灼伤患者的死亡率能够降低近 50%。

（3）碳酸镧在防治高磷血症中的应用。高磷血症常常出现在长期透析的慢性肾功能衰竭的患者身上,会导致骨丢失和心血管病。作为一种成分简单的盐类,碳酸镧由于镧离子（ La^{3+} ）能够与磷酸根生成难溶的磷酸镧,并通过消化道排出体外,因此减少磷酸盐的吸收,从而起到降血磷的功效。

8.1.2　有机药物的发现与利用

与无机药物和其他生物制品药物相比,有机药物的种类、数量、销量都遥遥领先,在世界医药史上被公认的"三大神药"阿司匹林、青霉素和安定都是有机化学品。每年全球药企财报发布统计的药品销售前十位,全部都是有机药物。有机药物的发现与使用,对解决全球公共卫生领域不断出现的各种新问题起到了不可忽视的作用。

1. 水杨酸的发现与改性

早在公元前 1534 年,古埃及的医学文献《埃伯斯纸草书》就记录了干的柳树叶具有止痛功效。到了公元前 4 世纪,古希腊"医学之父"希波克拉底提出,咀嚼柳树皮可以治疗发热和炎症性疼痛,并给妇女服用柳叶煎茶以减轻妇女分娩的痛苦,但对其中的原理还不清楚。

随着化学知识的积累和化学工业的发展,直到 1828 年,法国药学家 Leroux 和意大利化学家 Piria 才从柳树皮中分离出水杨苷。1838 年,Piria 将这一研究工作深入下去,从水杨苷晶体中提取到更强效的化合物,并命名为水杨酸。1860 年,德国有机化学家科尔伯（Kolbe）首次以苯酚钠为原料,使用人工方法合成出水杨酸。

水杨酸的化学名称是邻羟基苯甲酸,是一种结构非常简单的有机小分子,其结构式如图 8-2 所示。

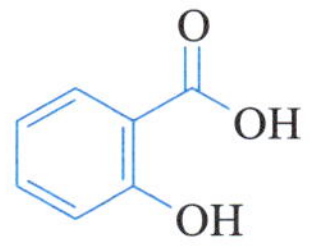

图 8-2　水杨酸的结构式

水杨酸虽然具有退热、镇痛和抗炎功能,但是会使患者的嘴巴、喉咙和胃部感到不适,所以水杨酸的应用并不广泛。化学家们则一直尝试对其结构进行改造,在保留其药性的前提下,减少它的副作用。

关于水杨酸的结构改性,最早可以追溯至 1853 年。但作为药物,它的大规模市场化则是源于德国拜尔公司的研发和推动。1897 年,德国化学家费利克斯·霍夫曼在阿图尔·艾兴格林的指导下,对水杨酸的结构进行了改进,合成出 2-乙酰氧基苯甲酸,又名乙酰水杨酸,其结构式如图 8-3 所示。

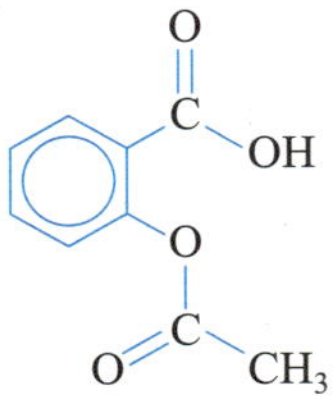

图 8-3 乙酰水杨酸(阿司匹林)的结构式

这一研究成果被拜尔药业市场化,药物的商品名称就是阿司匹林(Aspirin)。

临床上阿司匹林对头痛、牙痛、神经痛、肌肉痛都有很好的镇痛作用,还可以抗炎、抗风湿。近年来人们又发现阿司匹林在预防和治疗心脑血管疾病中也有很好的作用,且阿司匹林没有药物依赖性,现在,阿司匹林已经成为全球销量最大的药品,每年销售量达 10 万吨以上。

霍夫曼通过一个简单的化学反应改变了水杨酸的结构,从而使水杨酸变成了阿司匹林。药物分子的结构虽然发生了改变,但却依然保留了原有的药效,同时减轻了对胃部的刺激,减少了副作用。虽然作为一种化学药剂,阿司匹林还存在一些副作用,比如耳鸣、恶心、消化道出血等,但相对于水杨酸来说,副作用已经大大减轻。

但是,依然有一些患者对阿司匹林严重过敏,所以化学家们尝试改变有机分子的结构,研发新的药物。1886 年科学家发现退热冰(乙酰苯胺)具有很强的解热镇痛效果,1887 年又发明了非那西丁(乙酰对氨苯乙醚),1948 年,科学家发现退热冰的作用要归功于它的代谢产物扑热息痛,因此他们提倡使用 Paracetamol(对乙酰氨基酚)替代退热冰。

1955 年,对乙酰氨基酚在美国境内上市销售,商品名泰诺(Tylenol)。1956 年,对乙酰氨基酚在英国境内上市销售,商品名必理通(Panadol)。20 世纪 60 年代,中国也开始生产对乙酰氨基酚,同时把 Paracetamol 翻译为扑热息痛,其结构式如图 8-4 所示。

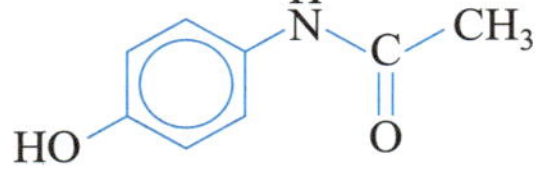

图 8-4 对乙酰氨基酚(扑热息痛)的结构式

如今,扑热息痛已经是最常见的解热镇痛药成分,在许多感冒药、退烧药和止痛药中都有它的身影,比如白加黑、感冒灵等。它的结构与阿司匹林类似,但性能有所不同,只退烧止痛,但没有抗炎作用。

因此我们需要思考这样的问题,化学家们在设计药物的时候,是通过什么样的理念来保持药效和减轻副作用呢? 为解决这一问题,我们需要首先了解药物分子的结构特征。

2. 有机药物中结构和官能团的作用

碳元素是地球上所有生命的基础,有机药物都是含碳分子。根据 PubChem Statistics 数据库显示,截至 2022 年底,人类已知的有机化合物总数已经超过一亿种。

碳元素具有很强的自成链倾向,可以形成链状或者环状的结构。例如丁烷分子就是链状分子,它的化学组成是 C_4H_{10},碳原子能够以不同的方式排列,其中没有支链的称为正丁烷,有支链的称为异丁烷,如图 8-5 所示。这两种分子我们称作同分异构体。

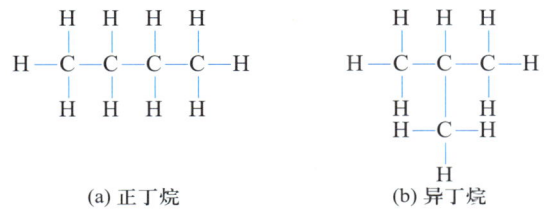

(a) 正丁烷　　　　(b) 异丁烷

图 8-5　正丁烷和异丁烷的结构式

在含碳的有机分子中,还存在环状结构,这样的结构具有较强的刚性。例如苯环就是在阿司匹林分子中出现的环状结构,它含有六个碳六个氢,如何解释这 12 个原子所形成的稳定的结构,曾经是化学研究领域的一个难题。

苯的分子式是 C_6H_6,碳和氢比值非常大,说明苯应该是高度不饱和化合物。然而在实验中人们发现,在酸性条件下,苯与高锰酸钾溶液混合,溶液不褪色。这个现象与人们对苯结构的预期产生了差异,因为如果苯分子中存在不饱和键,那么就应该会被高锰酸钾氧化使其褪色。苯分子的结构到底应该是什么样呢? 直到 1865 年,德国化学家凯库勒(Kekulé)提出苯分子具有环形结构,这个难题才得以解决。

人们在对苯环结构了解和解释的基础上,越来越多的具有环状结构的有机化合物被陆续合成出来,为此后利用化学方法制备新药、进行药物设计提供了前提。

例如,在阿司匹林分子中,如图 8-3 所示,苯环上面有一个碳原子连接了一个羧基(—COOH),与之相邻的一个碳原子上连接了一个乙酰氧基(—OCOCH₃),而在水杨酸的结构中,这个碳原子上面连接的则是一个羟基(—OH)。

上面提到的羧基、乙酰氧基、羟基,都是有机分子中非常重要的官能团。官能团是有机分子具有药性的原因,我们要想了解药物的性质,就必须了解官能团。

从定义上看,官能团是使含有它的分子产生特征的物理和化学性质的特定原子排列基团,也是决定有机化合物化学性质的原子或原子团。一些在有机分子中比较常见也比较重要的官能团见表 8-1。

例如,羧酸官能团(—COOH)能够使有机分子产生酸的特征,这是因为含有羧酸的有机分子在水溶液中能够解离出氢离子,从而使溶液呈现酸性。

表 8-1 一些重要的官能团

名称	结构	名称	结构
双键	$C=C$	缩醛基	$-CH\begin{smallmatrix}OR\\OR\end{smallmatrix}$
三键	$-C\equiv C-$	缩酮基	$C\begin{smallmatrix}OR\\OR\end{smallmatrix}$
羟基	$-OH$	亚胺基	$C=N-R$
卤基	$-X$	腙基	$C=N-NH_2$
醚基	$-C-O-C-$	肟基	$C=N-OH$
过氧基	$-O-O-$	羧基	$-\overset{O}{\overset{\|}{C}}-OH$
次卤基	$-OX$	酰卤基	$-\overset{O}{\overset{\|}{C}}-X$
氨基	$-NH_2$	酯基	$-\overset{O}{\overset{\|}{C}}-OR$
二级氨基	$-NHR$	酸酐基	$-\overset{O}{\overset{\|}{C}}-O-\overset{O}{\overset{\|}{C}}-$
卤氨基	$-NHX$	酰胺基	$-\overset{O}{\overset{\|}{C}}-NH_2$
羟氨基	$-NHOH$	二级酰胺基	$-\overset{O}{\overset{\|}{C}}-NHR$
肼基	$-NH-NH_2$	三级酰胺基	$-\overset{O}{\overset{\|}{C}}-NR_2$
醛基	$-CHO$	硝基	$-NO_2$
酮基	$-\overset{O}{\overset{\|}{C}}-$	磺酰基	$-SO_2H$

苯环也是一种官能团,因为它有芳香性,所以也被称为芳环。芳环的存在会赋予含碳分子骨架一定的刚性,同时苯环也使得药物分子与细胞膜等人体组织具有较好的相溶性,所以在药物中经常会出现苯环结构。

例如,在水杨酸分子中的苯环上就有两个官能团,一个羧基和一个羟基,它们都能够增强水杨酸分子的酸性。如果用乙酸分子和水杨酸分子上的羟基发生化学反应,脱去一分子水,那么产物就变成了一种酯,原有的羟基官能团变成了乙酰氧基,产物就是乙酰水杨酸,也就是阿司匹林。酯基的生成降低了水杨酸的酸性,对胃黏膜的刺激减弱,从而使得阿司匹林的副作用降低。

官能团还会影响有机化合物的溶解度,会直接影响药物在人体内吸收、作用快慢和停留时间。由于人体内血液中水的含量占比达到85%,而水是极性分子,因此根据"相似相溶"原理,具有极性的药物分子更容易在血液中运输和发挥药效;而非极性的药物分子则更容易在细胞膜和脂肪组织中积累。因此,官能团的选择在药物设计中十分重要。

8.2 现代药物设计理念

8.2.1 非甾体抗炎药物的作用机理及设计

阿司匹林、扑热息痛等都属于非甾体抗炎药物(nonsteroidal antiinflammatory drugs,NSAIDs),在没有揭示这类药物的作用机理前,人们普遍认为是此类药物结构中的羧基和羟基产生的氢离子对胃肠道产生了刺激性,因此,在药物设计的初期都是利用其盐、酰胺或酯等衍生物来降低酸性。例如,阿司匹林铝是由二分子乙酰水杨酸形成的羟基铝盐,赖氨匹林是阿司匹林与赖氨酸的复盐,等等。

20世纪70年代初,人们发现了非甾体抗炎药物的作用机制,它们是通过抑制人体中环氧合酶(又称环氧化酶,COX)作用,从而阻断前列腺素的生物合成来发挥药效的。前列腺素正是在炎症出现时,引起发烧、肿胀和其他不适反应的根源所在,同时,环氧合酶被抑制也是这类药物对胃肠道产生副作用的主要原因。这一研究结果大大促进了此后非甾体抗炎药物的发展,并逐渐成为抗炎药物研究和开发的重点之一。

早期的非甾体抗炎药物多数为非选择性环氧合酶(COX)抑制剂,对环氧合酶的2个异构体COX-1和COX-2均有作用。但人们后来发现,在这两种异构体中,COX-1为结构酶,是正常的细胞组成蛋白,能够参与血小板聚集、胃黏液分泌等的调节,具有保护胃肠黏膜等功能;而COX-2是诱导酶,在炎症发生时被诱导增加,会促进前列腺素的生成。因此,COX-2才是非甾体抗炎药物应该作用的药物靶点。而COX-1被同时抑制,则导致了药物的副作用,如对胃肠道的刺激性等。

阿司匹林就是通过阻断环氧合酶催化合成前列腺素来发挥药效的。除COX-1和COX-2被抑制外,还有一种前列腺素——血栓素A2(TXA2)也同时被抑制,而它具有强烈的促进血小板聚集的作用。所以,阿司匹林除了能够退烧、止痛和消炎外,还能够防止血栓形成。

阿司匹林作为全球销量最大的药物,它的药效表现包括能够进入细胞膜、软化血管、降低中风和心脏病的风险,有些研究表明,阿司匹林还可以降低一些癌症的发病率。当然阿司匹林在使用时还会有一些副作用,例如胃肠道穿孔、溃疡、出血等不良反应,这些副作用的产生正是由于阿司匹林对 COX-1 的抑制作用引起。

自阿司匹林首次合成后,100 多年来已有百余种类似的非甾体抗炎药物被陆续合成出来,这类药物包括对乙酰氨基酚、布洛芬、罗非昔布等,它们主要具有抗炎、抗风湿、止痛、退热和抗凝血等作用,在临床上广泛用于骨关节炎、类风湿性关节炎,多种发热和各种疼痛症状的缓解等。

在数量众多的非甾体抗炎药物中,扑热息痛是市面上比较常见的退烧止痛药物,在药店里还有一些药品,它们的商品名称虽然不叫扑热息痛,但主要成分都是对乙酰氨基酚,例如泰诺、泰诺林等。

布洛芬是在 20 世纪 70 年代由普强(Upjohn)公司研发的,是一类芳基乙酸类化合物,人们在对这类化合物的研究中发现,在苯环上增加疏水性官能团可以使产物的抗炎作用增强,因此就在乙酸基的邻位碳原子上引入甲基,从而得到了 4-异丁基 α-甲基苯乙酸,又名布洛芬,其结构式如图 8-6 所示。

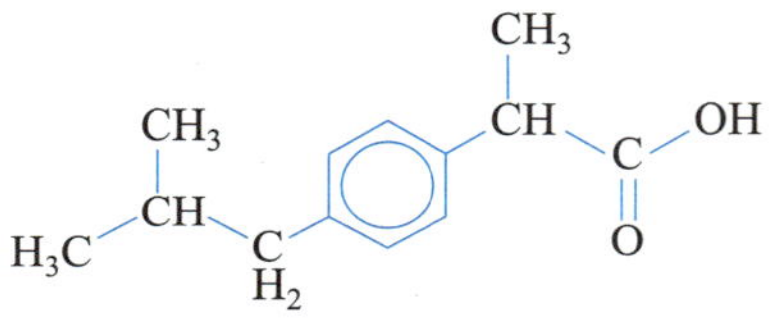

图 8-6　布洛芬的结构式

与阿司匹林相比,布洛芬的解热镇痛作用增强,同时毒性也有所降低,抗炎活性大大提升,现在已经是临床上常用的解热镇痛抗炎药物,例如药店里的药品美林、芬必得等,其主要成分都是布洛芬。

阿司匹林、扑热息痛和布洛芬都属于非甾体抗炎药物,它们的结构比较相似,都是苯环上面连有两个支链,但它们支链的位置和官能团的种类有所不同,正是因为这种不同,导致了这三种非甾体抗炎药物的药效产生了较大的区别。阿司匹林可以退烧、止痛和消炎,扑热息痛能够退烧止痛但不抗炎;布洛芬止痛效果和退烧效果比阿司匹林更好,抗炎活性可以达到阿司匹林的 5~50 倍。

上述几种药物都是非选择性的非甾体抗炎药物,对环氧合酶的两个异构体 COX-1 和 COX-2 均有作用。但是从药物设计的角度考虑,如果想减少阿司匹林的副作用,就应该研制出只抑制 COX-2,不抑制 COX-1 的新药,那么研究情况到底如何呢?

1992 年,COX-2 的晶体结构才被确定,因此 20 世纪 90 年代后期,出现了很多直接作用于 COX-2 的新药,例如美洛昔康、塞来昔布、罗非昔布等。

罗非昔布(Rofecoxib,别名罗非考昔,Vioxx)又名万络,其结构式如图 8-7 所示。万络于 1999 年上市,是只抑制 COX-2 的非甾体抗炎药物,主要药效是抗炎和镇痛,是一种神经、肌肉和骨骼系统药,能够缓解骨关节炎症状,减轻疼痛。仅 2003 年一年,万络就在全球销售了 25 亿美元。然而美国默克公司于 2004 年 9 月决定在全球停止销售万络,原因是万络被证明会增加心脏病发作或中风的风险近一倍。随后,许多患者告上法庭,要求赔偿,这家美国药企不得不在 2007 年同意以 48.5 亿美元达成和解。

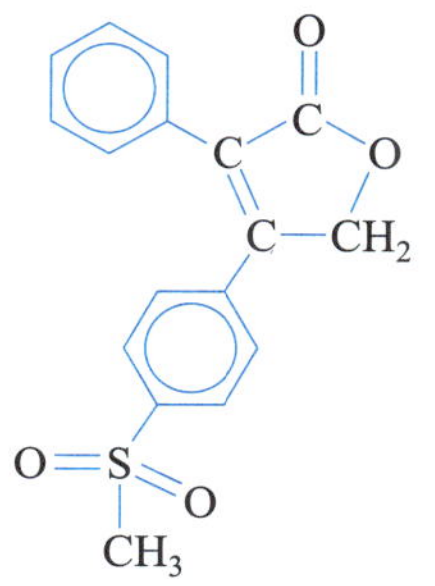

2000 年的一项研究对比了 COX-2 抑制剂罗非昔布与传统的 NSAID 药物萘普生的消化道不良反应,结果提示罗非昔布的消化道不良反应显著减少,但是罗非昔布的心脏病和卒中风险却增加了。这是由于罗非昔布还抑制了血管内皮的前列腺素生成,从而使血管内的前列腺素和血小板内的血栓素动态平衡失调,导致血栓素的形成,因此大大增加了心血管不良反应的风险。

图 8-7 万络的结构式

应该说在非甾体抗炎药中,有些药物的设计是比较成功的,例如阿司匹林、扑热息痛、布洛芬等,当然也有失败的案例,这些依然存在的问题都有待于研究者们继续探索解决。

8.2.2 青霉素类抗生素的发现和研究

抗生素又叫抗菌素,是某些微生物如细菌、真菌以及动植物在其生命过程中的代谢产物,它是人们日常生活中最为常见的一类药物,具有选择性地抑制或杀灭细菌和其他细胞的能力。实际上抗生素不仅用于细菌感染,还可治疗肿瘤、病毒以及某些高血压、胃溃疡等,它早已突破了"抗菌"概念,所以目前都称为抗生素。抗生素的品种繁多,仅我国用于临床的就达 100 多种,包括青霉素类、头孢菌素类、磺胺类及许多其他种类的抗生素。

青霉素是最早应用的抗生素,是从青霉菌中发酵分离提取出来的,现在有天然青霉素(Penicillin,或盘尼西林,又称青霉素 G)和半人工合成青霉素共几十个品种。

1928 年,英国细菌学家亚历山大·弗莱明(Alexander Fleming)偶然发现了青霉素的抗菌作用。1941 年前后牛津大学病理学家弗洛里(Florey)与生物化学家钱恩(Chain)实现了对青霉素的分离与纯化,使得制药企业能够大批量生产青霉素,这让青霉素在二战末期和二战后得到了广泛应用,拯救了数以千万人的生命。正因为这项伟大发明,弗莱明、弗洛里和钱恩于 1945 年因"发现青霉素及其临床效用"而共同获得诺贝尔生理学或医学奖。

直至 20 世纪七八十年代,青霉素依然是主流抗生素之一,但是,随着时代的变迁,天然青霉素由于不易保存,逐渐耐药以及过敏反应强等原因,应用范围越来越小,此后陆续出现了人工半合成的第二代和第三代青霉素类抗生素,它们与青霉素(即青霉素 G)结构类似,但功能有所改善。

青霉素类抗生素的化学结构通式如图 8-8 所示。在这一结构中,R 为可变官能团。

例如青霉素 G 也就是盘尼西林,其结构中 R 基团为苯甲基($C_6H_5CH_2$—),结构式如图 8-9 所示,属于第一代青霉素;

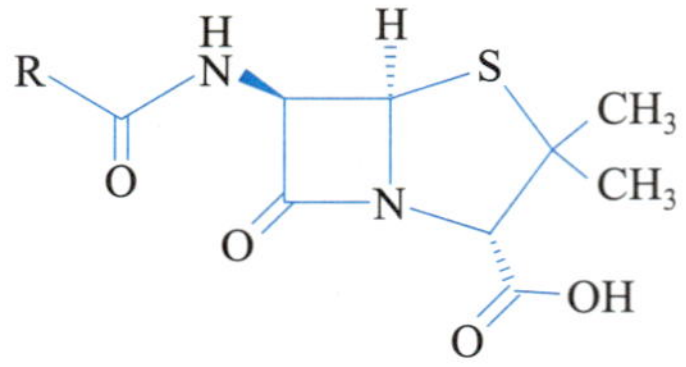

图 8-8　青霉素类抗生素的化学结构通式

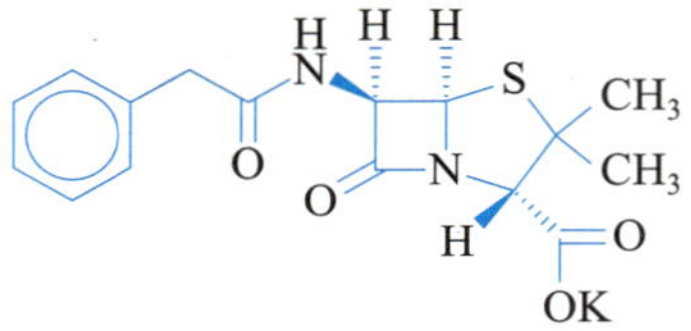

图 8-9　青霉素 G(盘尼西林)的结构式

在此后的半合成青霉素中,氨苄青霉素(氨苄西林)属于第二代青霉素,结构式如图 8-10 所示。与青霉素 G 相比,其结构设计对 R 基团做了微小改变。研究者在苯甲基($C_6H_5CH_2$—)基础上,用氨基(NH_2—)取代了甲基上的一个氢,但对其药效却有明显影响。氨苄西林的抗菌谱比青霉素更广一些,还可以用于治疗一些泌尿道感染或者是胃肠道以及胆道感染等。

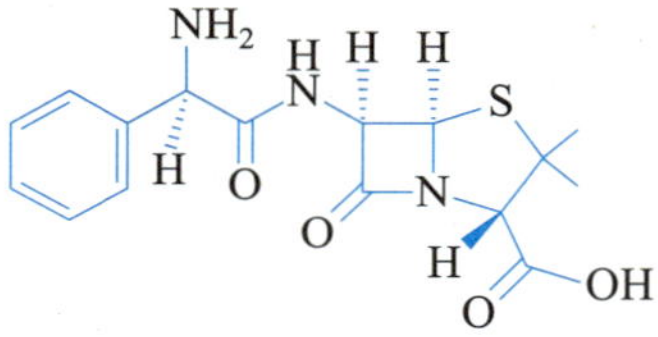

图 8-10　氨苄青霉素(氨苄西林)的结构式

阿莫西林也是第二代青霉素的主要品种,又称为羟氨苄青霉素,结构式如图 8-11 所示。阿莫西林也是具有广谱抗菌效果的半合成青霉素。与氨苄西林相比,阿莫西林只在苯环上多了一个对位的羟基。但从药效上看,阿莫西林杀菌作用更强,速度更快,副作用也有所减轻,这些分子结构设计上的细微差别,导致了药效的不同。

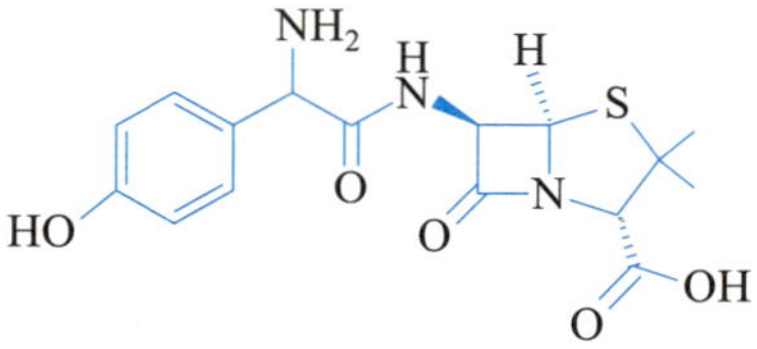

图 8-11　羟氨苄青霉素(阿莫西林)的结构式

第三代青霉素类抗生素在结构上有了更多变化,但由于在生活中应用不太广泛,我们在此就不多加介绍了。

8.2.3 青蒿素类抗疟药的发现和结构设计

疟疾曾是热带、亚热带地区的流行病,是传播最广泛和最具破坏性的传染病之一,曾夺走成千上万人的生命。南美洲的印第安人最早发现金鸡纳树的树皮能治疟疾。他们将树皮剥下,晾干后研成粉末,用以治疗疟疾。后来,瑞典科学家里纳尤斯对这种植物的树皮进行了认真的研究,提取出了其中的有效成分,起名为"奎宁",也叫金鸡纳霜,并在 17 世纪末传入中国。

20 世纪 30 年代,德国科学家发明了与天然奎宁化学结构相近的人工合成抗疟疾药氯喹,它比奎宁更加安全有效,因此广泛用于治疗和预防疟疾。1944 年科学家对氯喹的结构稍加改变,合成出一种新型抗疟疾药——羟氯喹,其治疗作用与氯喹相近,但毒副作用却显著减少。

在我国,对于治疗疟疾的研究,最早记载于 1700 年前东晋葛洪的《肘后备急方》,"青蒿一握,以水二升渍,绞取汁,尽服之"。

20 世纪 60 年代初,由于耐药性的出现,全球疟疾疫情难以控制。1967 年 5 月 23 日,在北京召开了"全国疟疾防治研究协作会议",以研究防治疟疾新药为目标,代号"523"的国家科研项目正式立项。

1969 年,屠呦呦以中国中医研究院科研组组长的身份加入"523"项目,并开始了持续 13 年的漫长项目研究。通过大量的实验和临床数据,证明青蒿素能够有效治疗疟疾,该药于 1975 年研制成功,并于 1979 年通过全国鉴定,同时,该团队还开发了衍生物二氢青蒿素(DHA)。青蒿素及其临床衍生物的结构式如图 8-12 所示。

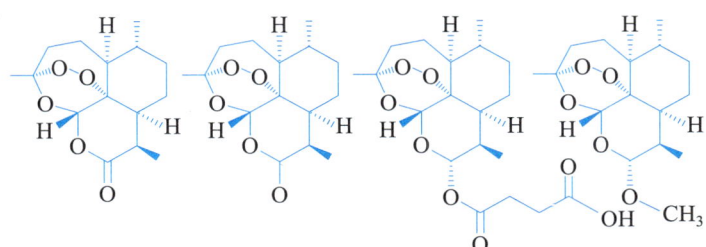

图 8-12　青蒿素及其临床衍生物的结构式

2015 年 10 月 5 日,瑞典卡罗琳医学院在斯德哥尔摩宣布,将 2015 年诺贝尔生理学或医学奖授予中国女科学家屠呦呦,以及另外两名科学家威廉·坎贝尔和大村智,表彰他们在寄生虫疾病治疗研究方面取得的成就。

诺贝尔生理学或医学奖评选委员会主席齐拉特对新华社记者说:"中国女科学家屠呦呦从中药中分离出青蒿素应用于疟疾治疗,这表明中国传统的中草药也能给科学家们带来新的启发。"她表示,经过现代技术的提纯和与现代医学相结合,中草药在疾病治疗方面所取得的成就"很了不起"。

青蒿素的发现和使用开创了疟疾治疗的新方法,全球数亿人因这种"中国神药"而受益。2006 年,世界卫生组织(WHO)宣布改变其治疗疟疾的战略,充分利用青蒿素联合疗法(ACT)作为治疗疟疾的一线疗法。目前,ACT 仍然是最有效和最推荐的抗疟疗法。

8.2.4 现代药物设计的理念和方法

阿司匹林、青霉素等药物的合成及对它进行结构修饰的过程,很清晰地体现了人们进行药物设计的理念,那就是通过对药物的结构进行修饰,从而增强药效,减少副作用。然而对于新的疾病,化学家们是如何知道药物的哪些结构特征对于疾病的治疗是有效的呢? 药物要如何进行结构设计呢? 为此,我们需要了解现代药物设计的理念。

现代药物设计首先要寻找发现先导化合物。先导化合物(lead compound)是指通过各种途径和方法得到的具有一些生物活性的化合物,其结构可以进一步优化,从而获得可供临床使用的药物。

发现先导化合物的途径很多,包括从天然物质的活性成分中发现、随机发现、基于生物大分子的结构发现等等。2018 年的一项研究表明,最常见的寻找先导化合物的方法是在先前已知化合物中寻找(占比 43%),随机高通量筛选(占比 29%),以及集中筛选、基于结构的药物设计等。例如现在很多药物都是从自然界的植物中提取的,它们既是良好的先导化合物,也是可以直接使用的药物,例如抗疟药奎宁、镇痛药吗啡、抗菌药青霉素、抗肿瘤药长春碱等。

对先导化合物进行进一步的结构修饰和改造,就是先导药物的优化过程,在新药研发过程中,先导化合物的发现和优化是创新药物研究成败的关键所在。

在先导药物的优化过程中,需要考虑药物与机体内"接受物质"的相互作用,也就是药物的构效关系(structure-activity relationship)。相关的学说有很多种,从 19 世纪后期开始,先后提出了"受体假说""锁钥学说""诱导契合学说""速率学说"等。

锁钥学说是诱导契合学说的前身。1894 年,德国有机化学家埃米尔·费歇尔(Emil Fischer)提出了酶与底物作用的 "锁与钥匙(lock and key)"假说,以此来解释酶的专一性。他认为酶是蛋白质,而蛋白质有一定的空间结构,就像钥匙和锁必须相互配合,酶的结构与反应物的空间结构相互契合就能发生反应,正如"一把钥匙开一把锁"。

1958 年,美国生物化学家科什兰(Koshland)提出诱导契合学说(induced-fit theory),它是对"锁钥假说"的改进和提升,是目前解释酶的专一性上认可度较高的学说。该学说认为酶与底物在空间距离上彼此接近时,酶受底物分子的诱导,其构象会发生有利于底物结合的变化,从而互补契合进行反应。

无论我们采用哪种合成方法和途径进行药物设计和结构改进,最终的目的都是获得能够治愈疾病的新药,减少疾病给人类带来的痛苦,这才是药物合成的意义所在。

正是由于有了大量化学药物被研制出来,很多人类历史上很多重大疾病才有了治愈的希望。其中第一种抗菌化学药物 606 的发现,就是一项里程碑式的成果。

梅毒是一种在全世界范围流行的传染病,在 20 世纪初,还没有有效的药物能够治疗。1908 年,德国有机化学家保罗·埃尔利希(Paul Ehrlich)及其团队在对几百个新合成的有机砷化合物进行了筛选后,终于发现第 606 个化合物具有抗梅毒活性,由于这是第 606 次实验所结出的果实,因此这个化合物有了"606"这个代号,它就是曾经临床上使用了很长时间用于治疗梅毒的有机砷化合物"二氨基二氧偶砷苯",也称砷凡纳明或洒尔佛散。

"606"是历史上第一种抗菌有机化学药物,是人类目的明确且成功修饰的第一种有效抗菌药品,因此埃尔利希也得到了"化学疗法之父"的美誉。

这也是第一次通过对先导化合物进行化学修饰,以达到最优化生物活性的成功尝试。1910 年 606 上市,正式成为第一个治疗梅毒的化学合成药物。606 的问世,开创了化疗时代的新纪元。

1908 年,因在免疫性研究上的突出成绩,埃尔利希与俄国科学家梅契尼科夫一起荣获诺贝尔生理学或医学奖。

8.3　慎重使用药物

8.3.1　药品的上市和召回

1. 药品的上市

经过药物的设计及合成之后,我们可以获得具有特定结构和疗效的药物,这属于新药研发的基础研究阶段,此后还要经过体外研究、药物代谢和毒理学研究等过程,新药才能够上市销售,如图 8-13 所示。

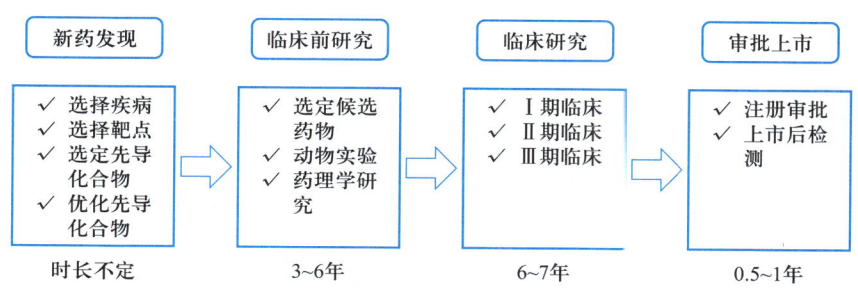

图 8-13　新药研发及上市流程

药物从发现到临床应用前,必须首先通过临床前研究,其中包括药理评价、毒理评价等,这些实验大多是在动物身上进行,时间需要 3~6 年。

进入临床试验阶段以后,以人为实验对象,包括从 Ⅰ 期临床到 Ⅲ 期临床,时间可长达 6~7 年,当 Ⅲ 期临床研究完成后,才可以向国家药品监督管理局(NMPA)申请新药生产,获得新药证书和药品生产批准文号,此后药品才能够上市销售。

每一种新药从研发开始,一直到开发上市需要的时间一般为 10 年以上,为了研制新药,药物研发机构还要投入大量的资金、人力和物力,耗资巨大,但获批率却只有万分之一,所以全球几乎每年上市的新药数量都比较少,一般只有几十种。

以 2022 年为例,国家药品监督管理局共批准了 49 款新药,其中进口新药 30 款,国产新药 19 款,其中 27 款为化学合成药物,占比达 55%。从疾病领域看,2022 年批准的新药中,抗肿瘤药物独占鳌头,占比 49%;治疗新冠药物占比 10.2%;其次是血液疾病新药,占比 8.2%、非新冠类病毒感染新药占比 6.1%、免疫系统疾病新药占比6.1%等,如图 8-14 所示。

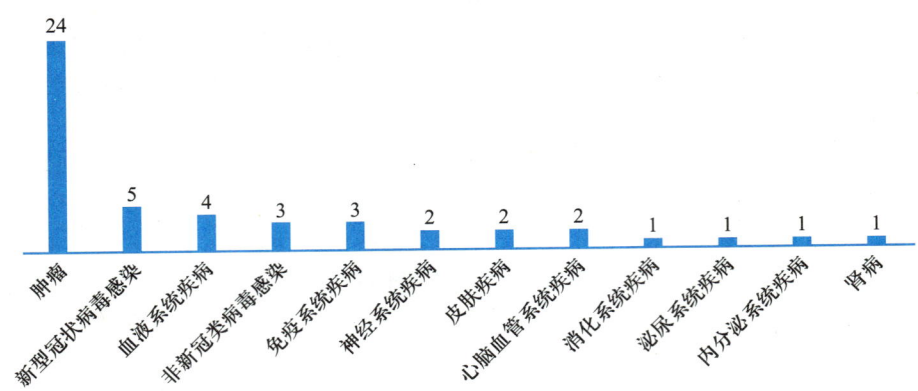

图 8-14　2022 年批准上市的 49 款新药的疾病领域分布

 科研进展

2022 年上市的一款国产新药多格列艾汀,又名"华堂宁",是我国华领医药历时 10 年自主研发而成。它是用于治疗 2 型糖尿病的全球首创口服新药,也是全球范围内首次完成 2 型糖尿病Ⅲ期注册临床研究的 GKA 类原创新药,相关研究成果于 2022 年发表在 Nature Medicine 期刊上。

2. 药品的召回

药品开始上市销售后,如果出现安全问题,药品就会被召回,退出市场。药品召回是指药品生产企业按照规定的程序收回已上市销售的存在安全隐患的药品。

2007 年 12 月 6 日,我国国家食品药品监督管理局审议通过了《药品召回管理办法》并开始实施。

2022 年 10 月 26 日,国家药品监督管理局发布了新修订的《药品召回管理办法》,新版《药品召回管理办法》包括总则、调查与评估、主动召回、责令召回、附则等五章共 33 条,自 2022 年 11 月 1 日起开始施行。

2007 年 12 月,美国默克公司在中国国内主动召回了可能受细菌感染的流感疫苗普泽欣,这是我国在发布《药品召回管理办法》后的首例药品召回事件。

2021 年,印度跨国药企 Lupin Pharmaceuticals 旗下降压药厄贝沙坦片、厄贝沙坦和氢氯噻嗪片因亚硝胺杂质超标被召回;2022 年 3 月,美国知名制药公司辉瑞召回了 Accupril(盐酸喹那普利和氢氯噻嗪片)降压药,包括了 6 批次共 3 种产品。召回理由是药物内的亚硝胺含量高于人体可接受水平,长期摄入可能会增加患癌风险。

最近一次影响范围较大的国内药品主动召回事件,就是 2010 年 10 月的太极集团减肥药物"曲美"的召回。2010 年 10 月 9 日,美国雅培公司宣布,减肥药物"诺美婷"将撤出美国市场,随即国内与"诺美婷"具有相同成分西布曲明的减肥药物"曲美"也由太极集团开始召回。

西布曲明是一种中枢神经抑制剂,具有兴奋、抑食等作用,但同时有可能引起血压升高、心率加快、肝功能异常等副作用,该药可增加服用者患心脏病及中风的风险。出于对公众用药安全的考虑,太极集团主动召回减肥药物"曲美"的行为值得肯定,因为之前在我国这样的主动召回事件非常少见。在国家药品监督管理局的网站上,国内药企出现的药品召回事件都是责令召回。例如 2023 年 10 月和 11 月分别各有 1 起药品不符合规定的通告,涉及的药品共有 16 批次,均为责令召回。

药物的设计和开发耗时漫长,耗资巨大,药品审批流程烦琐冗长,但这样的慎重行事却非常有必要,因为当对人类存在安全隐患的药物上市销售以后,产生的后果有时让我们无法承受。反应停事件就是这样的例子。

沙利度胺又名反应停,是一种镇静剂,可以抑制呕吐,缓解麻风反应。反应停于 1953 年被合成之后,联邦德国一家制药公司研究了它对中枢神经系统的影响,发现反应停具有一定的镇静催眠作用,还能够显著抑制孕妇的妊娠反应,三年后,也就是 1956 年反应停进入临床并在市场试销,1957 年后反应停正式投放欧洲和日本市场,不到一年内,反应停风靡欧洲、日本、非洲、澳大利亚和南美洲。作为一种"没有任何副作用的抗妊娠反应药物",成为"孕妇的理想选择"。

作为一种受追捧的新药,反应停却在美国遭到了冗长而烦琐的市场准入调查,美国食品药品监督管理局的一些官员认为,反应停的动物实验获得的药理活性和人体实验结果有极大的差异,最终反应停没有获得机会进入美国市场。

1959 年 12 月,一位德国儿科医生首先报告了一例女婴的罕见畸形——海豹胎,此后医生发现在欧洲新生儿畸形比率异常升高,当研究者们展开了流行病学调查后,发现新生儿畸形的发生率与反应停的销售量呈现正相关。之后的毒理学研究显示,反应停对灵长类动物有很强的致畸性,直到 1962 年反应停全面撤出市场,全球共报告了海豹胎 1 万多例,为此生产反应停的医药公司一共支付了 1.1 亿马克的赔偿。

反应停事件留给人类惨痛的教训,但也让我们深刻认识到,人工合成药物从研发、审批、上市乃至用药过程中的监测,都必须引起重视。而对于消费者来说,不仅要了解、认识这些药物,而且也要学会正确选择和使用药物。

8.3.2 正确使用药物

人吃五谷杂粮,总避免不了会生病,那么如何来选择药物治疗疾病,对于我们来说就非常重要。如今药店里的药物种类繁多,具有相同的疗效但是商品名称却大为不同的药物琳琅满目,对于消费者而言,要如何选择呢?

从化学家的角度来考虑,我们最应该关注的是药物的有效成分,看一看它的化学名称和分子式到底是怎样的。如果药物的有效成分一致,那么即使商品名称不同,药物的药效也不会有明显差别。

例如泰诺和泰诺林名称相近,它们主要的有效成分都包括对乙酰氨基酚,与扑热息痛的主要成分是一样的,功效都是退烧、止痛。但二者却有较大的不同,泰诺林是对乙酰氨基酚的单方药剂;而泰诺除了主要成分对乙酰氨基酚以外,还含有盐酸伪麻黄碱、氢溴酸右美沙芬和马来酸氯苯那敏,这四种主要成分各被提取一个字组成"酚麻美敏",因此商品名往往会标注为泰诺(酚麻美敏)。作为复方药剂,泰诺除了能够退烧止痛外,还能缓解鼻塞、流涕、咳痰等症状,所以用药时需要根据症状进行判断,避免同类药物叠加使用,导致服药过量。

往往当疾病来临的时候,由于身体的不适,我们不可避免地需要选择和使用药物。但是,无论是根据医生的处方还是自行购买药物,我们都有必要弄清楚所购买的药品的有效成分。此外,我们还要关注药物的代谢方式,因为药物在治疗疾病、保护我们身体健康的同时,也会带来一些副作用。所以我们要尽量避免错误用药,给身体带来意外的损害。

药物分子被人的身体吸收后,会在机体作用下发生化学结构的转化,继而排出体外,肝是药物的主要清除器官,另外肾也是药物排泄的主要途径,因此很多药物的副作用就是肝损伤或者肾损伤,那么作为非专业人士,要如何了解药物的代谢方式呢?

解决这一问题的最佳方案就是阅读药品说明书。化学药品说明书内容非常全面,其中包括药品主要成分的化学名称和分子结构式、药品的剂量和用法、用药可能出现的不良反应、用药禁忌、用药的注意事项、不适合服用这种药物的高危人群,此外还有药物的毒理研究和动力学研究结果,等等。仔细阅读药品说明书,并且读懂说明书,对人们正确用药是非常有帮助的。

此外还需要关注的就是药物的滥用问题。无论是在我国还是西方,药物滥用问题都比较严重,其中既包括止痛类药物的滥用,也包括抗生素类药物的滥用等。

止痛药是最常用的药物之一,例如用于治疗头痛、发热经常使用的阿司匹林、扑热息痛、布洛芬等药品都属于止痛药。止痛药物的种类繁多,镇痛药、解热止痛药、消炎止痛药等都是临床上常用的药品。

除了临床上常用的各种镇痛、止痛药物以外,有些止痛药长期服用可以成瘾,如杜冷丁、可卡因等,它们之所以被列为毒品,是因为这些药物非正常使用对人体健康危害极大。

对于抗生素而言,在服用过程中,凡超时、超量、不对症使用或未严格规范使用,都属于抗生素滥用。广泛、大剂量地使用这类药物加速了细菌的耐药性变异,从而使得药物本身没有了实际作用。

当年人类研发青霉素用了 20 年,然而在不到 20 年时间里,青霉素在世界大部分地区对治疗淋病等传染病就没有了效果。然而药品失效只是滥用抗生素带来的一个恶果,它还造成了医疗费用的无谓增长和病患的死亡,抗生素在杀菌的同时,也会对人体造成损害,如影响肝、肾功能,胃肠道反应及引起再生障碍性贫血等,2005 年在不良反应致死的病例中,20 万死亡患者中有 40% 都是死于抗生素滥用。

总而言之,药物化学家们设计并合成新药是为了解决疾病治疗过程中所遇到的问题,目的是为人类服务。作为使用者,人们需要学会客观看待药物的疗效,正确认识并使用这些药物,让药物真正成为我们健康的守护者。

思考题与习题

1. 从水杨酸到阿司匹林,布洛芬再到万络,这一系列非甾体抗炎药物研制过程中的设计理念有什么变化? 请查阅资料,选择一种近几年研制的只对 COX 有抑制作用的非甾体抗炎药物,并对其功效进行评述。

2. 请分别选择一种无机药物和一种有机药物,分析这两种药物各有哪些特点和优势,并结合生活实际,对无机药物和有机药物的研发前景进行讨论。

3. 屠呦呦带领团队发现青蒿素,并获得 2015 年诺贝尔生理学或医学奖。请查阅资料,找出一个近年内我国科学家研制的新药案例,并对这一案例进行分析,谈谈感想。

4. 在我国药品召回管理办法已经实施多年,但人们对药品召回的理念却没有建立起来,请查阅资料,选择并分析一例药品主动召回事件,并对如何提高我国居民的用药安全提出可行性的建议。

5. 在我们的生活中,抗生素类药物的滥用问题比较严重。请结合自己的生活实际,讨论在什么情况下,自己会使用抗生素,并为避免抗生素的滥用,请提出 2~3 条有用的建议。

健康与长寿是人类永恒的梦想主题。有很多因素会对健康和长寿产生影响,例如保持平稳的心态,从事适当的体育运动,保证充足的睡眠等,另外还有非常重要的一项因素,那就是均衡营养的摄入。

营养这个词对我们来说很熟悉,但营养究竟是什么意思呢? 营养的英文单词为"nutrition",是一个名词,词源来自古代法语和拉丁语;在中国古代"营养"一词则主要指代生计;现代汉语如果从字面的意思来解释,所谓"营"就是谋求,是动词,而"养"就是养生,合起来就是谋求养生;而在医学领域,营养是指生物体摄取和利用生命活动所必需的物质和能量的过程,其目的是使生命延续,身体保持健康,各种活动得以正常进行。在此,我们将"营养"作为名词来使用。

营养可以给我们的身体供应物质和能量,那么什么食物能够算得上有营养呢? 如鸡鸭鱼肉、山珍海味,昂贵的食材一定有营养吗? 是不是只要吃了有营养的食物就会使人变得更加健康呢?

在本章内容中,我们将一起了解我们身体的需求,同时从化学角度来认识食物,了解食物能够给我们提供的各种营养成分,从而对我们的三餐进行合理安排,做到饮食健康安全。

9.1　营养的种类

人体所必需的营养素包括七种,即碳水化合物、蛋白质、脂类、矿物质、维生素、膳食纤维和水。

各类营养物质对人体有三方面的功能:

(1) 作为能源物质,为人体提供从事劳动及各种活动所需的能量,如糖类、脂类。

(2) 作为人体结构物质,供给人体生长、发育,如蛋白质、脂类。

(3) 调节生理功能,如维生素、矿物质。

这些营养物之间互相联系、互相配合,维持着人体的正常活动。

例如水是生物体内含量最多的化合物,占生物体总质量的 65%～70%。水在生物体内一方面是作为营养传输、酶催化等各种反应和生物能量的转换介质,另一方面能够影响生物体中生物分子的结构、性质和功能。因此,人体每天都要摄入足够量的水,来保证机体各项功能正常运行。

9.1.1　碳水化合物

所谓碳水化合物指的是含有碳、氢和氧的化合物,由于后两种元素组成之比为 2：1,与水一致,所以这类化合物就被称作"碳""水"化合物,也称为糖类。

糖类是自然界分布最广的有机物之一,是生物体内重要的能量来源。所有生物的细胞质、细胞核均含有核糖;动物血液中含有葡萄糖;肝、肌肉中也含有糖;甘蔗、甜菜含有大量蔗糖;鲜果类含果糖。

糖类对人类十分重要,人体所需要的糖主要由淀粉提供,糖类在生物体内代谢为 CO_2 和 H_2O 并放出能量,维持人体的体温,供给生命活动的能量。同时,糖也是生物体内组织的重要组成物质,例如由碳水化合物组成的糖蛋白就是身体的组成部分之一。

糖可分为单糖、低聚糖和多糖三种。

单糖中对人体最重要的是葡萄糖与核糖。葡萄糖常称为血糖,分子式可以用 $C_6H_{12}O_6$ 或 $C_6(H_2O)_6$ 表示。它是人脑和神经系统能量的唯一提供者,正常人体的血液中葡萄糖质量分数为 $0.06\% \sim 0.11\%$。血糖过低,人脑就不能正常工作,思维也不能正常进行。

低聚糖中最重要的是二糖,也叫双糖,包括蔗糖、麦芽糖和乳糖。如果两个单糖分子发生反应,脱去一分子水,就能够生成蔗糖,如图 9-1 所示。蔗糖在甘蔗、甜菜中含量很高,它的甜味超过葡萄糖但不及果糖。由于蔗糖是人们常用的食用糖,所以人们把蔗糖的甜度定为 1.00,与之相比,果糖的甜度是 1.33,葡萄糖的甜度是 0.74。

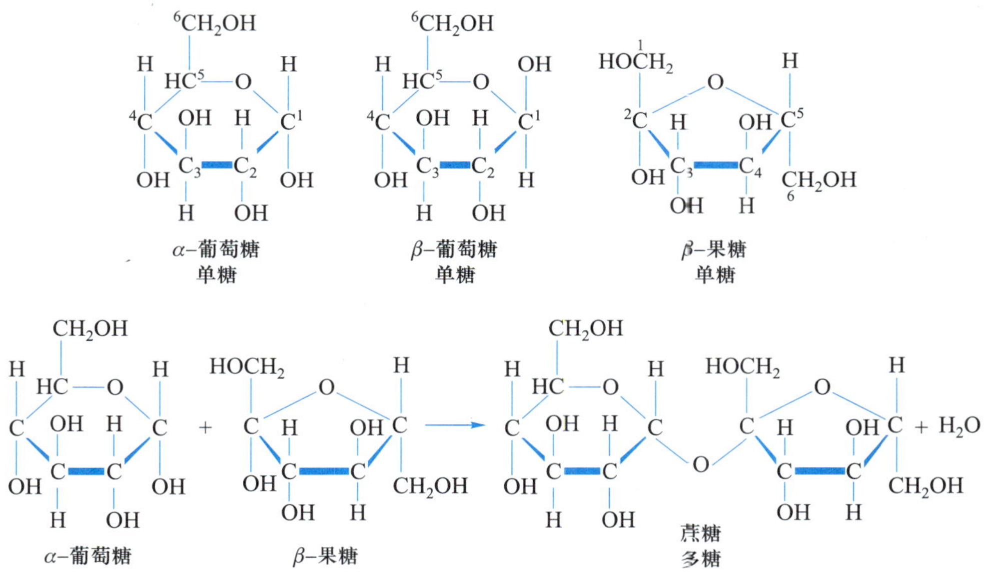

图 9-1　一些单糖和二糖的分子式

与蔗糖相比,人们对乳糖了解甚少。但它却与我们日常生活中的某些食物密切相关。

在市场上有一种牛奶,叫低乳糖奶,也叫舒化奶。这种牛奶从名称上很容易让人产生误会,让人以为它是和其他低糖食品一样,适用于糖尿病人饮用,但事实并非如此。

在牛奶中含有一种糖类——乳糖,其比例占到了鲜奶含量的 4.8%。乳糖不能直接被人的肠道吸收,它必须被乳糖酶水解为葡萄糖和半乳糖,才能够被身体吸收。人在婴儿时期,肠道内乳糖酶的活性很高,所以一般不会出现乳糖吸收不良的现象。但成年之后,乳糖酶的活性便逐渐降低,到了老年时已经所剩无几,所以很多成年人在饮用牛奶后,会出现腹胀、腹痛、腹泻等症状,在医学上这被称作乳糖不耐受症。低乳糖奶就是为了解决这一问题而研制的新产品。

那么普通牛奶要如何来解决乳糖不耐受的问题呢? 非常简单,牛奶当中的乳糖在加热到 100 ℃时就开始分解,所以可以喝加热后的牛奶,这能够显著缓解乳糖不耐受的症状。

多糖是由多个单糖分子缩合形成的。常见的有淀粉、纤维素等,淀粉是绿色植物进行光合作用的产物,主要来自马铃薯和小麦,大米、高粱、玉米中也含有大量淀粉。另一种与人们的生活密切相关的多糖是纤维素,它是植物的支持组织,构成坚固的细胞壁。棉花、木材中纤维素含量非常丰富,在蔬菜中也大量存在。其生理功能显著,可促进结肠功能,降低胆固醇和血脂,促进消化。所以一些学者建议,成人每天饮食中粗纤维要达到 10 ~ 12 g 才比较合理(芹菜、韭菜、莴苣中粗纤维含量较多)。

淀粉和纤维素都属于多糖,但人类能消化淀粉却不能消化纤维素,这是因为淀粉和纤维素中葡萄糖单元的连接方式有细微的不同,如图 9-2 所示。如果葡萄糖以 α 连接的方式形成多糖,那么生成的就是淀粉;如果葡萄糖以 β 连接的方式形成多糖,那么生成的就是纤维素。的确化学分子就这么奇妙,连接方式的细微不同,就会导致产物的性质完全不一样。

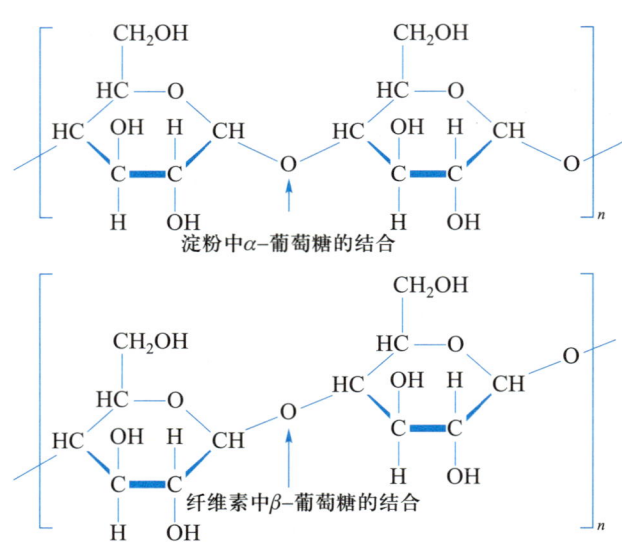

图 9-2　淀粉和纤维素中葡萄糖单元的连接方式

人们膳食中糖类主要来源于植物,如谷物、豆类、薯类、蔬菜、水果等,此外,在动物类食品中,各种乳制品、动物肝脏也是糖类的来源。营养学家建议尽量从多糖中获取糖类,例如水稻、小麦、玉米、燕麦等,这比以单糖作为糖类的来源更加符合健康的生活方式。

9.1.2 蛋白质

蛋白质是化学结构非常复杂的含氮有机高分子化合物,是一种由氨基酸单体组成的聚合物。在自然界中,已经发现的氨基酸有 180 种,但绝大部分蛋白质都是由其中 20 种天然存在的氨基酸按不同组合而构成的,如图 9-3 所示。

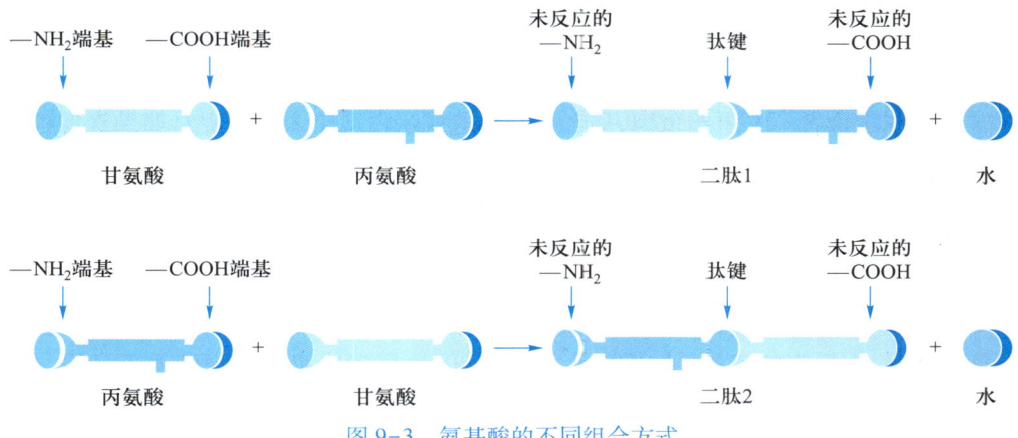

图 9-3 氨基酸的不同组合方式

在这 20 种氨基酸中,有 8 种是成人体内必需的氨基酸。所谓必需氨基酸指的是人体自身不能合成,或者合成速度不能满足人体需要,必须从食物中摄取的氨基酸,包括色氨酸、苯丙氨酸、亮氨酸、异亮氨酸、赖氨酸、蛋氨酸、苏氨酸和缬氨酸。对于婴儿来说,必需氨基酸的种类有 9 种,除了上述 8 种之外,还包括组氨酸。组氨酸在儿童体内不能合成,但随着年龄的增长,人体合成组氨酸的能力会逐渐增强。

构成人体的蛋白质有 10 万种以上,人类摄取蛋白质是就为了获取各种氨基酸,再利用这些氨基酸作为原料来合成机体所需要的各种蛋白质及其他生物活性物质。可以说,人体的每一种生命活动和生理功能都是由蛋白质来实现的,蛋白质在生命活动中极为重要,其营养和生理功能主要包括以下五方面:

(1)构成、修补肌体组织——人体的神经、肌肉、皮肤、内脏、血液、骨骼、毛发、指甲等无一不由蛋白质组成,机体的生长发育、组织更新、细胞修复都依靠蛋白质供给。例如,丝蛋白、角蛋白可以作为基本骨骼支架和外层保护成分构成皮肤、毛发、羽毛等;肌肉蛋白能够维持心脏跳动、肺部呼吸和肠道蠕动等。

(2)调节生理功能——食物的消化、吸收、营养物传递、血液循环等都离不开蛋白质的参与。例如血纤维蛋白就能够堵塞血管破裂,防止血液流失。

(3)运输功能——输送 O_2、CO_2 是由血红蛋白来完成的。

(4)增强肌体免疫力——免疫球蛋白占人体血浆蛋白总量的 20%,可抵御外来入侵的细菌、病毒。

(5)供给能量——人体所需热量的 10%~15% 来自蛋白质代谢。

在成人体内,每天约有 3% 的蛋白质需要被更新,因此人类每天都要摄入一定量的蛋白质。当然,每人每天所需的蛋白质总量与个体的年龄、健康、生理状况都有关系。一般来讲,正常的成年人每天每千克体重应补充 1 g 左右的蛋白质;儿童由于生长发育比较快,需要的蛋白质比成年人还要多一些;蛋白质在老年人的营养结构中也十分重要,因为人体在衰老过程中,蛋白质的合成较慢,应补充较多的蛋白质,而且应是优质的蛋白质。

那么哪些食物是优质蛋白的来源呢?从蛋白质的营养性来看,食物中所含的蛋白质与人体的需要越接近,就越容易被机体所利用,其营养价值越高。例如鸡蛋中鸡蛋清,其蛋白利用率高达 98% 以上;牛奶中的酪蛋白营养性也很高。因此,奶、蛋、鱼、肉中的蛋白质,由于所含的必需氨基酸种类齐全、数量充足、比例适当,这一类蛋白质就属于完全蛋白质,是适合人类食用的优质蛋白。

但有些素食者不吃蛋奶鱼肉,那么会不会造成蛋白质摄入不足呢?如果素食者进行合理的营养规划,就不会出现这种情况。这是因为在谷类蛋白质中含赖氨酸较少而色氨酸较多,在豆类蛋白质中含赖氨酸较多而色氨酸较少,因此将两种或两种以上的谷类和豆类食物混合食用,就能够达到获取完全蛋白的目的。

蛋白质虽然是我们的生命必需物质,但摄入过多或者过少都会对身体产生危害。从 2003 年 5 月起,在安徽阜阳地区相继出现婴幼儿因饮用劣质奶粉而腹泻,重度营养不良的情况,据后来的统计,从 2003 年 5 月起,因食用劣质奶粉出现营养不良综合征的共 171 例,死亡 13 例,这就是当时轰动一时的“大头娃娃事件”。引起这一事件的就是儿童因为蛋白质摄入不足,而能量基本满足所产生的病症在医学上称为夸希奥科(Kwashiorkor)症。可是如果蛋白质摄入过量,也会给我们的身体带来伤害。肉类,尤其牛羊肉等高嘌呤高蛋白膳食,在体内代谢后会产生大量尿酸,尿酸盐结晶沉积在关节腔内,就会引起滑膜急性炎性反应引起疼痛也就是急性痛风性关节炎,所以那些只吃肉不吃饭的减肥方法,由于摄入了过量的蛋白质,同时缺少了碳水化合物的摄入,是非常不健康的。

如果真的需要控制体重,不妨尝试将食物中的动物蛋白换成植物蛋白,这也许是更安全的减肥方式。

9.1.3 脂类

脂类是人体需要七类营养素之一,它包括脂肪和类脂,如图 9-4 所示。

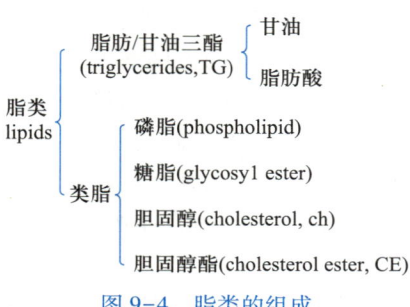

图 9-4 脂类的组成

1. 脂肪

脂肪是一种在动植物体内都可能含有的一种油性物质,是甘油和一种或者几种脂肪酸分子发生酯化反应脱水后生成的产物,所以也称三酸甘油酯,如图9-5所示。

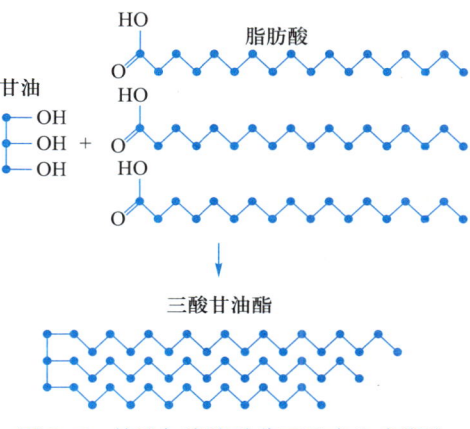

图 9-5　甘油与脂肪酸分子反应生成脂肪

脂肪分子的性质取决于构成它的脂肪酸,所以根据脂肪酸结构和组成的不同,可以将其分为饱和脂肪酸和不饱和脂肪酸。如果碳氢链的碳原子之间只有碳碳单键,而没有碳碳双键,这个脂肪酸就被称为饱和脂肪酸,例如硬脂酸、软脂酸都是饱和脂肪酸。

如果碳氢链的碳原子间含有一个或多个碳碳双键,这个脂肪酸就被称为不饱和脂肪酸,油酸和亚油酸等都是不饱和脂肪酸。

饱和脂肪酸和不饱和脂肪酸结构上的不同,会给它们的性质带来一定影响。由于饱和脂肪酸中只含有碳碳单键,所以熔点高,耐高温,不容易被氧化,化学性质稳定;而不饱和脂肪酸中因为含有碳碳双键,所以熔点低,不耐高温,稳定性较差,容易被氧化,如表9-1所示。

表 9-1　部分脂肪酸的熔点

名称	碳原子数	熔点/℃	名称/双键数量	碳原子数	熔点/℃
饱和脂肪酸			不饱和脂肪酸		
羊蜡酸	10	32	油酸/1	18	16
月桂酸	12	44	亚油酸/2	18	−5
肉豆蔻酸	14	54	亚麻酸/3	18	−11
软脂酸	16	63	花生四烯酸/4	24	−49
硬脂酸	18	70	二十二碳六烯酸(DHA)/6	22	−44

此外更为重要的是,饱和脂肪酸和不饱和脂肪酸在人体内的功效不同。饱和脂肪酸的主要作用就是为人体提供能量,此外它虽然会增加人体内胆固醇和中性脂肪的数量,但同时它也会增强血管的韧性,降低肺结核的发病率。

不饱和脂肪酸中只含有一个双键的叫单不饱和脂肪酸,它对人体益处很大,一方面它可以降低人体内坏的胆固醇,也就是低密度脂蛋白胆固醇(LDL)的含量,另一方面还能提高好的胆固醇,也就是高密度脂蛋白胆固醇(HDL)的含量。而含有多个碳碳双键的多不饱和脂肪酸,化学性质不稳定,容易被氧化,同时还会产生自由基导致细胞老化,所以不是所有的脂肪都是坏东西,我们在挑选食物的时候,就应该选择那些由单不饱和脂肪酸构成的脂肪。

人体摄入脂肪主要目的是提供能量,1 g脂肪可以释放出37.6 kJ的能量,这比糖类或蛋白质释放的能量都要高得多。不仅如此,脂肪还是构成细胞膜、脑髓、神经组织的成分,对调节体温、保护内脏、滋润皮肤也有一定的作用。人体脂肪的需求量与个体的年龄、体态和劳动强度都有关系。一般情况下,正常成年人体内脂肪大约占体重的15%,每人每日饮食中由脂肪供给的热量应占总热量的20%~25%。

脂肪可以直接从食物中获取,豆油、花生油、芝麻油、鱼肝油以及动物内脏、蛋类、蟹类等脂肪含量都很高。在我国,随着人们生活水平的提高和健康理念的增强,人们在食用油方面多以植物油为主,很少食用动物油。但如果从营养的角度考虑,在脂肪供应中,饱和脂肪酸、单不饱和脂肪酸、多不饱和脂肪酸最好各占1/3。由于饱和脂肪酸多存在于动物脂肪内,植物脂肪中含量极少,因此,多食用植物油,适当补充动物脂肪才是合理的选择。此外,海鱼类富含不饱和脂肪酸,具有降低胆固醇、甘油酸三酯,抗血栓等作用,是理想的补充脂肪的食品之一。

我们以食用油为例,在不同品种的食用油中,由不同脂肪酸构成的脂肪所占比例不同,如图9-6所示。其中橄榄油、菜籽油、红花籽油,都是单不饱和脂肪酸构成的脂肪占比最高,所以是对人体非常有益的食用油。可是橄榄油比较昂贵,所以价廉物美的菜籽油就是明智的选择,此外在亚麻籽油、葵花籽油和玉米油中,多不饱和脂肪酸构成的脂肪占比最高,因此这几种食用油在使用的时候不宜加热温度过高。

图9-6彩图

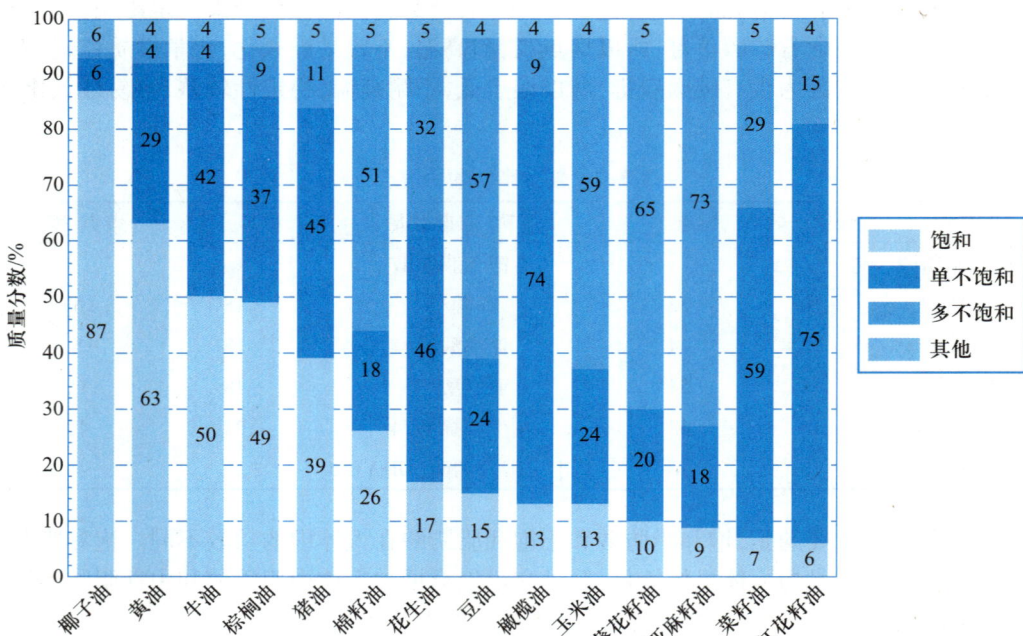

图9-6 食用油中各类脂肪酸的占比

脂肪对于人类营养健康来说必不可少,但是,体内脂肪过量则会引起肥胖,加重心血管负荷,造成动脉硬化等疾病。所以说我们既不要谈脂肪色变,也要控制脂肪的合理摄入。

2. 类脂

类脂也是脂类的一种,例如胆固醇、卵磷脂等都属于类脂,下面我们就以胆固醇为例,向大家介绍类脂。

胆固醇在动物体内广泛存在,是动物组织细胞中所不可缺少的重要物质,它是构筑细胞膜的重要原料,能够参与合成胆汁酸,维生素 D 等物质。胆固醇过高或过低都会造成健康风险,人体内总胆固醇最佳值是每 100 mL 血液中含有 130~200 mg。如果胆固醇浓度低于 130 mg 每百毫升,就可能营养不良,同时中风等疾病的风险也会增加。如果胆固醇浓度超过 240 mg 每百毫升,那么血液中运行的胆固醇就会多于细胞所需的量,这时过剩的胆固醇会积聚在血管壁上,形成动脉粥样硬化,继而导致心脏病。

但是对于胆固醇不能一概而论,我们前面提及过,胆固醇可以分为高密度脂蛋白胆固醇(HDL)和低密度脂蛋白胆固醇(LDL)两种。

低密度脂蛋白胆固醇对人体有危害,因为它就是会沉积在血管壁上的胆固醇,在血液中这种胆固醇浓度的升高,会增加患冠状动脉心脏病的风险。而高密度脂蛋白胆固醇对人体有益,它又被称作血管清道夫,能够帮助把血液中多余的胆固醇等“血液垃圾”排出体外。因此提高血液中高密度脂蛋白胆固醇的浓度对身体健康很有帮助,但提高 HDL 的浓度除了受基因遗传因素影响以外,还要多摄入菌类和含有不饱和脂肪酸的食物,多进行体育运动,保持乐观的心态,均衡的营养等。

1985 年,美国得克萨斯大学的布朗(Brown)和戈尔茨坦(Goldstein)因为发现胆固醇代谢调节机理,获得了 1985 年的诺贝尔生理学或医学奖。

9.1.4　矿物质、维生素和膳食纤维

1. 矿物质

矿物质是人体必需的化学元素,它是构成人体组织、维持正常的生理功能和新陈代谢等生命活动的主要元素。研究表明,在组成人体和其他生物体的 60 多种元素中,C、H、O、N 等约占总量的 96%,其余 4% 的各类元素就是矿物质。

矿物质可以分为常量元素和微量元素,钙、磷、钠、钾、氯、镁、硫七种元素是人体所需的常量元素,占矿物质总量的 60%~80%;而铜、铁、氟、碘、硒、锌等,在机体内含量少于 0.005%,属于微量元素。

各种元素在人体生命活动中有极其重要的作用。例如,钙、磷、镁是人体骨骼、牙齿的主要组成成分,钙可以促进肌肉和神经的兴奋,激活机体中多种酶系统,参与血凝过程等;磷能够维持体内酸碱平衡,参与体内能量转化等;镁是体内多种酶的激活剂,维持神经的兴奋及心肌的功能,促进蛋白质和核酸的代谢等。钾、钠、氯是维持体内渗透压、酸碱度的基本元素,也是肌肉和神经细胞的基本元素。例如,人体血液的 pH 变化范围很

小(7.35~7.45),原因是血液中不仅有有机缓冲系统,也有无机缓冲系统,H_2CO_3–HCO_3^-、$H_2PO_4^-$–HPO_4^{2-}缓冲对都可以消耗代谢过程中产生的酸、碱,保持 pH 恒定。铁是血红蛋白、细胞色素的组成成分;锌与人体的生长发育、免疫功能、伤口愈合等都有密切的关系;铜存在于许多蛋白质和酶中,起着调节铁的吸收,促进血红蛋白的合成等作用;碘是甲状腺素不可缺少的微量元素;铬可以协助胰岛素起作用等。具体见表 9-2。

表 9-2　人体中矿物质元素的主要生理功能

元素	主要生理功能
金属	
Na K	调节细胞内外渗透压,ATP 酶的激活剂
Ca	骨骼、牙齿的主要成分,神经传递和肌肉收缩所必需
Mg	酶激活剂,稳定 DNA 和 RNA 的结构,叶绿素的成分
Fe	血红蛋白和肌红蛋白的成分,氧的储存和输送,铁酶的成分,电子传递
Zn	许多酶的活性中心,胰岛素的成分
Cu	载氧元素和电子载体,调节铁的吸收和利用,水解酶和呼吸酶的辅因子
Mn	酶的激活,植物光合作用中水光解的反应中心
Mo	固氮酶和某些氧化还原酶的活性组分
Co	维生素 B_{12} 的成分
Cr	胰岛素的辅因子,调节血糖代谢
V	藻生长因素,血钒蛋白载氧
Sn	存在于核酸的组成中,和蛋白质的生物合成有关
Ni	存在于人和哺乳动物的血清中,是某些动物生长必需的微量元素
非金属	
S	蛋白质的成分
P	ATP 的成分,为生物合成与能量代谢所必需
F	骨骼和牙齿正常生长所必需的元素
Cl	存在于细胞外部体液中,调节渗透压和电荷平衡
Br	以有机溴化物形式存在于人和高等动物的组织和血液中,其生理功能不详
I	甲状腺素的成分
Se	清除自由基,参与肝功能与肌肉代谢
B	植物生长所必需
Si	骨骼和软骨形成的初级阶段所必需
As	对血红蛋白合成是必需的,能促进大鼠、山羊、小猪的生长,但过多的积累将损伤这些动物的繁殖能力

由于矿物质在人体内不能自行合成,所以我们必须从食物和饮水当中来获取各种矿物质,因此我们要尽量保证食物的多样性,从而保证矿物质的供应。在我国,膳食中缺乏某些元素的现象较普遍,主要表现在缺钙、缺铁、缺碘等方面。所以在内陆食用海产品比较少的地区,可以食用碘盐来补碘,营养学专家建议儿童和老人多食用牛奶和其他含钙、铁丰富的食品等,从而改善这一现状。

2. 维生素

维生素(vitamin)是具有广泛生理功能的有机分子,是人的生命活动所必需的营养物质,存在于天然食物中。它们不能像糖类、蛋白质及脂肪那样可以产生能量,组成细胞,但却能对生物体的新陈代谢起调节作用。

维生素的种类比较多,我们可以将其分成两类,水溶性维生素和脂溶性维生素。人体需要的脂溶性维生素有 A、D、E 和 K,水溶性维生素有 B_1、B_2、B_6、B_{12} 及维生素 C、维生素 U 等。

胡萝卜里面含有的维生素 A 就是脂溶性的,如果我们想更好地吸收胡萝卜中的维生素 A,那么我们就应该让胡萝卜与和脂肪类的食物共同食用。

维生素 A 有维持正常视觉的功能,还能够使人体的上皮组织结构保持正常。因此,缺少维生素 A 可导致夜盲、皮损伤、眼病等,所以维生素 A 又被称作"抗干眼病维生素",其化学结构如图 9-7 所示。

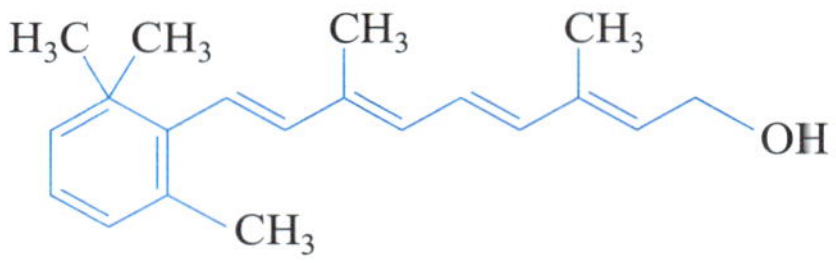

图 9-7　维生素 A 的结构

维生素 A 化学性质活泼,易氧化,受紫外线照射就可被破坏,其直接来源是蔬菜、水果、动物肝以及乳制品等食物。

维生素 D 也是一种脂溶性维生素,它对牙齿和骨骼的形成有着重要的作用,具有调节人体磷、钙代谢的功能。缺乏维生素 D 不利于骨骼正常发育,会引起骨质软化和疏松。所以维生素 D 又被称作"抗佝偻病维生素",主要来自鱼肝油、奶油、酵母等。

维生素 E 的功能主要包括阻止细胞中的不饱和脂肪酸氧化,使细胞免受破坏,同时对预防动脉硬化及抗衰老都有一定作用,所以又被称作"生育酚"。维生素 E 主要来源于各种植物油,在麦胚油、棉籽油、玉米油中含量丰富,绿叶蔬菜、谷物、肉类和水果中也含有维生素 E。

另外一类维生素是水溶性的,如维生素 B 和维生素 C,它们都易溶于水而不易溶于非极性的有机溶剂,维生素 B 和维生素 C 虽然在体内含量不多,但是作用巨大。

维生素 B_1,又称为"抗脚气病维生素",主要存在于各种谷物、豆类、干果、肉蛋类及动物内脏内。维生素 B_1 对人体的糖代谢有着重要的作用。维生素 B_2 广泛存在于动植物食品中,尤以动物内脏含量较高,其次,豆类、蔬菜中维生素 B_2 也很丰富。维生素 B_2 是人体组织中重要辅酶的成分,在生物氧化中有重要作用。因此,缺乏维生素 B_2 会引起皮肤皲裂、口角炎、舌炎等病症。

维生素 C，又称"抗坏血酸"，化学结构式如图 9-8 所示。

维生素 C 主要来自苹果、柑橘类水果、绿色蔬菜，在人体内有许多重要的生理功能，具有抗癌作用、造血功能、抗衰老以及解毒作用，近年来也用于防止感冒以及各种急慢性传染病。缺少维生素 C 会出现牙龈出血、关节肿大甚至坏血病等。

无论是哪一种维生素，我们的身体都不能缺少，但是也不能补充过量，长期过量服用水溶性维生素会对身体造成损伤，脂溶性维生素会在体内富集，累积致毒。

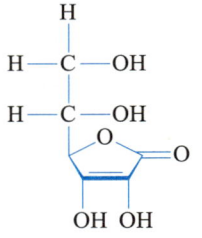

图 9-8　维生素 C 的结构式

3. 膳食纤维

在 9.1.1 碳水化合物一节中我们曾经提过，膳食纤维是一种多糖。由于它既不能被胃肠道消化吸收，也不能产生能量，口感也不佳，因此一直不是碳水化合物的优质来源。20 世纪 60 年代，几位英国医生报道了一个现象，某些非洲国家的居民，每日食用高纤维食物，且粗纤维摄入量高达 35~40 g/天，他们的糖尿病、高脂血症等疾病的发病率比膳食纤维摄入量仅为 4~5 g 的欧美国家的居民明显降低。这唤起了人们对膳食纤维的兴趣，并开始系统地研究。

研究发现，膳食纤维具有以下几方面的重要功能：

（1）改善大肠的功能，预防缓解肠癌，痔疮，便秘。膳食纤维由于相对分子质量大，能够促进肠道蠕动、减少食物在肠道中停留时间，还可以吸收水分，使大便变软，产生通便作用。缩短致癌物质与肠壁接触时间，使致癌物质浓度相对降低。除了减少肠道与致癌因子的接触，并会改变肠中的细菌种类，还提供短链脂肪酸，维持肠内黏膜的正常分化，避免癌细胞的形成。另外，饮食中的纤维会中断雌激素由肝门循环再吸收回身体，进而预防乳癌的发生，并可减少大肠直肠癌、食道癌、胃癌、前列腺癌、子宫内膜癌以及卵巢癌的发生。膳食纤维的通便作用，可降低肛门周围的压力，使血流通畅，防治痔疮。

（2）改善糖的生成反应，预防糖尿病。膳食纤维中的果胶可延长食物在肠内的停留时间，降低葡萄糖的吸收速度，使进餐后血糖不会急剧上升，有利于糖尿病病情的改善。糖尿病膳食中长期增加食物纤维，可降低胰岛素需要量，控制进餐后的代谢，是一种糖尿病治疗的辅助措施。

（3）降低营养素的利用率，帮助减肥。提高膳食中膳食纤维含量，可使摄入的热能减少，在肠道内营养的消化吸收也下降，最终使体内脂肪消耗而起减肥作用。肠胃功能不好和营养不良的人要注意膳食纤维的摄入，尤其是不可溶性纤维。

（4）降低血浆中的胆固醇，预防心血管疾病及胆结石病。膳食纤维中的果胶可结合胆固醇，木质素可结合胆酸，使其直接从粪便中排出，如图 9-9 所示。从而消耗体内的胆固醇来补充胆汁中被消耗的胆固醇，预防冠心病。膳食纤维结合胆固醇，促进胆汁的分泌、循环，预防胆结石的形成。

世界卫生组织和各国营养学界对膳食纤维的摄入给出了统一的建议，即每人每天摄入量应为 25~35 g。

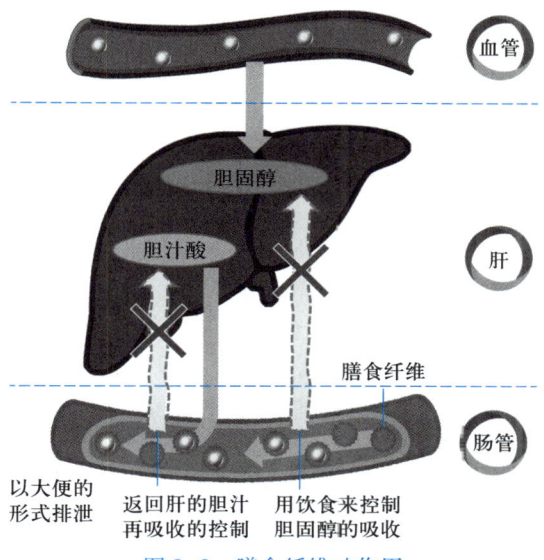

图 9-9　膳食纤维的作用

图 9-9 彩图

9.2　食物的营养成分

自古以来,中国就有"民以食为天"的说法,人们常说"吃穿住行",吃永远排在第一位。然而人们摄取食物的目的,不仅是为身体提供能量,同时也是因为食物能够为我们的身体提供四种基本原料:水、能量来源、构筑身体的原材料及新陈代谢的调节剂。所以人们每天摄入的食物就应该满足上述需求,以保证人体的营养供应。因此各种食物中含有什么,哪些食物是有益于健康的,哪些食物对健康是有害的等诸多问题备受人们关注。

不同类型的食物所含有的营养成分不同,表 9-3 为一些食物中所含有的主要营养成分。由表可知,常见食物中都含有钙、磷、铁,一般来说成人每日需摄入钙 800 mg、磷 1.3~1.5 g、铁 10~15 mg,因此可以合理搭配各类食物,保证不同营养成分的摄入。

表 9-3　一些食物的营养成分(每 100 g 食物)

	蛋白质/g	脂肪/g	碳水化合物/g	钙/mg	磷/mg	铁/mg	热量/kcal*
牛肉	20.1	10.2	—	7	170	0.9	172
鸡肉	23.3	1.2	—	11	190	1.5	104
鸡蛋	14.8	11.6	—	55	210	2.7	164
杏仁	25.7	51	9	141	202	3.9	597
木耳	10.6	0.2	65	357	201	185	304
青虾	16.4	1.3	0.1	99	205	0.3	78
虾米	46.8	2	—	882	—	—	205

*　在营养学中,通常用千卡(kcal)作为热量单位。

当然在现代生活中,为了更加便捷,我们的食品很多是加工过的食物,例如在超市购买的各类包装食品。这个时候,我们就需要通过配料表和营养成分表来了解食物所含的营养成分。

所谓配料表就是把食品里所用的原材料,按照它在这个食品的质量占比排列。因此从配料表中可以看到食物是通过哪些原料制作的,使用了哪些食品添加剂。

例如现在推荐大家食用的全麦食品,如果在其配料表中占第一位是小麦粉而不是全麦粉,那么就说明这种全麦食品是由小麦粉与色素或小麦粉与麦麸制作而成的,这与全麦食物有比较大的差别。

从配料表中我们只能了解食物中含有哪些原材料,以及它们的大概占比,但是食物中各种营养成分具体含量是多少,还需要看营养成分表。

食品的营养成分表会用表格标注。根据我国国家标准,包装食品需要强制标注的基础项目一共有 5 项,即能量、蛋白质、脂肪、碳水化合物和钠,以每 100 g 或每 100 mL 食品中的量来表示。表 9-4 为某种食品的营养成分表。

表 9-4   某种食品的营养成分表

项目	每 100 mL	NRV/%
能量	311 kJ	4
蛋白质	3.3 g	6
脂肪	4.6 g	8
碳水化合物	5.0 g	2
钠	67 mg	3
维生素 A	70 μgRE	9
维生素 D	2.2 μg	44
钙	160 mg	20
铁	1.2 mg	8
锌	0.80 mg	5

在营养成分表中还有一个重要的数据,就是营养素参考数值(nutrient reference values,NRV)。这一数值是个百分比,其数值范围可以从 0 一直到超过 100%,它代表的意义是能量和各类营养素的含量与一个健康成年人一天所需摄入总量的比值。

例如,如果我们每天需要摄入 200 g 蛋白质,而在这种食物中每 100 g 含有 20 g 蛋白质,那么它的蛋白质 NRV 就是 10%。这意味着如果我们吃掉 100 g 这种食物,就摄入了身体每天所需蛋白质总量的 10%。

如果在某种食品中钠的 NRV 为 135%,则意味着吃掉 100 g 这种食品,我们不仅摄入了一天所需钠的总量,还超了 35%。

9.3   合理安排膳食

人从出生到 70 岁,需要 60~70 t 的水和食物。而我们的有机体由 60 兆亿个细胞组成,需要大约 50 种不同成分、不同功效的营养物质来维持它的正常工作,所以健康的饮食,就是要获取适当数量、合理搭配的食物。

营养学家认为,健康营养的膳食应该具有五大特点。首先是充分性,食物必须提供足量的各种必需营养素、纤维和能量;第二是平衡性,所选择的食物不能因过分强调某一种营养素或某类食物而忽略了其他;第三是热量控制,食物应提供维持正常体重所需的能量,不多也不少;第四是适度性,食物中没有过多的脂肪、盐、糖或者其他不需要的成分;第五是多样性,每天所选的食物都应该有所不同。

9.3.1　基础代谢率

一个成年人每天到底需要多少能量才能满足我们基本生存的需要呢?想要回答这个问题,首先我们需要了解一个概念——基础代谢率。

基础代谢率(basal metabolic rate,BMR)是支持基本身体功能所需要的最少能量值,它是在清晨未进餐以前静卧休息的情况下测定的,这一能量能够保持我们每日的心脏跳动、肺部呼吸、大脑活动、血液循环、其他主要器官工作以及 37 ℃的体温。

经过计算,一个健康的体重在正常范围内的成年人每天的基础代谢率为1300～1500 kcal。换句话说,即使每天静卧休息,也要消耗这么多的能量。但事实上我们每天除了睡眠休息,还要从事各种活动,因此每天建议的能量摄入就与我们的活动量有关。

对于从事中等强度身体活动水平的人来说,每日建议的能量摄入量还与年龄、性别、体重有关,如表9-5 所示。

表 9-5　中国居民膳食每日建议能量摄入 * (1 cal = 4.2 J)

年龄	性别	身高/cm	体重/kg	能量/kcal	性别	身高/cm	体重/kg	能量/kcal
~10	男性	142.0	35.5	2050	女性	142.5	34.0	1900
~18	男性	170.0	65.0	2550	女性	158.0	56.0	2100
~30	男性	167.5	63.0	2500	女性	156.5	55.0	2050
~50	男性	165.5	63.0	2400	女性	155.5	55.0	1950
~65	男性	163.0	61.0	2300	女性	152.0	53.0	1850
~75	男性	162.0	60.5	2200	女性	149.5	51.5	1750

*　数据源自《中国居民膳食营养素参考摄入量(2023 版)》。

例如 18 岁左右的男性,65 kg 左右,170 cm 左右的身高,每天建议的能量摄入是2550 kcal;如果是女性,那么每日能量的摄入量要略低一些,为 2100 kcal。当然上述数据还需要根据个体情况进行调整,例如如果从事的是重体力劳动的话,每天需要摄入的能量就要更高一些。

9.3.2　设计三餐

如何合理安排膳食才能做到既营养又健康呢?每日要摄入的总能量要如何分配?如何进行食物的搭配呢?要解决上述问题,我们需要对一日三餐进行精心的设计。

1. 一日三餐中能量的分配

为什么要一日三餐？根据史料记载，在秦汉以前，普通人还都是一日两餐，这一方面是由于当时粮食产量不足，另一方面是因为古代实行宵禁制度，天黑以后就不准人们上街行走，所以人们睡得早，不需要吃第三餐。到了汉朝初年的时候，人们开始吃早点，出现了早午晚一日三餐。到了唐宋，随着生产力提高，物产资源丰富，会在两餐之间加一餐点心，一日三餐的情况就更加普遍了。

从科学的角度讲，一日三餐与一日两餐从营养吸收的角度讲也是有差别的。如果每日吃三餐，那么食物中蛋白质的消化吸收效率为 85%；如果改为每日吃两餐，每餐各吃全天食物量的一半，那么蛋白质的消化吸收率仅为 75%；如果每天只吃一餐，那么蛋白质的消化吸收率就更低了。所以为了保证食物中的能量和营养能够被充分吸收，我们最好每日三餐。如果老年人消化吸收功能下降，还可以采用少吃多餐。

此外，由于固体食物从食道到胃需要 $30 \sim 60$ s，在胃中停留 4 个小时才会到达小肠，所以一日三餐的间隔时间最好是 $4 \sim 5$ h，这样从消化的角度考虑比较合理，因此选择早、中、晚作为三餐的时间比较合适。

那么每日摄入的能量在三餐中要如何分配呢？营养学家建议，这个比例应该是 $3 : 4 : 3$，也就是早餐占 30%，午餐占 40%，晚餐占 30%。例如一个成年人每天大概需要 $2000 \sim 2500$ kcal 的能量，那么早餐的能量就应该为 700 kcal 左右，午餐的能量为 800 kcal 左右，晚餐能量为 700 kcal 左右。当然，如果晚餐后的活动比较少，那么就可以适当减少晚餐的能量占比，从而避免能量剩余导致肥胖。

2. 三餐食物的搭配

人体必需的七大营养素需要从每天的饮食中获取，因此三餐我们不仅要保证总能量的适度供给，也要注意各类营养素的合理搭配，既不能过多，也不能过少。

怎样搭配营养素的数量才更符合中国人的体质呢？2023 年 9 月，中国营养学会发布了 2023 版《中国居民膳食营养素参考摄入量》。

膳食营养素参考摄入量（dietary reference intakes，简称 DRIs）是现代营养学的核心，在膳食评价工作中，用 DRIs 作为一个尺度，来衡量人民实际摄入营养素的量是否适宜；在膳食计划工作中，用 DRIs 作为适宜的营养状况目标，来建议人们如何合理摄取食物来达到这个目标。

居民膳食指南（Dietary Guidelines）就是根据 DRIs、本国居民的膳食结构和饮食习惯等修订出来的，是健康教育和公共政策的基础性文件。从 1989 年 10 月，中国营养学会发布第一版《我国的膳食指南》到 2022 年 4 月的《中国居民膳食指南（2022）》，共 33 年时间里，我国发布了五版膳食指南，它被誉为中国人的"吃饭宝典"。

在最新版的指南中提出了适合中国人体质的 8 条"平衡膳食准则"，具体包括：

（1）食物多样，合理搭配。坚持谷类为主的平衡膳食模式。每天的膳食应包括谷薯类、蔬菜水果、畜禽鱼蛋奶和豆类食物。每天摄入 12 种以上食物，每周 25 种以上，合理搭配。

（2）吃动平衡，健康体重。各年龄段人群都应天天进行身体活动，保持健康体重。每周至少进行 5 天中等强度身体活动，累计 150 min 以上主动身体活动，最好每天走 6000 步。减少久坐时间，每小时起来动一动。

（3）多吃蔬果、奶类、全谷、大豆。蔬菜水果、全谷物和奶制品是平衡膳食的重要组成部分。餐餐有蔬菜，保证每天摄入不少于 300 g 的新鲜蔬菜，深色蔬菜应占 1/2。天天吃水果，保证每天摄入 200~350 g 的新鲜水果，果汁不能代替鲜果。推荐每天应摄入 300~500 g 的奶类及奶制品。

（4）适量吃鱼、禽、蛋、瘦肉。鱼、禽、蛋类和瘦肉摄入要适量，平均每天 120~200 g。每周最好吃鱼 2 次或 300~500 g，蛋类 300~350 g，畜禽肉 300~500 g。

（5）少油少盐，控糖限酒。培养清淡饮食习惯，少吃高盐和油炸食品。成年人每天摄入食盐不超过 5 g，烹调油 25~30 g。控制添加糖的摄入量，每天不超过 50 g，最好控制在 25 g 以下。反式脂肪酸每天摄入量不超过 2 g。儿童青少年、孕妇、乳母以及慢性病患者不应饮酒。成年人如饮酒，一天饮用的酒精量不超过 15 g。

（6）规律进餐，足量饮水。合理安排一日三餐，定时定量，不漏餐，每天吃早餐。规律进餐、饮食适度，不暴饮暴食、不偏食挑食、不过度节食。足量饮水，少量多次。在温和气候条件下，低身体活动水平成年男性每天喝水 1700 mL，成年女性每天喝水 1500 mL。

（7）会烹会选，会看标签。在生命的各个阶段都应做好健康膳食规划。认识食物，选择新鲜的、营养素密度高的食物。学会阅读食品标签，合理选择预包装食品。学习烹饪、传承传统饮食，享受食物天然美味。

（8）公筷分餐，杜绝浪费。选择新鲜卫生的食物，不食用野生动物。食物制备生熟分开，熟食二次加热要热透。讲究卫生，从分餐公筷做起。珍惜食物，按需备餐，提倡分餐不浪费。做可持续食物系统发展的践行者。

在此基础上，中国营养学会提出了中国居民平衡膳食宝塔，如图 9-10 所示。建议我们的每天食物应该包括以下内容：

（1）油脂类。主要是植物油，例如橄榄油、菜籽油等 25~30 g。这是因为上述两种油中单不饱和脂肪酸的含量比较高，能够有效提高低密度脂蛋白胆固醇（LDL），对身体有益。

（2）奶及奶制品。每天建议摄入 300~500 g。在奶制品中钙和蛋白质都可以得到有益补充，这也是对"每天一斤奶，强壮中国人"的有力支撑。

（3）大豆及坚果类。建议摄入的总量是 25~35 g。豆制品是非常好的植物蛋白来源，当它与谷类食物同时食用时，可以实现必需蛋白质的互相补充。坚果类食物由于能量比较高，例如 100 g 杏仁能量接近 600 kcal，是牛肉能量的三倍有余，因此坚果的摄入需要做好总量控制。

（4）动物性食物。例如鸡、鱼、蛋、虾等，总量为 120~200 g。由于鸡蛋是非常好的蛋白质来源，同时在蛋黄中还含有卵磷脂，能够有效软化血管，因此建议每天一个蛋；此外，由于鱼和虾都是优质蛋白的来源，因此每周建议食用两次水产品。

（5）蔬菜和水果。其中蔬菜每日建议的摄入量为 300~500 g，这里的蔬菜不包括薯类，如土豆、红薯等，摄入的蔬菜应该保证膳食纤维的摄入，例如以叶菜为主；水果建

图 9-10 彩图

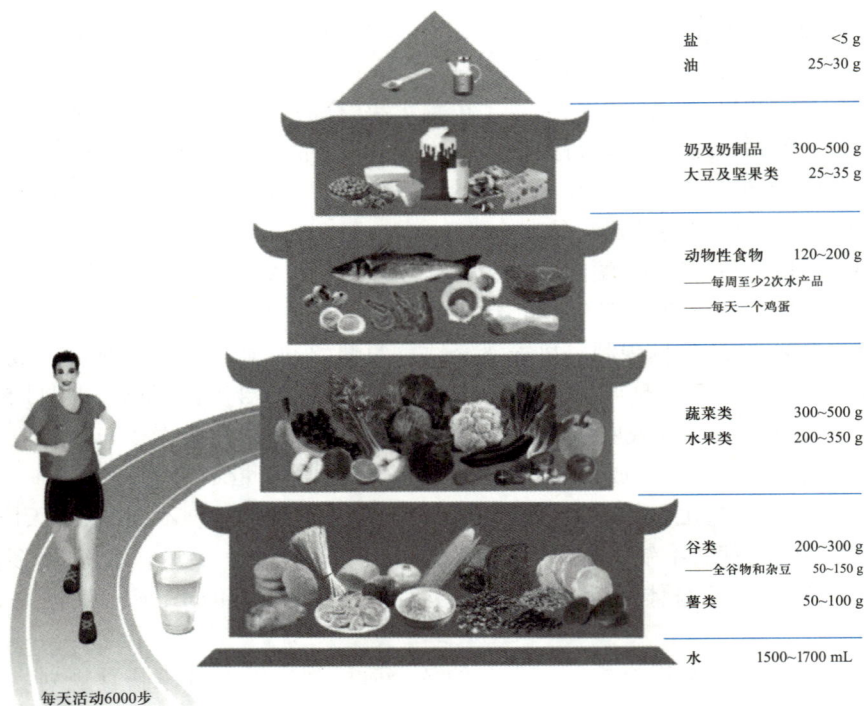

盐	<5 g
油	25~30 g
奶及奶制品	300~500 g
大豆及坚果类	25~35 g
动物性食物	120~200 g
——每周至少2次水产品	
——每天一个鸡蛋	
蔬菜类	300~500 g
水果类	200~350 g
谷类	200~300 g
——全谷物和杂豆	50~150 g
薯类	50~100 g
水	1500~1700 mL

每天活动6000步

图 9-10　中国居民平衡膳食宝塔(引自《中国居民膳食指南(2022)》)

议每天摄入 200~350 g,因为不同的水果中含糖量不同,应该注意糖的总量控制。

（6）谷类和薯类。谷类建议摄入 200~300 g,且要包含一定量的全谷物和杂豆,这里的全谷物例如全麦粉、燕麦片和糙米等。薯类 50~100 g,与谷类作用类似,也是我们主食的来源之一,能够提供碳水化合物,因此不要把薯类当作蔬菜来食用。

（7）水。建议的每日足量饮水 1500~1700 mL。虽然在很多食物中也含有一定量的水,例如牛奶、水果、蔬菜等,但这部分摄入的水并不包括在每天的建议饮水量之中,我们可以根据自己习惯和喜好选择喝茶、饮用白开水等保证水的摄入。

9.3.3　营养性疾病

营养性疾病是指因营养素供给不足、过多或比例失调而引起的一系列疾病的总称。其中供给不足会导致营养缺乏,供给过多会导致营养过剩,这都会造成营养素的比例失调,从而导致营养不良。

例如维生素 A 摄入不足会引起夜盲症或者干眼症;维生素 D 缺乏可以引起佝偻病;维生素 B 缺乏会导致脚气病等。而当能量、脂肪或者蛋白质摄入过多的时候,则容易引起肥胖、心脑血管病、糖尿病、痛风等,这都是营养过剩引起的。

如果我们的饮食缺乏设计,就很容易出现营养不良。例如,现代社会生活水平提高了,很多人长期食用精白米面,就会导致维生素 B_1 和 B_2 的缺乏。这是因为这两种维生素主要存在谷物精加工时去掉的谷皮中。人体中如果缺少维生素 B_1 ,患上抑郁症的风险会显著上升;缺乏维生素 B_2 则容易出现唇干裂、口角炎、口腔溃疡等,这都是现代人比较容易出现的病症。

此外,如果膳食结构不合理,动物性食物占比过大,植物性食物占比过小,蔬菜、水果少,就会造成营养过剩和营养不平衡。不良的饮食行为和习惯,例如进食高盐饮食、大吃大喝、暴饮暴食以及优质食物集中消费等不良饮食习惯和行为也会造成营养过剩,导致各类营养性疾病。

因此保证饮食平衡,合理饮食,一日三餐食物多样化,不片面地追求高营养、全营养,就能够实现健康饮食的目标。

9.4　食　品　安　全

食物是人类维持生命活动的基本物质。从健康的角度讲,食品中不应含有任何对人体有毒有害的物质。但在食品的原料生产、加工过程、储存方式等诸多外部环境因素影响下,食品中可能会含有形形色色的有毒有害物质,人们在食用这些食品的过程中,不知不觉地就会摄入从而影响身体健康,乃至夺去生命。无论是人们记忆犹新的甲基汞中毒和镉中毒事件,还是大家耳闻目睹的甲醇毒酒事件、二噁英污染,吊白块(甲醛次硫酸氢钠)掺入食品等,都是食品中的有毒有害物质导致的。因此,了解食品污染物和毒物的来源,减少有毒有害物质的摄入,对食品安全十分重要。

食品中有毒有害物质的种类很多,可以分为天然有毒物、环境有毒物以及食品加工过程中产生的有毒物质。

1. 天然有毒物

天然有毒物是指在自然条件下,食品的原料在生长过程中自身合成的或食品受到各种细菌、真菌等微生物的作用产生的有毒物质。

自然界中的动植物种类繁多,部分动植物中本身就含有一定的毒素,例如野毒蘑、鲜黄花菜、河豚等。在我国云南等省份,每年都有因为食用了野生毒蘑菇而中毒的事件。

动植物中的天然毒素种类不同,对人体产生的影响也不同,例如豆类、谷物、马铃薯中含有胰蛋白酶抑制剂和淀粉酶抑制剂,可以抑制酶的活性;大豆、花生中含有一种能使红细胞凝集的凝集素;桃、李、杏等核仁中存在的氰苷摄入后,在机体酶的作用下会产生氢氰酸;白菜、萝卜、土豆、黄瓜等蔬菜中含有的硝酸盐在一定条件下会被还原成亚硝酸盐等。

当然谷物、蔬菜、水果中存在的有害物质经过适当处理可以达到祛除毒素的目的。例如蛋白类毒素高温下即可被破坏,凝集素通过蒸气加热即可去除等。但是有些物质,如亚硝胺类,已经被公认为是一种危害极大且具有强烈致癌作用的有毒物质。

亚硝胺类化合物在自然界和新鲜食品中含量极少,但在发酵食品,如酱油、醋、酒中均可检出,在腌制食品,如酸菜、咸鱼、香肠、熏肉中含量较高。

亚硝胺是由亚硝基化反应生成的,如 HNO_2 与二甲基胺反应生成二甲基亚硝胺:

$$HNO_2 + (CH_3)_2NH \longrightarrow (CH_3)_2N—NO + H_2O$$

人体内进行的亚硝基化反应主要是因为蔬菜中含有较多的亚硝酸,且很容易在人的唾液和胃液中转为亚硝酸盐,而肉类、鱼类中又含有较多的胺类,因此在胃部酸性环境下就很容易发生上述反应。所以亚硝酸盐已经被世卫组织列为一级致癌物,我们在日常生活中要控制硝酸盐和亚硝酸盐的摄入,多食用新鲜蔬果,少吃腌制食品。

在自然界中,微生物对人类、动植物乃至食品的危害也不容忽视。尤其是细菌、霉菌、真菌对食品的侵蚀更关系到食品的安全。

细菌无处不在,遍布在自然环境及生物体内,温度是细菌繁殖生长的重要因素,其中部分细菌、霉菌大量繁殖会引起食品腐败,从而产生对人体有害的物质。例如人们熟悉的肉类制品、乳制品以及各种饮料和蔬菜中的大肠杆菌;生牛奶中的葡萄球菌;鱼、虾、贝类海产品中的副溶血性弧菌等。

真菌也是生物菌的一类,其中一些是可以被人们利用的有益真菌,如酿造行业、医药使用的酵母菌、抗生素等;也有一些真菌寄生在谷物、水果中繁殖并产生毒素,对人体构成危害,例如发霉谷物及其制品中的黄曲霉素,已经被确认具有强烈致癌作用。

小麦、玉米、大米等谷物及大豆、花生等油料作物在储存的过程中,当温度和湿度适宜时,黄曲霉素就会大量繁殖,使粮油作物发霉变质。此外,干果类、动物性食品以及发酵食品中也会产生黄曲霉素。我国南方地区潮湿温暖,为黄曲霉素的繁殖提供了适宜的环境。因此,防止粮油及其制品的霉变,对保障人们的健康至关重要。

2. 环境有毒物

环境有毒物是指环境污染物污染到食品中的有毒物质。常见的环境污染物有化肥、农药、重金属离子等。

化肥、农药的使用对提高农作物产量起到了重要作用。随着世界人口的增加,人类对粮食的需求量猛增,大量使用化肥、农药的现象十分普遍。实践证明,化肥、农药的过量使用不仅造成严重的环境污染,还使粮食、蔬菜、水果等食物中有毒有害物质的含量增加,给人类健康带来危害。

氮、磷、钾肥是植物生长的营养素,但不合理地使用,尤其是氮肥的过量投入,会使农作物中硝酸盐含量增加,如施加化肥生长的菠菜、小白菜与施用农家肥生长的相比,硝酸盐含量高出 1~4 倍。其次,有机磷、有机氯、多氯联苯等农药的使用无疑对农业的增产起到积极的作用,但这些农药广泛大量地使用,一方面造成环境污染,更重要的是残留在蔬菜、水果上,经过淘洗、烹调也不能全部去除。

重金属对食品的污染主要来自两个方面,一是水,二是化肥、农药的残留物。有毒重金属汞、镉、铬、铅等都是通过食物链富集在生物体内的。除此之外,砷在植物中也可以蓄积,同时在生物体中排泄缓慢。目前已知的对人类具有肯定致癌作用的有砷、铬、镍,潜在致癌作用的有汞、铅、钴,可疑致癌作用的有镉、铍、铁等。

环境中有毒有害的物质侵入食品的现象屡屡发生。二噁英污染肉类制品就是典型的例子。1999年6月9日,我国禁止销售来自法国、德国、比利时、荷兰受二噁英污染的肉制品。二噁英是氯代三环芳烃类化合物,有210种异构体,其毒性是氰化钾的50~100倍。早在1997年,世界卫生组织国际癌症研究中心就把二噁英的致癌性从二级提高到一级。它主要来自含氯农药的生产、纸浆的氯化漂白过程、含氯化合物垃圾的不完全燃烧等。二噁英化合物具有亲脂性,很容易通过食物链富集在高脂肪食品,如肉、鱼、乳制品中,所以二噁英有90%是通过"吃"进入人体的,这必须引起我们的高度重视。

3. 食品加工过程中产生的有毒物质

食品在加工、包装、运输、储存过程中也会产生一些有毒有害的物质。例如,使用硝酸盐氮肥可以使植物硝酸盐含量增高,食品腌制过程也可以产生亚硝酸盐,直接把硝酸盐、亚硝酸盐作为肉、鱼的发色剂、防腐剂使用等。此外,过量使用食品添加剂问题早已受到全社会的共同关注,一方面,有些食品添加剂进入人体后经化学、生化的转化会产生有毒性的物质,另一方面,由于食品添加剂使用不当给人们的生命和健康带来很大的威胁。

目前已发现有10多种多环芳烃具有强致癌作用,苯并[a]芘就是多环芳烃中最为严重的致癌物之一。

苯并[a]芘是五环芳香烃,常温下是固体,主要来自煤、石油、木炭、垃圾、香烟等的不完全燃烧。它通过大气、水体、土壤对谷物、蔬菜进行污染,在一些粮油作物、蔬菜中可检测到。此外,例如烟熏、烧烤、烘制等食品处理过程也会使此类化合物富集。其原因一方面是食品中的脂类、胆固醇受高温作用产生多环芳烃,另一方面还由于燃料燃烧产生的多环芳烃直接接触食品而污染。例如猪肉中含苯并[a]芘一般低于$0.04\ g \cdot kg^{-1}$,但经熏制后可高达$1~10\ g \cdot kg^{-1}$;香肠熏制前为$1.5\ g \cdot kg^{-1}$,而熏制后可高达$88.5\ g \cdot kg^{-1}$。此外,煎炸、烘烤、腌制肉、鱼、禽类食品也会使多环芳烃含量增加。可见,食品中多环芳烃的含量与食品的加工方法、烹调过程有直接关系,因此,避免常食用熏、烤、煎、炸食品,多食用新鲜蔬菜,少食用腌制品对人体健康十分有益。

从古至今,中国人就奉行以食养生的理念。西汉时期《黄帝内经》就提出"五谷为养,五果为助,五畜为益,五菜为充"的观点,强调了饮食的多样性和平衡性;宋代的《太平圣惠方》记载了药膳方剂160个,能够治疗20多种病症;清代顾仲撰写的《养生小录》一书中,着重研究了各种菜肴与养生的关系。

现代社会,化学学科的发展和进步能够帮助我们在前人经验的基础上,进一步通过科学的理念和方法指导人们的饮食,将帮助人们实现营养与健康的双赢。

思考题与习题

1. 在现实生活中,随着物质生活的不断丰富,我们经常"谈糖色变"。糖的化学本质就是碳水化合物,那么请从这类化合物的结构出发,讨论不同结构的碳水化合物对我们的健康都会产生哪些作用和影响?

2. 脂肪的性质是由构成它的脂肪酸决定的,因此如果我们想保证足够的营养摄入,同时希望其中的脂肪对人体健康更加有利,那么请查阅资料,提出 2~3 个选择"好"脂肪摄入的可行方案,包括脂肪的类型,摄入的方式等,并解释原因。

3. 当我们进行体检时,血液的生化肝功检查数据是非常重要的健康参考。请查阅资料,指出甘油三酯、高密度脂蛋白、低密度脂蛋白的建议参考值范围分别是多少? 此外,也请结合自己和家人最近一次体检数据,提出如何改善数据,让身体更加健康的若干建议。

4. 你每天都吃菜吗? 请结合本讲内容,阐述每天摄入不少于 300 g 的新鲜蔬菜的必要性。同时,为了保证食物的多样性,请列举至少 5 种你觉得每周必须要摄入的蔬菜,并解释原因。

5. 请根据人体所必需的七大营养素种类、18—22 岁年龄段的基础代谢率和食物金字塔来设计和论述每日三餐应该如何搭配,并结合自己的身体情况,为自己设计一份每日三餐的健康食谱。

读者意见反馈

为收集对教材的意见建议,进一步完善教材编写并做好服务工作,读者可将对本教材的意见建议通过如下渠道反馈至我社。

咨询电话　400-810-0598

反馈邮箱　hepsci@ pub.hep.cn

通信地址　北京市朝阳区惠新东街 4 号富盛大厦 1 座
　　　　　高等教育出版社理科事业部

邮政编码　100029

防伪查询说明

用户购书后刮开封底防伪涂层,使用手机微信等软件扫描二维码,会跳转至防伪查询网页,获得所购图书详细信息。

防伪客服电话　(010) 58582300